# 水稻稻瘟病
## 抗性相关基因鉴定与利用研究

杨德卫◎编著

海峡出版发行集团 | 福建科学技术出版社

图书在版编目（CIP）数据

水稻稻瘟病抗性相关基因鉴定与利用研究 / 杨德卫编著. — 福州：福建科学技术出版社，2025.5.
ISBN 978-7-5335-7505-2

Ⅰ.S435.111.4

中国国家版本馆CIP数据核字第2025CG6882号

出 版 人　郭　武
责任编辑　陈冬磊
编辑助理　吴江林
装帧设计　余景雯
责任校对　林锦春

## 水稻稻瘟病抗性相关基因鉴定与利用研究

| | |
|---|---|
| 编　　著 | 杨德卫 |
| 出版发行 | 福建科学技术出版社 |
| 社　　址 | 福州市东水路76号（邮编350001） |
| 网　　址 | www.fjstp.com |
| 经　　销 | 福建新华发行（集团）有限责任公司 |
| 印　　刷 | 广东虎彩云印刷有限公司 |
| 开　　本 | 700毫米×1000毫米　1/16 |
| 印　　张 | 19.5 |
| 字　　数 | 300千字 |
| 版　　次 | 2025年5月第1版 |
| 印　　次 | 2025年5月第1次印刷 |
| 书　　号 | ISBN 978-7-5335-7505-2 |
| 定　　价 | 88.00元 |

书中如有印装质量问题，可直接向本社调换。
版权所有，翻印必究。

# 前言

水稻是我国最重要的粮食作物之一，稻瘟病又是水稻主要病害之一，严重威胁着水稻的生产。而如何从种质资源挖掘对水稻育种具有重要应用价值的抗性基因资源，这将是今后亟待解决的问题。本书是综合利用植物遗传学、植物育种学、植物病理学、分子生物学和细胞生物学等方法，系统论述了水稻种质资源精确鉴定与新种质创制、稻瘟病抗性相关基因的鉴定与功能研究、稻瘟病抗性 R 基因鉴定与功能分析、稻瘟病抗性 R 基因分子标记开发与育种利用的一部专著。

全书共分为八章，第一章系统描述了水稻种质资源的收集、鉴定、优异基因挖掘、创新与利用模式等一般基础知识。第二章介绍了寄主植物与病原菌之间免疫反应的相关知识。第三章介绍了稻瘟病抗病基因与病原菌无毒基因之间的互作模式。第四章详细介绍了稻瘟病 PTI 反应中抗性相关基因的挖掘与功能分析。第五、六、七章详细介绍了稻瘟病 ETI 反应中 R 基因的鉴定与功能研究、标记开发、育种利用研究。第八章分析了稻瘟病抗病 R 蛋白在抗病反应中的遗传机制。

本书可供从事植物抗病遗传学、植物抗病分子育种学、植物病理学等相关方向的科研单位、高校师生等参考。

# 目录

## 第一章 水稻种质资源创新研究与利用 ...... 1

### 第一节 水稻种质资源收集与鉴定 ...... 3
一、水稻种质资源的收集 ...... 3
二、水稻种质资源鉴定评价 ...... 3
三、水稻核心种质的构建 ...... 4
四、水稻种质资源精确评价及方法 ...... 6

### 第二节 水稻新种质创制 ...... 7
一、水稻新品系的创制 ...... 7
二、水稻杂种优势的利用 ...... 8
三、水稻种质创制的新方法 ...... 9

### 第三节 水稻基因资源挖掘 ...... 9
一、水稻基因组研究 ...... 9
二、水稻优异基因资源挖掘 ...... 10

### 第四节 水稻种质资源创新与利用模式 ...... 13
一、加强专用型核心种质的构建 ...... 13
二、加强种质资源表型的精确鉴定 ...... 13
三、加强种质资源深入挖掘和创新研究 ...... 14
四、激发种质创新的内生动力 ...... 15

五、强化种质资源的共享机制 ...... 16

　　六、加强国际合作交流 ...... 17

　　七、强化创新研究与利用模式 ...... 17

# 第二章 寄主植物与病原菌免疫反应的分子遗传基础 ...... 19

## 第一节 病原物模式分子引发的免疫反应（PTI） ...... 21

　　一、细胞外直接感应 ...... 21

　　二、细胞外间接感应 ...... 21

## 第二节 效应因子引发的免疫反应（ETI） ...... 22

　　一、植物的抗病 $R$ 基因与 $Avr$ 无毒基因 ...... 22

　　二、病原菌的 $Avr$ 无毒基因 ...... 35

　　三、抗病 $R$ 蛋白识别无毒蛋白 ...... 36

　　四、无毒蛋白调节抗病 $R$ 蛋白免疫反应 ...... 40

　　五、植物抗病 $R$ 基因的应用分析 ...... 41

　　六、寄主植物与病原菌间互作的分子遗传机制 ...... 42

# 第三章 水稻稻瘟病抗病基因与病原菌无毒基因研究 ...... 45

## 第一节 水稻稻瘟病抗病基因鉴定 ...... 47

　　一、水稻稻瘟病抗病基因的遗传分析 ...... 47

　　二、水稻稻瘟病抗病基因的分类 ...... 47

　　三、水稻稻瘟病抗病基因的定位研究 ...... 48

　　四、水稻稻瘟病抗病基因的克隆研究 ...... 49

五、水稻全基因组抗病基因的预测与分析...............51

　　六、稻瘟病抗病基因在水稻遗传育种上的应用...........53

第二节　水稻稻瘟病菌无毒基因鉴定与研究.................54

　　一、稻瘟病菌无毒基因的克隆研究.....................54

　　二、抗病基因与无毒基因互作模式.....................55

第三节　稻瘟病抗病基因与无毒基因今后研究方向...........56

## 第四章　稻瘟病抗性相关基因的鉴定与功能分析.............61

第一节　稻瘟病菌胁迫下抗、感水稻品种的转录组学分析......63

　　一、粳型恢复系恢 1586 和日本晴稻瘟病抗性差异........64

　　二、水稻与稻瘟病菌转录组动态变化分析...............65

　　三、恢 1586 与日本晴基础免疫反应相关基因的差异......68

　　四、稻瘟病菌诱导后蛋白翻译相关基因的变化...........69

　　五、稻瘟病菌诱导后能量代谢途径相关基因的变化.......81

　　六、稻瘟病免疫反应核心基因的鉴定与功能分析.........82

第二节　稻瘟病抗性相关基因 *OsMT1a* 和 *OsMT1b* 鉴定与功能研究..................................................103

　　一、*OsMT1a* 和 *OsMT1b* 基因调控水稻稻瘟病抗性......103

　　二、*OsMT1a* 和 *OsMT1b* 调控水稻农艺性状...........106

第三节　稻瘟病抗性相关基因 *Perox4* 鉴定与功能分析......107

　　一、过氧化酶基因 *Perox4* 调控水稻稻瘟病抗性........107

　　二、*Perox4* 调控水稻重要农艺性状..................108

### 第四节　稻瘟病抗性相关基因 *OsSAMS1* 鉴定与功能分析 .. 110
一、稻瘟病菌诱导后 *OsSAMS1* 表达变化 ............................. 111
二、*OsSAMS1* 时空表达模式 ................................................ 112
三、*OsSAMS1* 突变体主要农艺性状 ................................... 113
四、*OsSAMS1* 在水稻免疫反应中的功能 ........................... 115
五、*OsSAMS1* 突变后乙烯合成相关基因表达情况 ........... 117
六、OsSAMS1 的亚细胞定位 .................................................. 118
七、OsSAMS1 在植物中的同源进化情况 ............................. 119

### 第五节　稻瘟病抗性相关基因 *OsRPR10b* 鉴定与功能分析 . 122
一、稻瘟病菌诱导后 *OsRPR10b* 表达变化及表达模式分析 ... 122
二、*OsRPR10b* 基因功能的鉴定 ........................................... 124

### 第六节　转录组获得的表达差异基因参与水稻免疫反应的探讨 ............................................................................. 128
一、稻瘟病菌侵染后抗病品种与感病品种转录重编程能力变化 ............................................................................................ 128
二、稻瘟病菌侵染后蛋白质翻译相关基因的变化情况 ...... 129
三、321 个 "核心" 基因可能参与的防御途径 .................... 130

## 第五章　稻瘟病抗病 R 基因的鉴定与功能研究 ............... 133
### 第一节　水稻稻瘟病抗病基因 *Pizp* 鉴定 ......................... 134
一、稻瘟病抗性材料 CSSL131 和 CSSL132 鉴定 ............... 134
二、稻瘟病抗性材料 CSSL131 和 CSSL132 田间自然鉴定 ..... 135

三、稻瘟病抗性材料 CSSL131 和 CSSL132 抗谱分析............136

　　四、稻瘟病抗性材料 CSSL131 和 CSSL132 中 R 基因遗传特性.136

　　五、稻瘟病抗病基因 Pizp 候选基因的确定............137

　　六、稻瘟病抗病基因 Pizp 功能验证............138

第二节　稻瘟病菌抗病基因 Pita-Fuhui2663 克隆与功能研究............139

　　一、福恢 2663 抗病基因的遗传特性............141

　　二、福恢 2663 抗病基因鉴定与分离............142

　　三、福恢 2663 抗病基因的序列及结构分析............146

　　四、抗病基因 Pita-Fuhui2663 功能鉴定............147

　　五、抗病基因 Pita-Fuhui2663 育种利用研究............151

第三节　稻瘟病菌抗病基因 Pigm-1 克隆与功能分析......154

　　一、双抗 77009 稻瘟病抗性鉴定............155

　　二、双抗 77009 抗性基因的遗传特性............156

　　三、双抗 77009 稻瘟病抗性基因的鉴定与定位............157

　　四、双抗 77009 抗性候选基因的序列分析............159

　　五、双抗 77009 稻瘟病抗性基因 Pigm-1 的验证............161

　　六、Pigm-1 的功能标记开发及育种利用............163

# 第六章　稻瘟病抗病 R 基因分子标记开发............167

第一节　DNA 分子标记的类型与特点............168

第二节　稻瘟病抗病 R 基因的克隆............170

第三节　抗病 R 基因分子标记的开发 .................................. 173

第四节　抗病 R 基因分子标记的育种利用概况与策略 ... 177

　　一、抗病 R 基因分子标记的育种利用概况 ..................... 177

　　二、抗病 R 基因分子标记的育种利用策略 ..................... 179

## 第七章　稻瘟病抗病 R 基因育种利用研究 ..................... 183

第一节　分子标记辅助选择 Pigm-1 基因改良恢复系 R20 稻瘟病抗性 ................................................................ 184

　　一、双亲水稻的稻瘟病抗性表现 ..................................... 185

　　二、改良恢复系选育过程及稻瘟病抗性表现 ................. 186

　　三、改良恢复系主要农艺性状及遗传背景 ..................... 187

　　四、4 个改良系的应用前景 ............................................. 188

第二节　含有 Pigm-1 恢复系 R20-4 长粒性状基因的鉴定 .. 190

　　一、亲本长粒性状比较 ..................................................... 191

　　二、恢复系 R20-4 长粒性状的遗传特性 ........................ 191

　　三、R20-4 长粒基因的鉴定 ............................................. 192

　　四、长粒基因 GL12-1 应用前景 ..................................... 193

第三节　利用分子标记辅助选择聚合水稻抗病基因 Pigm-1 和 Xa23 ................................................................................ 196

　　一、抗病改良系的系统选育过程 ..................................... 198

　　二、亲本及改良系抗稻瘟病和白叶枯病抗性表现 ......... 199

　　三、改良系主要农艺性状 ................................................. 201

四、改良系配制杂交组合的农艺性状和品质性状表现............202

　　五、改良系恢复基因鉴定及应用前景............203

第四节　分子标记辅助选择 Pigm-1 基因创制籼糯 23 抗病新材料............206

　　一、水稻基因组 DNA 提取及标记检测............206

　　二、含 Pigm-1 改良系的选育过程............207

　　三、改良系稻瘟病抗性表现............207

　　四、改良系的主要农艺性状............208

　　五、改良系籼糯 23 应用前景............209

## 第八章　稻瘟病抗病 R 蛋白抗病遗传机制研究............211

第一节　水稻稻瘟病抗病蛋白 Pigm-1 互作蛋白的筛选及鉴定............212

　　一、诱饵蛋白 pGBKT7-Pigm-1-CC$^{1-576}$ 的自激活及毒性检测...213

　　二、酵母双杂交文库质量检测............214

　　三、Pigm-1 相互作用蛋白的筛选............215

　　四、Pigm-1 相互作用蛋白的功能鉴定与分类............225

　　五、酵母双杂交验证 Pigm-1 与 OsbHLH148 的相互作用............226

　　六、抗病蛋白 OsbHLH148 的功能分析............228

第二节　水稻稻瘟病抗病蛋白 Pigm-1 下游核心组分的鉴定与分析............229

　　一、Pigm-1 与 Pit、Pia、Pid3、Pi9 的氨基酸序列分析与比较....231

二、Pigm-1 的 NBS 结构域与 OsRac1 互作验证..................231

三、不同水稻品种 OsRac1 氨基酸序列分析........................232

四、OsRac1 调控稻瘟病抗性蛋白 Pigm-1 机制....................236

五、*Pigm-1* 改良 9311 的稻瘟病抗性................................237

六、9311 改良系遗传背景及农艺性状分析........................239

七、Pigm-1 下游核心组分的分析........................................241

**参考文献**..................................................................246

# 第一章 水稻种质资源创新研究与利用

农业种质资源又称遗传资源、基因资源，是指一切对人类具有实际或潜在利用价值的遗传材料（李淑芹等，2016）。农业种质资源主要包括农作物、畜禽、农业微生物和药用植物等种质资源，是保障人类生存、发展的物质基础。当今世界，谁拥有农业种质资源多，谁就拥有农业发展的主动权。农作物种质资源主要包括水稻、小麦、大麦、玉米、大豆、棉花、马铃薯、甘薯、花生、粟、蚕豆、豌豆、茶、桑、甘蔗、黄麻、苎麻、高粱、咖啡、可可、烟草，以及果树与蔬菜等种质资源。

水稻是我国乃至世界最重要的农作物之一，对保障世界粮食安全发挥着极其重要的作用（Deng et al., 2017）。而水稻种质资源是维护水稻遗传多样性、开展水稻育种，以及推动水稻产业可持续发展的"希望火种"。水稻育种的每一次重大突破，均离不开地方品种或野生近缘种的优异资源发掘与利用。例如，20世纪60年代，发现并利用水稻半矮秆基因 $sd1$（来源于福建地方种的低脚乌尖）进行矮化育种，实现了水稻生产的第一次突破；20世纪70年代，普通野生稻的细胞质雄性不育基因被发现并创制了野败不育系，成功地实现了杂交水稻三系配套；福建省选育的恢复系明恢63，它在我国杂交水稻遭受毁灭性稻瘟病病害的影响，杂交水稻在陷入生产应用推广困境的危难关头选育成功，对我国杂交水稻的更新换代起到里程碑的作用，对杂交水稻能迅速在全国大面积推广起到决定性作用，为水稻单产取得第二次飞跃奠定基础；浙江省选育出甬优、中浙优系列的籼粳杂交水稻新品种，这些成就都与种质资源的创新利用密不可分。

截至2023年，中国有7.4万份水稻种质资源。种质资源保存是持续有效利用的前提和基础，利用是资源保存的价值体现（朱业宝等，2023）。然而，目前我国绝大多数种质资源的鉴定还停留在初级阶段，将水稻种质资源应用于育种创新更是远远不足。因此如何将水稻种质资源真正应用于水稻育种创新研究，这将是今后亟待解决的问题。本章梳理了我国水稻种质资源收集与鉴定、水稻新种质创制、水稻基因挖掘、水稻种质资源创新利用存在的问题与对策及建议等，以期为我国抢占世界水稻科技制高点，促进科技自立自强和保障种源自主可控提供一定参考和帮助。

## 第一节 水稻种质资源收集与鉴定

### 一、水稻种质资源的收集

中国总共开展了3次全国性农作物种质资源普查工作，分别是1956~1957年、1979~1983年和2015~2020年，其中2015~2020年第三次普查是规模最大的一次普查。第三次普查共收集了12.4万份农作物种质资源，包括一大批稀有珍贵的种质资源，这些种质资源对科学研究具有极其重要的意义（罗江等，2023）。截至2023年，我国保存的作物种质资源有13.4万份，其中水稻7.4万份，水稻种质资源数量位居世界第3位。

以福建省为例，在第三次种质资源普查中，福建省共收集了水稻种质资源355份，这些地方资源品种散落在民间，少数农户一直在种植，包括10~50年种植历史的常规地方品种和20~30年前福建省育成的常规水稻品种，其中部分品种目前还用于制作米粉、白粿、糍粑和米酒等。在当今普遍推广种植杂交水稻的年代，这些地方老品种能保存下来，足以证明它们符合当地农民的需要，所以它们是极其稀有的珍贵水稻资源，对今后的科学研究及育种具有重要意义。

### 二、水稻种质资源鉴定评价

水稻种质资源的表型鉴定与评价对优良种质资源的挖掘利用具有重要意义。为了避免重复资源材料进行重复评价而增加工作量，研究者需要先对种质资源进行遗传多样性分析，再进行DNA指纹分析（武晶等，2023）。

种质资源的广泛收集和交流，使得种质资源的数量与规模越来越大、越来越丰富，但是数量和规模的增加并不代表遗传多样性和变异的增加。分子标记多样性分析为解决遗传资源重复的问题提供了方案。随着水稻功能基因组学的深入研究，可用于遗传多样性分析的标记类型与数量也越来越多。例如从最初的限制性片段长度多态性（restriction fragment length polymorphism，RFLP）和随机扩增多态性（random amplified polymorphism DNA，RAPD），到简单序列重复多态性（simple sequence repeats，SSR），再到单核苷酸多态性（single nucleotide polymorphism，SNP）和基因芯片等（Singh et al.，2016；Vasumathy et al.，2021）。

利用基因芯片，崔迪（2016）对云南省600份地方品种进行了遗传多样性分析，结果表明，云南省地方品种基本保留了1980年遗传多样性水平。管俊娇等（2018）利用SSR标记对163份粳稻品种进行了遗传多样性分析，结果显示品种之间亲缘关系相似程度，与来源的地域性存在一定相关性。邓伟等（2023）利用基因芯片GSR40K并结合SNP分子标记，对135份来自云南不同海拔地区的水稻种质资源进行遗传多样性分析，结果表明，不同海拔的种质资源存在丰富的遗传多样性。利用不同类型的分子标记对种质资源进行遗传多样性分析，有助于清晰种质资源的遗传背景，更好地帮助育种工作者选择目标亲本。

水稻种质资源DNA指纹鉴定起始于2007年，主要依据24对SSR分子标记对不同的水稻材料进行鉴定，根据电泳结果对不同的种质资源进行分析和鉴别（程本义等，2007）。DNA指纹鉴定经历了SSR、SNP和多核苷酸多态性（multiple nucleotide polymorphism，MNP）不同类型的分子标记，同时借助于基因组测序技术，检测位点由原来的24个已增加到几千甚至几万个（魏兴华等，2021）。最近，马小定等（2023）提出指纹图谱构建新流程，主要包括全基因组（whole genome sequencing，WGS）测序、参考基因组比对、SNP检测过滤、SNP标记筛选、SNP标记评估以及主成分与系统进化树分析等步骤，并以已完成全基因组DNA重测序的5374份水稻种质资源为材料，利用该方法建立了2套水稻种质资源全基因组DNA指纹标准。

### 三、水稻核心种质的构建

构建核心种质是提高水稻种质资源利用效率及提升种质创新能力的前提与基础。目前已构建了野生稻、地方稻种资源和地方品种的核心种质。在野生稻方面，陈雨（2008）以217份广东高州普通野生稻为基础材料，构建了一套包含24份野生稻的核心种质；薛艳霞等（2016）以623份广西普通野生稻为基础材料，构建了一套包含31份野生稻的核心种质。在地方稻种资源方面，李自超等（2003）以50526份中国地方稻种资源为基础材料，构建了一套初级核心种质，该核心种质包含4310份地方种质资源；Zhang等（2011）以4310份初级核心种质为基础材料，构建了一套包含932份的水稻核心种质；孙强等（2006）以3170份遗传稳定材料为基础材料，构建了一套包含477份的水稻核心种质。在地方品种方面，魏兴华等（2000）以16791份中国粳稻地方种为基础材料，构建了一套5%样品集的核心种质；黎毛毛等（2000）以3187份江西省现代地方稻种资源为基础材料，构建了一套包含296份的水稻核心种质。据统计，目前中国已经构建了21套水稻核心种质（表1-1），其中野生稻4套、稻种资源7套、地方品种10套。这些核心种质的构建为今后生物育种提供基础材料，为未来重要基因的合理布局提供遗传材料及科学依据。

表1-1 水稻核心种质的构建情况

| 类型 | 核心种质名称 | 数据类型 |
| --- | --- | --- |
| 野生稻 | 中国普通野生稻初级核心种质 | 表型数据 |
| 野生稻 | 广东高州普通野生稻核心种质 | SSR标记 |
| 野生稻 | 广西野生稻核心种质 | SSR标记 |
| 稻种资源 | 云南稻种资源核心种质 | 表型数据 |
| 稻种资源 | 收集的水稻种质资源 | 表型数据 |
| 稻种资源 | 丁氏收集稻种资源 | 表型数据 |
| 稻种资源 | 旱稻核心样品 | 表型数据 |
| 稻种资源 | 江西稻种资源核心种质 | 表型数据及SSR标记 |
| 稻种资源 | 宁夏粳稻核心种质 | 表型数据 |
| 稻种资源 | 宁夏和新疆水稻核心种质 | SSR标记 |
| 地方品种 | 中国地方稻种资源核心种质 | SSR标记 |
| 地方品种 | 吉林省地方种资源 | SSR标记 |

续表

| 类型 | 核心种质名称 | 数据类型 |
| --- | --- | --- |
| 地方品种 | 中国粳稻地方种资源 | 表型数据 |
| 地方品种 | 中国地方稻种资源核心种质 | 表型数据 |
| 地方品种 | 华南地方稻种资源 | 表型数据 |
| 地方品种 | 广西地方稻种核心种质 | 表型数据及SSR标记 |
| 地方品种 | 中国地方稻种资源核心种质 | SSR标记 |
| 地方品种 | 中国地方稻种资源微核心种质 | SSR标记 |
| 地方品种 | 广西地方稻种核心种质 | 测序技术 |
| 地方品种 | 江西地方稻种核心种质 | SSR标记 |

### 四、水稻种质资源精确评价及方法

在构建水稻核心种质基础上，对大量水稻种质资源进行表型性状鉴定和评价，通过对表型性状进行评价，筛选性状突出的优异种质资源，为育种学家培育水稻新品种提供基础材料（武晶等，2019）。2013年，Jia等（2013）完成了916份水稻种质资源精确评价，主要包括生育期、株型、穗型、产量和抗病性等主要农艺性状的精确鉴定。2023年中国农业科学院作物科学研究所牵头的农业农村部"水稻种质资源精准鉴定"项目，共鉴定了38份育种可利用优异种质，包括强耐盐种质W11、对多个南亚和东南亚稻瘟病小种具有高抗性的野生稻W341、高抗稻瘟病品种N107等新种质。该项目的实施为加快水稻优异种质资源共享利用及水稻新品种选育工作提供了重要的资源支撑（https://ics.caas.cn/xwdt/sndt/a0d2009c85a14d74bb4c881cc2c12d5c.htm）。

表型分析是挖掘优异基因最重要的基础数据，表型鉴定精准度的提高将给优异基因挖掘与利用提供更多的可能。因此，除了传统表型鉴定的方法外，还需充分运用高通量、高分辨率的表型分析技术和平台（包括表型组学平台）对种质资源开展育种急需性状的精准鉴定，从而提高表型鉴定的效率与准确性（武晶等，2019）。

基因型鉴定是挖掘优异等位基因的重要步骤。目前我国保存的种质资源基因型鉴定大多数还使用传统分子标记，基于高通量测序技术的基因型鉴定正在起步。高通量测序技术可以为大样本量种质材料的基因型精准鉴定提供可能（周少川等，2021）。因此，建议搭建一批国家资源精准鉴定和基因挖掘平台，加快信息化建设，促进种质资源优势不断向创新优势和产业优势转化。

## 第二节 水稻新种质创制

水稻种质资源按照育种目标进行资源集中和优异基因交流置换，是实现水稻种质资源与水稻遗传育种成功对接的重要载体（周少川等，2021），是通过种质资源与遗传育种合理的融合，创制优异水稻新品系，从而育成重大突破性大品种。

### 一、水稻新品系的创制

IR30 作为国际水稻所的种质资源之一，1998 年谢华安以 IR30 为母本，以圭 630 为父本，通过杂交，成功创制了恢复力强、配合力好、抗稻瘟病、综合农艺性状优良的恢复系明恢 63。目前明恢 63 作为亲本，在我国选育的三系恢复系中贡献最大。

28 占作为国际水稻所的种质资源之一，周少川等（2021）以丰矮占 1 号为母本，以 28 占为父本，成功选育了常规稻品种丰八占，以丰八占为母本、华丝占为父本，选育了常规稻品种丰华占。接着以黄新占为母本、丰华占为父本，成功选育出突破性大品种黄华占。以丰八占为关键核心种质，周少川等（2021）经过多年的努力，选育以黄华占、黄莉占、五山油占（华占）、黄粤丝苗、黄广油占和五山丝苗等为代表的系列突破性大品种。江苏省农业科学院赵凌等（赵凌等，2023）以关东 194 为种质资源，通过系谱选育的方法，成功选育了具有优良食味的南粳 46、南粳 5055、南粳 9108 和南粳 3908 等系列新品种。

除了恢复系和常规品种新材料创制外，在不育系新材料创制方面，我国以种质资源为基础材料，同样创制了具有影响力的水稻不育系。例如，福建省农业科学院水稻研究所抗病育种课题组，以稻瘟病抗源谷农 13、IRs48B、IRs24B（IRs58023B）、IRs58025B 为初级种质资源，以 V41B、龙特甫 B、金 23B、中 9B、浙农 8010B、珍汕 97B、II-32B、新香 B 为核心种质，通过杂交的方法，先后选育了地谷 A、福伊 A、夏丰 A、谷丰 A、连丰 A、昌丰 A、安丰 A、长丰 A、乐丰 A、富丰 A、成丰 A、捷丰 A、民源 A、正源 A、祥源 A、和源 A、繁源 A、延源 A、创源 A、启源 A 和庆源 A 等 22 个抗稻瘟病三系不育系；宁波市农业科学研究院马荣荣以双九 S 和京 52 为种质资源，成功选育了籼粳交系列不育系甬粳 15A、甬粳 16A 和甬粳 26A 等，为籼粳交杂交育种做出重要贡献。

## 二、水稻杂种优势的利用

聚合具有优良系统基因的恢复系可实现杂交水稻综合优良性状完全表达（周少川等，2021）。谢华安等（2016）自创制恢复系明恢 63 以来，截至 2010 年，以明恢 63 配制的杂交组合，通过省级或省级以上审定的杂交水稻新品种有 34 个，累计推广面积 0.2 亿公顷（汕优 63 除外）；以明恢 63 为核心种质资源，通过杂交的方法，选育的恢复系有 543 个，利用这些恢复系配制杂交组合，有 922 个新品种通过省级及省级以上审定。周少川等（2021）以丰八占为关键核心种质，培育了以黄华占为代表的系列恢复系，利用这些恢复系配制的杂交组合有 27 个，共计 68 次通过省级及省级以上审定。而以黄华占为核心种质，成功选育出华占、五山丝苗、黄粤丝苗、黄华占和黄莉占等系列恢复系新材料，目前黄华占已成为我国配制杂交组合最广的恢复系，其累计推广面积超过 1 亿亩。雷捷成创制的细胞质雄性不育系谷丰 A 是全国应用最广泛的不育系之一，应用于生产 20 余年，稻瘟病抗性持久不衰，目前已配制出 45 个品种通过 56 次审定，其中国审品种 8 个，这些品种中多数品种的稻瘟病抗性表现中抗以上。马荣荣创制的籼粳交不育系甬粳 15A，目前已配制出甬优 1510、甬优 1512、甬优 1538 和甬优 1540 等品种，其中甬优 1540 在浙江、江苏、湖北、安徽、福建、广西、上海等地区大面积推广，累计推广面积达 41.8 万公顷。

### 三、水稻种质创制的新方法

传统意义上的杂交育种是水稻种质创制最基本的方法。然而，随着人们对生物体认识的不断深入及生物技术的不断发展，种质资源创制的方法也不仅仅停留和局限于杂交，还可以通过诱变技术、染色体工程技术、小孢子培养技术、原生质体融合技术以及基因工程等进行种质资源创制。

生物技术的快速兴起大大提高了人们创造和利用变异的能力，为种质创制提供了多种可利用的手段。近年来，基因编辑技术的快速发展，CRISPR/Cas 介导的水稻基因定点编辑可以特异地修饰某个靶向序列，从而创制特定具有优异等位基因的新种质（武晶等，2019），如创制水稻高产基因 *Gn1a* 和 *DEP1* 的等位基因新种质（Huang et al., 2018），创制水稻抗病基因 *RBL1* 的等位基因新种质（Sha et al., 2023），创制水稻低镉基因 *OsNramp5* 的等位基因新种质（Yu et al., 2022）。该技术与传统的点突变相比，具有效率更高、速度更快、无多余的随机突变的优点（武晶等，2019）。

## 第三节 水稻基因资源挖掘

### 一、水稻基因组研究

2002 年北京华大基因研究中心和美国的 Syngenta 公司成功完成了籼稻 9311 全基因组测序工作（http://rice.genomics.org.cn/），2005 年《水稻基因组精细图》正式完成，标志着水稻是第一个完成全基因组测序的作物（https://ngdc.cncb.ac.cn/databasecommons/database/id/1088）。2014 年中国农业科学院作物科学研究所利用从不同国家收集的 3000 份水稻种质资源，通过三代测序技术，成功完成这些材料的深度测序（Li et al., 2014）。华中农业大学 Zhang 等（2016）完成珍汕 97 和明恢 63 两个籼稻高质量参考基因组。中国科学院上海生命科学研究院植物生理生态研究所 Wang 等（2019）在全基因组范围内全面系统地鉴定出控制水稻杂种优势的主要基因位点。四川农业大学 Qin 等（2021）联合中国科学院遗传与发育生物学研究所完成了 33 个水稻遗传多样性材料的泛基因组分析，并首次发现大量尚未发现的"隐藏"基因和等位变异。Xie 等（2021）合作完成了普通野生稻高质量基因图谱构建。Shang 等（2023）完成首个完整的水稻参考基因组，实现了全基因组所有染色体的完整无缺口组装。植物基因组学的快速发展为水稻功能基因组和分子遗传机制研究奠定了重要基础。

## 二、水稻优异基因资源挖掘

随着水稻基因组、转录组和泛基因组等研究的迅速开展，研究者以水稻种质资源为材料，从中鉴定了一系列控制产量、抗病虫、抗逆和品质等性状的基因。

水稻产量由多基因控制，主要是有效穗数、穗粒数和千粒重三方面决定的（Huang et al., 2013）。粒重受到水稻粒形大小和灌浆饱满程度的影响（郭韬等，2019），大粒作为重要育种性状在长期的驯化栽培中被保留下来，在实际生产和育种过程中，水稻粒形和粒重成为水稻品种选育的重要参数（王丰等，2021）。*GW2* 是以种质资源 WY3 为材料，克隆了同时控制水稻粒宽和粒重的主效基因，其编码一个环形 E3 泛素连接酶，*GW2* 能显著增加水稻的粒宽、粒重和有效穗数（Song et al., 2007），是第一个被克隆的水稻粒宽基因。*Ghd7* 是利用汕优 63 克隆的同时能控制水稻每穗粒数、株高和抽穗期的主效基因，其作为一个转录抑制因子，通过抑制 *ARE1* 基因的表达，从而正调控水稻产量性状（Xue et al., 2008）。*GS3* 是利用核心资源明恢 63 克隆的同时控制水稻粒长和粒重的主效基因，通过参与 G 蛋白信号转导来调控水稻粒形（Fan et al., 2006），是第一个被克隆的水稻粒长基因。继 *GW2* 和 *GS3* 问世后，研究者利用不同水稻核心种质对水稻粒形性状开展了深入的研究，克隆出一些新的粒形基因或等位基因，其中同时影响水稻粒形和粒重的基因有 *GW5*、*GS5* 和 *GS2*（Liu et al., 2017）。研究者以籼稻特青和粳稻 02428 为研究材料，利用图位克隆的方法鉴定 1 个水稻增产的重要基因 *GY3*，该基因通过调控细胞分裂素的合成，显著增加水稻每穗粒数，从而提高水稻的产量（Wu et al., 2023）。

稻米品质是一个极为复杂的农艺性状，主要包括稻米的外观品质、研磨加工品质、食味品质和营养品质等方面（Gao et al., 2018）。而稻米外观品质是最重要的指标之一，直接影响到消费者的喜好，大多数消费者都比较喜欢低垩白且细长的优质米（Misra et al., 2021）。

*Wx* 是控制直链淀粉含量的主效基因，在该位点，目前已鉴定了大量的等位变异基因，而且不同的等位基因控制着不同的蒸煮食味品质（Wang et al., 1990）。*Chalk5* 是目前唯一利用图位克隆获得的调控垩白的主效基因，过表达 *Chalk5* 可增加蛋白质体的量并降低垩白率（Li et al., 2014）。目前，很多已报道的粒形基因也影响垩白性状，*GW2* 增加粒宽的同时也显著增加籽粒垩白（Song et al., 2007）；控制细长粒形的 *gw8*、*GW7/GL7* 和 *gs9/gl9* 都能够降低垩白，显著地改良稻米的外观品质（Wang et al., 2015）。Zhai 等（2023）克隆了一个控制水稻穗颈大维管束韧皮部面积性状的基因 *LVPA4*，该基因通过源、库、流性状的协调作用，同时提高了水稻产量和稻米品质，在水稻高产优质育种中具有应用价值。

稻瘟病、白叶枯病、褐飞虱是我国水稻主要的病虫害，而稻瘟病在我国各稻区每年均有不同程度发生（郝中娜等，2019）。挖掘水稻中抗病、抗虫基因并将其聚合到不同水稻品种中，有利于筛选出抗病虫害的水稻新品种（楼珏等，2016）。

稻瘟病是一种世界性真菌病害，严重影响水稻的产量和品质，迄今已从不同水稻品种中克隆了超过 30 个抗稻瘟病基因（高清等，2022）。其中 *Pib* 是最先被成功克隆的抗稻瘟病基因，而 *Pi9* 是最早被克隆广谱的抗稻瘟病基因（Wang et al., 1999）。水稻白叶枯病严重危害水稻的生产，目前被定位的水稻抗白叶枯主效基因已超过 40 个，其中有 10 个基因被成功克隆（陈贤等，2022），其中 *Xa23* 是从野生稻资源中鉴定的一个在全生育期表现广谱、高抗白叶枯病的基因。褐飞虱是水稻生产中危害最严重的害虫之一，严重影响水稻的品质和产量，迄今鉴定到的抗褐飞虱基因位点已超过 30 个，主要分布在水稻第 3、4、6 和 12 号染色体上，其中 *Bph14* 是第一个被克隆的来源于药用野生稻资源的抗褐飞虱基因（张梦龙等，2022）。华中农业大学 Sha 等（2023）克隆了一种名为 *RBL1* 的广谱抗病类突变体基因，并通过基因编辑技术成功创制了一个名为 *RBL1Δ12* 的新基因，该基因具有广阔的抗病育种应用前景，对稻瘟病、白叶枯病、稻曲病三种病的抗性均有显著提高。

水稻在生长过程中经常受生物及非生物胁迫而导致产量和品质下降，其中非生物胁迫主要包括盐碱、冷害、高温、洪涝、干旱、重金属胁迫等。在漫长的进化过程中，水稻已形成了一系列复杂且有序的机制来感知环境的变化，以抵御环境带来的不利影响（Dong et al., 2022），其中一些抗逆基因陆续被挖掘出来并应用于育种实践。

*qSE3* 编码一个新的转运蛋白 OsHAK21，能够提高种子萌发过程中的耐盐性（He et al., 2019）。DST 是水稻中发现的一个新型锌指转录因子，该转录因子对水稻的耐旱性和耐盐性而言是 1 个负调控因子，当该基因功能缺失时可显著提高水稻的耐旱性和耐盐性（Huang et al., 2009）。*SNAC1* 基因编码 1 个 NAC 转录因子，过表达 *SNAC1* 可以显著提高水稻的耐旱性和耐盐性（Hu et al., 2006）。Deng 等（2022）鉴定了 1 个新的水稻耐盐关键基因 *RST1*，并揭示了其通过抑制天冬酰胺合成酶基因表达来调控水稻盐胁迫响应以及产量形成的分子机制。Zu 等（2023）通过甲基磺酸乙酯（ethyl methanesulfonate，EMS）化学诱变筛选得到 1 个 ospus1 抑制子 PPR 蛋白，该蛋白可以显著增加水稻的耐冷性。Fujino 等（2011）发现 qLTG3-1 是 1 个未知功能的蛋白，能控制水稻发芽期的低温耐受性。

## 第四节 水稻种质资源创新与利用模式

### 一、加强专用型核心种质的构建

目前我国已构建了 21 套水稻核心种质（表 1-1），包括野生稻、稻种资源和地方品种等。然而这些核心种质都是通用型核心种质，而专用型的核心种质很少。例如，抗病性、抗虫型、高产型、优质型、功能型和营养性等专用型核心种质几乎没有构建。

利用现有种质资源的遗传多样性、基因型特点、遗传结构信息，调整或优化核心种质构建，根据不同需求，构建专用型核心种质，并对构建的专用型核心种质进行多环境、多年的鉴定与表型分析。从抗病角度，研究者可以构建抗稻瘟病、抗白叶枯病、抗细条病、抗纹枯病和抗稻曲病等不同病害抗性的专用型核心种质，然后对核心种质在实验室和田间分别进行抗性鉴定与分析，研究其抗性变化，分离并鉴定对应的抗性基因及等位基因，为育种学家提供优异的基因资源。例如，本课题组利用收集于不同地区和单位的种质资源，通过室内和田间抗性鉴定，正在构建一套水稻抗稻瘟病专用型核心资源。

### 二、加强种质资源表型的精确鉴定

中国有近 7.4 万份水稻种质资源，虽然这些种质资源丰富多样，但也为种质资源评价工作带来很大困扰。中国工程院院士万建民在 2021 中国种子大会提到深度鉴定评价的种质资源不足 10%，绝大多数种质资源的鉴定还停留在初级阶段，同时将种质资源应用于育种创新更是远远不足，很多种质资源优势没有转化为产业优势。

种质资源表型准确鉴定是后期基因分离与功能研究的最基础数据，表型鉴定的准确性将为后期基因挖掘与利用提供更多机会。例如，由中国农业科学院作物科学研究所带头，通过精确鉴定，获得高抗稻瘟病野生稻 W341 和地方品种 N107 等新种质（https://ics.caas.cn/xwdt/sndt/a0d2009c85a14d74bb4c881cc2c12d5c.htm）。对该种质进行深入研究，不仅给生物学家提供重要的遗传材料，也为育种学家提供重要的基因资源。此外，研究者还可借助高通量、高分辨率、大数据表型分析平台对种质资源及核心资源进行精准鉴定，以满足育种者的需求（陈灿等，2021）。

### 三、加强种质资源深入挖掘和创新研究

虽然科学家利用水稻种质资源鉴定了一些控制产量、抗病虫、抗逆和品质等性状的基因。然而，种质资源中还存在大量变异的等位基因，这些等位基因对水稻遗传改良具有极其重要意义。例如，野生稻与地方品种，由于经历了多年自然灾害和环境自然选择，往往含有丰富优异基因，例如抗病、抗虫、抗逆等基因，这些材料是水稻育种的天然基因库，然而在育种中真正利用的还较少。主要原因包括两方面：一方面是种质资源包括核心种质资源鉴定评价信息不完整、不详细，没有满足育种学家的特别需求；另一方面，核心种质资源包括野生资源和地方品种等，这些资源往往具有较多不良性状，难以直接利用。此外，深度挖掘优异基因资源的能力亟待加强，基础研究和应用研究结合不紧密，有重大利用价值的基因资源很少。

种质资源主要包含野生稻、地方品种和稻种资源等，尤其是野生稻和地方品种资源往往含有特异的基因，深入挖掘这些优异与特异性基因，对丰富水稻育种基因资源具有重要意义。对地方品种资源优异基因进行挖掘，在精确评价的基础上，可以构建分离群体，通过图位克隆、全基因组选择关联分析及测序分析等方法，对相关基因进行鉴定与分离。

对野生稻而言，由于其遗传背景复杂，很难被直接利用。可以通过构建染色体片段置换系，消除遗传背景的影响，为进一步挖掘野生稻中的有利基因创造条件。例如，Yang 等（2016）以福建漳浦野生稻为供体亲本，以东南恢 810 为受体亲本，利用分子标记辅助选择（molecular marker-assisted selection，MAS）技术，通过杂交与回交的方法，构建获得了覆盖漳浦野生稻全基因组的染色体片段置换系群体。利用构建的这个群体，已克隆了水稻长芒基因 *GAD1-2*（杨德卫等，2018）、水稻早熟新基因 *qHD19*（Yang et al., 2020）和白叶枯病抗病新基因 *Xa42*（*t*）（Huang et al., 2023），这些基因的挖掘将为水稻育种和功能基因组研究提供极其重要的基因资源。

近年来，随着基因编辑技术的快速发展与更新，优异等位基因在水稻遗传

改良中已呈现巨大的应用前景。因此，种质资源中优异等位基因的挖掘与进一步利用，将是种质资源重要的研究内容与方向，也是种质资源与遗传育种相融合的关键所在（武晶等，2019）。今后研究者可以从以下两个方面开展研究。

（1）加强野生稻资源和地方品种资源优异基因及其等位基因的鉴定和利用。野生稻和地方品种往往含有现代品种中缺失和丢失的优异基因，这些基因是水稻育种中极其重要的基因资源。因此，可以利用基因组学、遗传学和分子生物学等方法，鉴定这些资源材料中的优异等位基因，真正发挥种质资源在现代水稻育种中的重要作用。Yang等（2020）利用图位克隆的方法，从地方资源品种双抗77009中克隆了1个与 *Pigm* 等位、高抗稻瘟病的新基因 *Pigm-1*，研究发现很多地方品种不含有 *Pigm-1*，该基因很可能在驯化和种植过程已经丢失，目前 *Pigm-1* 对所有已知的稻瘟病菌均表现抗病，因此该基因在今后水稻生产和育种很可能具有广阔的应用前景。

（2）加强优异等位基因在新种质创制中的应用。在充分鉴定并分离水稻产量、品质和抗性等相关基因的基础上，通过进一步开发这些基因及等位基因的功能性分子标记，并集合优良的等位基因，创制优异的中间育种材料，实现新种质创制和遗传育种相融合，从而提升育种效率。例如，杨德卫等（2023）利用开发的 *Pigm-1* 功能标记，通过聚合育种的方法，创制了同时含抗稻瘟病 *Pigm-1* 和抗白叶枯病 *Xa23* 的新材料。

### 四、激发种质创新的内生动力

近年来，虽然在优质稻品种、超级稻品种及籼粳交品种选育方面取得较大进步，然而在大品种、突破性品种的选育方面还存在一定的瓶颈。实际上，依靠单个基因来实现大品种、突破性品种的道路将越来越艰难，这些大品种的培育应该是集综合优良农艺性状于一身的，需要集合育种学、遗传学和分子生物学等综合知识才能实现的。

水稻种质资源创新，需要加强科企融合，激发创新的动力，要加强基础研究的深度，挖掘有重大利用价值的新基因，加快生物育种的进程。同时必须进一步加强水稻种质资源的精准鉴定与深度发掘,从保存的资源中挖掘出大量优异种质并进行改良创制,将种质资源优势转变成可利用的亲本材料优势,打通种质资源有效利用的"最后一公里",培育出更多具有突破性的大品种。

**五、强化种质资源的共享机制**

目前我国水稻种质资源的安全保护体系相对滞后,还没有形成一套系统有效的保护制度(祖祎祎,2023)。种质资源共享还面临一些困难和挑战:一方面缺乏有效的激励机制,种质资源交流之后,使用者不愿意分享使用后的成果;另一方面是种质资源交流不顺畅,例如有些种质资源被科研单位或者企业作为"私有材料"进行保留,与育种学家之间的交流、交换及使用非常有限。有些申请人向地方库或者国家库申请的种质资源,没有及时或者不愿意把使用信息反馈给资源保存单位,导致使用单位与保存单位之间存在相互脱节现象,而且对应的研究成果也没有体现供种单位的贡献,明显破坏了种质资源共享共赢的机制,导致还未完全打通种质资源有效利用的"最后一公里"。

为了促进水稻种质资源的共享,管理部门与科研部门可以采取相应措施。首先,要建立完善的共享机制。要加快构建基于大数据的统一信息平台,统筹国家和省级水稻种质资源收集、保存、评价、分发等业务工作,确保信息互联互通,从而提高资源的共享次数和利用效率。其次,制定特定的激励性措施,鼓励科研单位、种子企业及个人把保存的种质资源上交或者将资源相关信息提交,统一集中到资源共享的公共平台上,实现资源信息的完全共享。再次,加强种质资源的精确鉴定,依托科研单位、高校、企业等资源评价单位,鉴定重要的农艺性状(包括抗性、产量和品质等),为育种者提供重要的性状信息。同时加大水稻种质资源宣传力度,对筛选和鉴定的优异种质资源进行集中种植和展示示范,让育种者在现场对种质资源有直观的了解和认识。

**六、加强国际合作交流**

近年来,受战争、自然灾害及全球性疫病流行的叠加影响,种质资源国际交流合作受限。因此,在安全、规范的原则下,加强与水稻资源丰富国家和地区、"一带一路"沿线国家和地区,以及相关国际组织等开展深入的交流与合作,提升种质资源安全保护与高效利用水平。

## 七、强化创新研究与利用模式

中国有近 7.4 万份水稻种质资源,然而如何开发与利用这些庞大的资源,将是今后水稻种质资源保存与利用最为重要的内容。本章归纳形成了水稻种质资源创新与利用的模式(图 1-1)。本文通过对收集的种质资源进行初步鉴定与多样性分析,构建初级和终级核心种质资源库,利用高通量的表型分析平台和基因型鉴定平台,再对这些核心种质资源进行精确评价,从中筛选和挖掘优异种质资源。

以筛选和挖掘的优异资源为基础材料,一方面开展新材料的创制,主要是利用表型和基因型分析的结果,开发不同类型的分子标记,并借助于这些分子标记,通过回交方法,构建大规模不同类型的染色体片段置换系或渐渗系群体,进而创制携有优良性状的新种质或供育种利用的中间新材料;另一方面开展优异基因的鉴定与分离,主要是鉴定与分离这些优异基因及其等位基因,再利用开发的其功能性分子标记应用于水稻育种实践,同时解析这些基因的功能,揭示其遗传调控网络。最后,利用生物育种技术,开展分子设计育种,创制综合农艺性状优异的水稻新品系,并利用创制的恢复系与不育系杂交配组,进而培育综合性状优异的突破性水稻新品种。

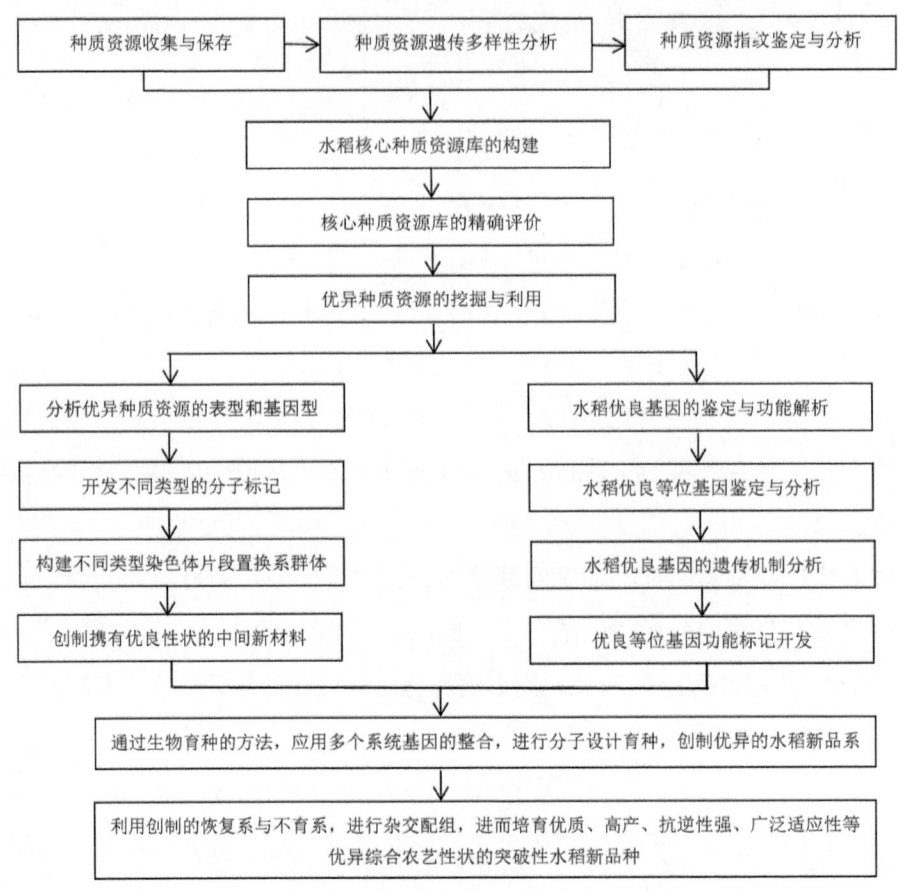

图 1-1 水稻种质资源创新研究与利用模式

# 第二章 寄主植物与病原菌免疫反应的分子遗传基础

植物在长期进化过程中形成了多种形式的抗性，这些抗性是通过启动植物内部免疫系统产生的。植物模式识别受体（pattern recognition receptors，PRRs）识别病原菌相关分子模式（pathogen-associated molecular patterns，PAMPs），激活体内信号途径，诱导防卫反应，限制病原物的入侵，这种抗性称为病原物模式分子引发的免疫反应（PAMP-triggered immunity, PTI）（Ausubel, 2005）。为了成功侵染植物，病原微生物进化出了效应因子蛋白（effectors）来抑制病原物模式分子引发的免疫反应。同时为了进一步限制病原物的入侵，植物进化出了抗病蛋白（resistance protein, R）来监控、激活快速且剧烈的免疫反应，往往伴随着侵染部位的细胞过敏性坏死（hypersensitive response, HR），这种抗性被称为效应因子引发的免疫反应（effector-triggered immunity, ETI）（Jones and Dangl., 2006）。

随着测序技术的快速发展和功能基因组的深入研究，大量的植物抗性基因与病原菌无毒基因（*Avirulence*，*Avr*）被分离出来，抗性 *R* 基因与无毒 *Avr* 基因产物之间直接或间接相互作用，符合"基因对基因"假说，是植物产生抗性的重要形式。这种抗性必须在寄主 *R* 基因和病原物 *Avr* 基因产物同时存在并发生相互作用时才产生，当在不含相应 *R* 基因的寄主内，*Avr* 则起着毒性基因的功能，抑制植物的防卫反应（Dangl and Jones, 2001；Jones and Dangl., 2006）。

由于病原菌遗传的复杂性和易变性，新培育的植物品种在种植多年后就可能成为感病品种，目前已成为植物新品种选育和生产的主要挑战之一。因此，如何提高植物新品种的抗性水平，是世界植物学家和病理学家面临的难题。本章综述了病原菌 *Avr* 基因和寄主植物 *R* 基因的克隆、功能分析等研究，重点分析了病原菌无毒蛋白和寄主植物抗病蛋白相互作用的分子模式，同时对植物抗病基因的研究和利用进行了分析和展望。

## 第一节 病原物模式分子引发的免疫反应（PTI）

### 一、细胞外直接感应

植物 PRRs 主要可以分为受体类蛋白激酶（receptor-like kinases，RLKs）和受体类蛋白（Receptor-like proteins，RLPs）两类，许多 PAMPs 都能够被 RLPs 和 RLKs 直接识别感应。这方面最经典的例子就是拟南芥受体类蛋白激酶 FLAGELLIN-SENSITIVE 2（FLS2）识别细菌的鞭毛蛋白 flg22（Gómez-Gómez et al., 2000），flg22 的肽链绑定 FLS2 后直接招来共受体 BRI1-ASSOCIATED RECEPTOR KINASE 1（BAK1）的结合（Chinchilla et al., 2007），这三者的晶体结构表明，flg22 在其中扮演着分子胶体的作用，促进 FLS2 和 BAK1 复合体的形成（Sun et al., 2013）。

随着研究的深入，人们发现许多其他微生物的 PAMPs 都会发生与鞭毛蛋白类似的直接识别现象，这种直接感应的策略很普遍，有的会引起完全的免疫反应，有的会引起部分抗病反应。如细菌表面丰富的 elongation factor Tu（elf18）蛋白可以被植物 EF-Tu RECEPTOR（EFR）识别并结合，然后激活下游的免疫反应（Zipfel et al., 2006；Boller and Felix, 2009；Pfeilmeier et al., 2019）；真菌细胞壁成分几丁质（chitin）则可以被 CHITIN ELICITOR RECEPTOR KINASE 1（CERK1）所识别，从而引起防卫反应，并且 CERK1 第 428 位酪氨酸的自我磷酸化，是其与几丁质相结合并激活免疫反应所必需的（Shimizu et al., 2010；Liu et al., 2018）。此外，OsCERK1 还能与 OsLYP4 和 OsLYP6 结合，参与质膜上 PGN 和几丁质两个激发子的信号转导（Ao et al., 2014）。

### 二、细胞外间接感应

典型的例子是在西红柿抗叶霉病中发现的，Cf-2 是一个受体类蛋白 RLP 并对黄枝孢霉菌有抗性（Dixon et al., 1996），能够识别黄枝孢霉菌的效应因子 Avr2 和线虫的效应因子 GrVap1（Luderer et al., 2002），但对于它们的识别需要一个中间介体 Rcr3，Rcr3 是一个编码类木瓜酵素的半胱氨酸蛋白酶 papain-like Cys protease（Dixon et al., 2000）。研究表明，Rcr3 更像是一个诱饵来诱使 Cf-2 对 Avr2、GrVap1 的识别，但 Rcr3 本身不是效应子，它的同源基因广泛存在西红柿、马铃薯和胡椒中（van der Hoorn and Kamoun, 2008），而 Cf-2 只存在于西红柿中，说明它更可能是后期进化产生的。

## 第二节　效应因子引发的免疫反应（ETI）

植物与病原菌的分子交流决定了它们之间互作结果。病原菌的效应蛋白进入寄主植物细胞后，能否被寄主植物识别决定了植物抗病和感病的表型。由专化抗病 $R$ 基因介导的抗病反应，一般符合"基因对基因"的互作模式。然而，从目前克隆的专化抗病 $R$ 基因来看，有些 $R$ 基因的抗病机制不符合"基因对基因"互作模式。例如，从玉米中克隆的抗病 $R$ 基因 $Hm1$（Johal and Briggs, 1992），它们编码的产物不具有绝大多数植物抗病基因产物所含有的保守结构域，它们抗病机制不需要病原菌无毒因子的激活，与病原菌的亲和因子有关。

### 一、植物的抗病 $R$ 基因与 $Avr$ 无毒基因

植物抗病 $R$ 基因在植物抗病反应中发挥极其重要的作用。植物抗病基因产物可能有两个功能：一是识别相应的 $Avr$ 衍生信号；二是激活下游信号传导，引发复杂的抗病防御反应（Kourelis and van der Hoorn, 2018）。自 1992 年第一个抗病基因——玉米的抗圆斑病基因（*Helminthosporium carbonum*）被鉴定以来，截至 2018 年，已有 263 个抗病 $R$ 基因被鉴定出来，表 2-1 列出了部分抗病 $R$ 基因的相关信息，包括寄主、具体抗性基因、病原菌及对应的无毒 $Avr$ 基因等信息。

表 2-1　植物抗病 $R$ 基因及相应的无毒基因

| 无毒基因 | 病原菌 | 寄主 | 抗性基因 |
| --- | --- | --- | --- |
| $P3$ | Soybean mosaic virus | Soybean | $3gG2$ |

续表

| 无毒基因 | 病原菌 | 寄主 | 抗性基因 |
| --- | --- | --- | --- |
| *Avr9* | *Cladosporium fulvum* (Syn. *Passalora fulva*) | Tomato | *9DC1* |
| *Avr9* | *Cladosporium fulvum* (Syn. *Passalora fulva*) | Tomato | *9DC2* (Syn. *9DC*) |
| *Avr9* | *Cladosporium fulvum* (Syn. *Passalora fulva*) | Tomato | *9DC3* |
| Sphinganine-analog mycotoxins | *Alternaria alternata* | Tomato | *Asc-1* |
| Not identification | *Pseudoperonospora cubensis* | Melon | *At1* |
| Not identification | *Pseudoperonospora cubensis* | Melon | *At2* |
| Not identification | Clover yellow vein virus | French Bean | *bc-3* |
| Not identification | Turnip mosaic virus (TuMV) | Chinese cabbage | *BcTuR3* |
| Not identification | *Nilaparvata lugens* | Rice | *Bph1/9-1* (Syn. *Bph1/Bph10/Bph18/Bph21*) |
| Not identification | *Nilaparvata lugens* | Rice | *Bph1/9-2* (Syn. *Bph2/Bph26*) |
| Not identification | *Nilaparvata lugens* | Rice | *Bph1/9-7* (Syn. *Bph7*; Syn. *Bph9*) |
| Not identification | *Nilaparvata lugens* | Rice | *Bph14* |
| *AvrBs2* | *Xanthomonas axonopodis* | Tomato | *Bs2* |
| *AvrHah1* | *Xanthomonas gardneri* | Pepper | *Bs3* |
| *Hax4* | *Xanthomonas campestris* | Tomato | *Bs4* |
| *AvrBs4* | *Xanthomonas campestris* | Pepper | *Bs4C-R* |
| Putative PGN | *Pseudomonas syringae* | Tomato | *Bti9* |

续表

| 无毒基因 | 病原菌 | 寄主 | 抗性基因 |
|---|---|---|---|
| Not identification | *Ralstonia solanacearum* | Tobacco | *CaLRR51* |
| Not identification | *Meloidogyne incognita* | Pepper | *CaMi* |
| Not identification | *Phakopsora pachyrhizi* | Soybean | *CcRpp1* |
| *Avr4* | *Cladosporium fulvum* (Syn. *Passalora fulva*) | Tomato | *Cf-4*(Syn. *Hcr9-4D*) |
| *Avr5* | *Cladosporium fulvum* (Syn. *Passalora fulva*) | Tomato | *Cf-5*(Syn. *Hcr2-5C*) |
| *Avr9* | *Cladosporium fulvum* (Syn. *Passalora fulva*) | Tomato | *Cf-9*(Syn. *Hcr9-9C*) |
| Not identification | — | *Nicotiana benthamiana* | *Cf-9B*(*Hcr9-9B*) |
| *Avr9B* | *Cladosporium fulvum* (Syn. *Passalora fulva*) | Tomato | *Cf-9B*(Syn. *Hcr9-9B*) |
| Not identification | *Heterodera avenae* | Wheat | *Cre1* |
| Not identification | *Heterodera avenae* | Wheat | *Cre3* |
| Not identification | Clover yellow vein virus | Arabidopsis | *cum1-1* |
| Not identification | *Cuscuta reflexa* | Tomato | *CuRe1* |
| Coat protein | Mungbean Yellow Mosaic India Virus (MYMIV) | Black gram | *CYR1* |
| Not identification | — | Arabidopsis | *Dm1*(*Uk-3*) |
| Not identification | Potato virus Y (PVY) | Potato | *Eva1* |
| Not identification | Plantago Asiatica Mosaic Virus (PIAMV) | Arabidopsis | *EXA1* |
| *AvrFom1* | *Fusarium oxysporum* | Melon | *Fom-1*(Syn. *RGH9*) |
| *AvrFom2* | *Fusarium oxysporum* | Melon | *Fom-2* |

续表

| 无毒基因 | 病原菌 | 寄主 | 抗性基因 |
|---|---|---|---|
| Not identification | *Verticillium dahliae* | Cotton | *GbVE* |
| Not identification | *Xanthomonas oryzae* | Rice | *GH3-2* |
| Not identification | *Xanthomonas oryzae* | Rice | *GH3-8* |
| Not identification | *Heterodera glycines* | Soybean | *GmSNAP18*（Syn. *Rhg1-a*） |
| RBP-1 | *Globodera pallida* | Potato | *Gpa2* |
| Not identification | *Globodera rostochiensis* | Potato | *Gro1-4* |
| Not identification | *Cercospora zeae-maydis* | Maize | *GST23* |
| Not identification | *Plasmopara halstedii* | Sunflower | *Ha-NTIR11g* |
| Avr4E | *Cladosporium fulvum*（Syn. *Passalora fulva*） | Tomato | *Hcr9-4E* |
| Not identification | — | *Nicotiana benthamiana* | *Hcr9-9A* |
| Not identification | *Cladosporium fulvum*（Syn. *Passalora fulva*） | Tomato | *Hcr9-9E* |
| Not identification | *Venturia inaequalis* | Apple | *HcrVf2* |
| Not identification | *Globodera rostochiensis* | Tomato | *Hero A* |
| Ave1 | *Verticillium dahliae* | Arabidopsis | *HLVe1-2A* |
| HC toxin | *Cochliobolus carbonum* | Maize | *Hm1* |
| Coat protein | Turnip crinckle virus | Arabidopsis | *Hrt1* |
| Not identification | *Heterodera schachtii* | Sugar beet | *Hs1*（*pro-1*） |
| Not identification | *Pseudomonas syringae* | Tobacco | *Hth* |
| Not identification | *Exserohilum turcicum* | Maize | *Htn1*（Syn. *ZmWAK-RLK1*） |
| HC toxin | *Cochliobolus carbonum* | Barley | *HvHm1* |
| Avr1（Syn. Six4） | *Fusarium oxysporum* | Tomato | *I* |

续表

| 无毒基因 | 病原菌 | 寄主 | 抗性基因 |
| --- | --- | --- | --- |
| Avr2（Six3） | Fusarium oxysporum | Tomato | I2 |
| Not identification | Fusarium oxysporum | Tomato | I-7 |
| Not identification | Diabrotica virgifera | Maize | IPD072Aa |
| Not identification | Botrytis cinerea | Tomato | IVR |
| Not identification | Tobacco Etch Virus | Arabidopsis | JAX1 |
| Coat protein | Tobamovirus | Pepper | $L^{1a}$ |
| Not identification | Melampsora lini | Flax | L2 |
| Coat protein | Tobamovirus | Pepper | $L^{2b}$ |
| Not identification | Melampsora lini | Flax | L3 |
| AvrL567-E | Melampsora lini | Flax | L5 |
| Not identification | Melampsora lini | Flax | L8 |
| — | Striga | Sorghum | LGS1 |
| Victorin | Cochliobolus victoriae | Arabidopsis | LOV1 |
| AVR1 | Puccinia triticina | Wheat | Lr1 |
| AvrLr21 | Puccinia triticina | Wheat | Lr21 |
| AVR1 | Puccinia triticina | Wheat | Lr22a |
| Not identification | Puccinia striiformis | Wheat | Lr34（Syn. Yr18/Pm38/Ltn1） |
| Not identification | Puccinia striiformis | Wheat | Lr67（Syn. Pm46/Sr55/Yr46/Ltn3） |
| Not identification | Turnip mosaic virus（TuMV） | Arabidopsis | lsp1-1 |
| AvrM | Melampsora lini | Flax | M |
| Not identification | Meloidogyne | Myrobalan Plum | Ma |
| Not identification | Meloidogyne | Tomato | Mi-1 |
| AVRa1 | Blumeria graminis | Barley | Mla1 |
| AVRa10 | Blumeria graminis | Barley | Mla10 |

续表

| 无毒基因 | 病原菌 | 寄主 | 抗性基因 |
| --- | --- | --- | --- |
| AvrMla12 | Blumeria graminis | Barley | Mla12 |
| AVRa13 | Blumeria graminis | Barley | Mla13 |
| AvrMla6 | Blumeria graminis | Barley | Mla6 |
| AvrMla7 | Blumeria graminis | Barley | Mla7 |
| Not identification | Blumeria graminis | Barley | Mla8 |
| Not identification | Blumeria graminis | Barley | Mla9 |
| Not identification | Lettuce Mosaic Virus | Lettuce | Mo-1 |
| Not identification | Diplocarpon rosae | Rose | muRdr1A（Syn. Rdr1） |
| AvrPto | Pseudomonas syringae | Nicotiana benthamiana | NbPrf（Niben101Scf00650 g02002XLOC） |
| FoAve1 | Fusarium oxysporum | Nicotiana glutinosa | NgVe1 |
| Not identification | Xanthomonas oryzae | Rice | OsAPX8 |
| Not identification | Magnaporthe oryzae | Rice | OsCul3a |
| AvrP | Melampsora lini | Flax | P |
| AvrP123 | Melampsora lini | Flax | P2 |
| Not identification | Heterobasidion parviporum | Norway spruce | PaLAR3 |
| Not identification | Pantoea stewartii | Maize | pan1 |
| Not identification | Magnaporthe oryzae | Rice | Pb1 |
| AvrBs3Δ16 | Xanthomonas campestris | Pepper | pBs3-E |
| Pc-toxin | Periconia circinata | Sorghum | Pc |
| Not identification | Tomato yellow leaf curl virus | Tomato | Pelo（Syn. Ty-5） |
| Not identification | Phytophthora infestans | Tomato | Ph-3 |
| Not identification | Magnaporthe oryzae | Rice | Pi1-5 |

续表

| 无毒基因 | 病原菌 | 寄主 | 抗性基因 |
|---|---|---|---|
| Not identification | *Magnaporthe oryzae* | Rice | *Pi2* |
| Not identification | *Magnaporthe oryzae* | Rice | *pi21* |
| Not identification | *Magnaporthe oryzae* | Rice | *Pi25* |
| Not identification | *Magnaporthe oryzae* | Rice | *Pi35* |
| Not identification | *Magnaporthe oryzae* | Rice | *Pi36* |
| Not identification | *Magnaporthe oryzae* | Rice | *Pi37* |
| Not identification | *Magnaporthe oryzae* | Rice | *Pi50* |
| Not identification | *Magnaporthe oryzae* | Rice | *Pi5-2* |
| Not identification | *Magnaporthe oryzae* | Rice | *Pi54*(Syn. *Pik-k(h)*) |
| Not identification | *Magnaporthe oryzae* | Rice | *Pi55*(*t*) |
| Not identification | *Magnaporthe oryzae* | Rice | *Pi64* |
| *AvrPi9* | *Magnaporthe oryzae* | Rice | *Pi9* |
| *AvrPiB* | *Magnaporthe oryzae* | Rice | *Pib* |
| Not identification | *Magnaporthe oryzae* | Rice | *Pi-d2* |
| Not identification | *Magnaporthe oryzae* | Rice | *Pid3* |
| Not identification | *Magnaporthe oryzae* | Rice | *Pid3-A4* |
| Not identification | *Magnaporthe oryzae* | Rice | *PigmR*(Syn. *PigmR6*) |
| *AvrPii* | *Magnaporthe oryzae* | Rice | *Pii* |
| *Avr-PikE* | *Magnaporthe oryzae* | Rice | *Pik-1* |
| *Avr-PikA* | *Magnaporthe oryzae* | Rice | *Pik-h* |
| *Avr-PikD* | *Magnaporthe oryzae* | Rice | *Pik-p1* |
| *Avr-PikD* | *Magnaporthe oryzae* | Rice | *Pik-s* |
| Not identification | *Magnaporthe oryzae* | Rice | *Pish* |
| Not identification | *Magnaporthe oryzae* | Rice | *Pit* |
| *AvrPita2* | *Magnaporthe oryzae* | Rice | *Pi-ta* |

续表

| 无毒基因 | 病原菌 | 寄主 | 抗性基因 |
|---|---|---|---|
| AvrPiz-t | Magnaporthe oryzae | Rice | Piz-t |
| BgsE-5845 | Blumeria graminis | Wheat | Pm2 |
| AvrPm3$^{a2/f2}$ | Blumeria graminis | Wheat | Pm3a |
| AvrPm3b | Blumeria graminis | Wheat | Pm3b |
| Not identification | Blumeria graminis | Wheat | Pm3c |
| Not identification | Blumeria graminis | Wheat | Pm3d |
| Not identification | Blumeria graminis | Wheat | Pm3e |
| AvrPm3$^{a2/f2}$ | Blumeria graminis | Wheat | Pm3f |
| Not identification | Blumeria graminis | Wheat | Pm3g |
| Not identification | Blumeria graminis | Wheat | Pm3k |
| Not identification | Potato virus Y (PVY) | Tomato | Pot-1 |
| avrPtoB, AvrPto (B728a) | Pseudomonas syringae | Tomato | Prf |
| avrBs3 | Xanthomonas citri | Grapefruit | ProBs314EBE::avrGf1 |
| Not identification | Papaya ring-spot virus | Melon | Prv1 (Syn. RGH10) |
| 2a | Cucumber mosaic virus (CMV) | French Bean | PvCMR1 (Syn. RT4-4) |
| Not identification | Potato virus Y (PVY) | Pepper | Pvr2$^l$ |
| RNA-dependent RNA polymerase (NIb) | Potato virus Y (PVY) | Nicotiana benthamiana | Pvr4 |
| Not identification | Pepper Veinal Mottle Virus | Pepper | pvr6 |
| BV1 | Bean Dwarf Mosaic Virus | Kidney bean | PvVTT1 |
| Not identification | Magnaporthe grisea | Maize | qMdr9.02 (Syn. ZmCCoAOMT2) |
| Not identification | Fusarium graminearum | Maize | qRfg1 (Syn. ZmCCT) |

续表

| 无毒基因 | 病原菌 | 寄主 | 抗性基因 |
|---|---|---|---|
| Avr1 | Phytophthora infestans | Potato | R1 |
| Avr2 | Phytophthora infestans | Potato | R2 |
| Avr3a KI | Phytophthora infestans | Potato | R3a |
| Avr3b | Phytophthora infestans | Potato | R3b |
| Avr8 | Phytophthora infestans | Potato | R8（Syn. Rpi-smira2） |
| Not identification | Albugo candida | Arabidopsis | RAC1 |
| Avrblb1（Syn. IPI-O/PexRD） | Phytophthora infestans | Potato | Rb（Syn. Rpi-blb1） |
| HopBA1 | Pseudomonas syringae | Arabidopsis | RBA1 |
| Not identification | Glomerella graminicola（Syn. Colletotrichum graminicola） | Maize | Rcg1 |
| Not identification | Colletotrichum trifolii | Alfaalfa | RCT1 |
| Coat protein | Cucumber mosaic virus（CMV） | Arabidopsis | Rcy1 |
| Not identification | Pyrenophora graminea | Barley | Rdg2a |
| Not identification | Turnip mosaic virus（TuMV） | Cabbage | retr01 |
| Not identification | Fusarium oxysporum | Arabidopsis | RFO1 |
| Not identification | Fusarium oxysporum | Arabidopsis | RFO3 |
| AvrLr10 | Puccinia triticina | Wheat | Rga2 |
| Not identification | — | Wheat | RGA2a |
| Avr-Pia | Magnaporthe oryzae | Rice | RGA5-A（Syn. Pia-1） |
| Avr3 | Bremia lactucae | Lettuce | RGC2B（Syn. Dm3） |
| Not identification | Heterodera glycines | Soybean | Rhg1-b |
| Not identification | Leptosphaeria maculans | Arabidopsis | RLM1A |
| AvrLm2 | Leptosphaeria maculans | Oilseed rape | RLM2 |

续表

| 无毒基因 | 病原菌 | 寄主 | 抗性基因 |
|---|---|---|---|
| Not identification | *Alternaria brassicae* | Arabidopsis | *RLM3* |
| *XopQ* | *Xanthomonas campestris* | *Nicotiana benthamiana* | *Roq1* |
| Complex of *PGTG_10537.2* and *PGTG_16791* | *Puccinia graminis* | Barley | *Rpg1* |
| *AvrB* | *Pseudomonas savastanoi* | Soybean | *Rpg1-b* |
| *AvrRpm1* | *Pseudomonas syringae* | Soybean | *Rpg1r* |
| Not identification | *Puccinia graminis* | Barley | *Rpg5* |
| *AvrLr10* | *Puccinia sorghi* | Maize | *Rpi1-D* |
| *Avr2* | *Phytophthora infestans* | Potato | *Rpi-abpt* |
| Not identification | *Phytophthora infestans* | Potato | *Rpi-amr3i* |
| *Avrblb2*（Syn. *PexRD39/PexRD40*） | *Phytophthora infestans* | Potato | *Rpi-blb2* |
| *Avr2* | *Phytophthora infestans* | Potato | *Rpi-blb3* |
| *Avrblb1*（Syn. *IPI-O/PexRD*） | *Phytophthora infestans* | Potato | *Rpi-pta1* |
| *Avr2* | *Phytophthora infestans* | Potato | *Rpi-snk1.1* |
| *Avrblb1*（Syn. *IPI-O/PexRD*） | *Phytophthora infestans* | Potato | *Rpi-sto1* |
| *Avrvnt1* | *Phytophthora infestans* | Potato | *Rpi-vnt1.1* |
| *AvrRpm1, AvrB* | *Pseudomonas syringae* | Arabidopsis | *RPM1* |
| *ATR13-Emco5* | *Hyaloperonospora arabidopsidis* | Arabidopsis | *RPP13-Nd-1* |
| Not identification | *Hyaloperonospora arabidopsidis* | Arabidopsis | *RPP13-Rld-2* |

续表

| 无毒基因 | 病原菌 | 寄主 | 抗性基因 |
| --- | --- | --- | --- |
| ATR13-Maks9 | *Hyaloperonospora arabidopsidis* | Arabidopsis | RPP13-UKID34 |
| ATR13-Emco5 | *Hyaloperonospora arabidopsidis* | Arabidopsis | RPP13-UKID37 |
| Atr1Ndwsb | *Hyaloperonospora arabidopsidis* | Arabidopsis | RPP1-EstA |
| Atr1Ndwsb | *Hyaloperonospora arabidopsidis* | Arabidopsis | Rpp1Nda |
| Not identification | *Hyaloperonospora arabidopsidis* | Arabidopsis | Rpp1-Wsa |
| Atr1Ndwsb | *Hyaloperonospora arabidopsidis* | Arabidopsis | Rpp1-Wsb |
| Not identification | *Hyaloperonospora arabidopsidis* | Arabidopsis | Rpp1-Wsc |
| Atr1Ndwsb | *Hyaloperonospora arabidopsidis* | Arabidopsis | RPP1-ZdrA |
| Not identification | *Phakopsora pachyrhizi* | Soybean | Rpp4C4 |
| AvrRpt2 | *Phytophthora sojae* | Soybean | Rps1k-1 and/or Rps1k-2 |
| AvrRpt2 | *Pseudomonas syringae* | Arabidopsis | RPS2 |
| AvrPphB | *Pseudomonas syringae* | Arabidopsis | RPS5 |
| HopA1（hrmA/hopPsyA） | *Pseudomonas syringae* | Arabidopsis | RPS6 |
| Not identification | *Erysiphe cichoracearum*（Syn. *Golovinomyces cichoracearum*） | Arabidopsis | Rpw8.1 |
| Not identification | *Erysiphe cichoracearum*（Syn. *Golovinomyces cichoracearum*） | Arabidopsis | Rpw8.2 |
| AvrRps4（Syn. AvrPpiE） | *Pseudomonas syringae* | Arabidopsis | RRS1B |

| 无毒基因 | 病原菌 | 寄主 | 抗性基因 |
| --- | --- | --- | --- |
| AvrRps4（Syn. AvrPpiE） | Pseudomonas syringae | Arabidopsis | RRS1-S |
| Not identification | Xanthomonas campestris | Arabidopsis | RRS1ws-0 |
| Not identification | Striga gesnerioides | Cowpea | RSG3-301 |
| Not identification | Tobacco Etch Virus | Arabidopsis | Rtm3 |
| Not identification | Golovinomyces cichoracearum | Arabidopsis | RTP1 |
| Not identification | Watermelon Mosaic Virus | Arabidopsis | rwm1 |
| Coat protein | Potato virus X（PVX） | Potato | Rx1 |
| AvrRxo1-ORF1 | Xanthomonas oryzae | Maize | Rxo1 |
| Not identification | Barley yellow mosaic virus | Barley | Rym-4 |
| Not identification | Beet Necrotic Yellow Vein Virus（BNYVV） | Sugar beet | Rz2 |
| Not identification | Bean yellow mosaic virus | Pea | sbm1（Syn. wlv/cyv2） |
| Not identification | Heterodera glycines | Soybean | SHMT（Syn. Rhg4） |
| Not identification | Pepper mottle virus | Tomato | SleIF4E1-G1485A |
| Putative PGN | Pseudomonas syringae | Tomato | SlLyk13 |
| SnTox1 | Stagonospora nodorum | Wheat | Snn1（Syn. TaWAK1） |
| Not identification | Puccinia graminis | Wheat | Sr22 |
| Not identification | Puccinia graminis | Wheat | Sr33（Syn. Rga1e） |
| Not identification | Puccinia graminis | Wheat | Sr35 |
| Not identification | Puccinia graminis | Wheat | Sr45 |
| Not identification | Puccinia graminis | Wheat | Sr50（Syn. ScRGA1-A/SrR） |
| FoAve1 | Fusarium oxysporum | Eggplant | StoVe1 |

续表

| 无毒基因 | 病原菌 | 寄主 | 抗性基因 |
|---|---|---|---|
| Not identification | *Blumeria graminis* | Wheat | *Stpk-V*（*Pm21*） |
| *CbAve1* | *Cercospora beticola* | Potato | *StuVe1* |
| Not identification | Rice Stripe Virus | Rice | *STV11-R* |
| *HopAI1* | *Pseudomonas syringae* | Arabidopsis | *SUMM2* |
| *Nsm* | Tomato spotted wilt virus | Tomato | *Sw-5b* |
| Not identification | *Blumeria graminis* | Wheat | *Taedr1* |
| *AvrB* | *Pseudomonas savastanoi* | Arabidopsis | *Tao1* |
| Not identification | *Sclerotinia sclerotiorum* | Tomato | *TcBI-1* |
| RNA-dependent RNA polymerase | Tomato Mosaic Virus（ToMV） | Tomato | *Tm-1* |
| Movement protein | Tobacco mosaic virus（TMV） | Tomato | *Tm-2* |
| Not identification | *Bemisia tabaci* | Cotton | *Tma12* |
| Not identification | *Blumeria graminis* | Wheat | *TmMLA1* |
| Not identification | *Pseudomonas syringae* | Arabidopsis | *TN13* |
| Not identification | — | Arabidopsis | *TN2*,*TN1*,*SOC3* |
| *ToxA* | *Stagonospora nodorum* | Wheat | *Tsn1* |
| *NSs* | Tomato spotted wilt virus | *Nicotiana benthamiana* | *Tsw* |
| Not identification | Tomato yellow leaf curl virus | Tomato | *Ty-1* |
| Not identification | *Aphis gossypii* | Melon | *VAT* |
| *CbAve1* | *Cercospora beticola* | Tomato | *Ve1* |
| Not identification | *Callosobruchus chinensis* | Mungbean | *VrPGIP2* |
| Not identification | *Puccinia striiformis* | Wheat | *WCBP1*（Syn. *YrL693*） |
| Not identification | *Puccinia striiformis* | Wheat | *WKS1*（Syn. *Yr36*） |

续表

| 无毒基因 | 病原菌 | 寄主 | 抗性基因 |
| --- | --- | --- | --- |
| Tal3a mutant (containing full C-terminus) | Xanthomonas oryzae | Rice | Xa1 |
| AvrXa10 | Xanthomonas oryzae | Rice | Xa10 |
| AvrXa10 | Xanthomonas oryzae | Rice | Xa10E5 |
| PthXo1 | Xanthomonas oryzae | Rice | xa13 |
| RaxX; RaxX21-sY | Xanthomonas oryzae | Rice | XA21 |
| AvrXa23 | Xanthomonas oryzae | Rice | Xa23 |
| Not identification | Xanthomonas oryzae | Rice | xa25 |
| AvrXa27 | Xanthomonas oryzae | Rice | Xa27 |
| Not identification | Xanthomonas oryzae | Rice | Xa4 |
| Not identification | Xanthomonas oryzae | Rice | xa5 |
| Not identification | Potato virus Y (PVY) | Potato | Y-1 |
| Not identification | Puccinia striiformis | Wheat | Yr10 |
| HopZ1a (Syn. HopPsyH) | Pseudomonas syringae | Arabidopsis | ZAR1 |
| Not identification | Sugarcane Mosaic Virus | Maize | ZmTrxh (Syn.Scmv1) |
| Not identification | Sphacelotheca reiliana | Maize | ZmWAK1 (Syn.qHSR1) |

注:"—"表示未检出。

## 二、病原菌的 *Avr* 无毒基因

病原菌的效应蛋白进入植物寄主细胞后,可通过修饰或改变寄主某些关键蛋白来抑制植物的防御反应,从而提高其自身生存的适应度(Axtell et al., 2003; Chisholm et al., 2005),最终导致病原菌大量增殖,寄主植物发病。然而,有些效应蛋白进入寄主植物细胞后,可被寄主植物 R 蛋白直接或间接识别,激发寄主植物产生抗病反应,从而抑制病原菌生长与繁殖。寄主植物在长期的进化过程中,形成了利用 R 基因编码蛋白直接或间接识别病原菌的能力。病原菌

的 Avr 为病原菌提供了一个在寄主植物不具有 R 基因情况下，进行选择的有利条件，即在不具有相应 R 基因的植物中，*Avr* 具有毒性功能，可使寄主植物感病（Deslandes et al., 2003），而寄主具有相应 R 基因时候，R 基因介导的抗性使病原菌无法侵染植物，寄主表现抗病。这是病原菌的 *Avr* 这类效应蛋白能在病原菌群体中长期存在并能产生变异的原因。截至 2018 年，已有 124 个无毒 *Avr* 基因被鉴定出来，表 2-1 列出来这 124 个无毒 *Avr* 基因的相关信息，包括寄主、参考文献、文献链接，以及对应抗性基因等信息。

### 三、抗病 R 蛋白识别无毒蛋白

近年来的研究表明，抗病 R 蛋白与无毒 Avr 蛋白之间主要存在两种互作模式，分别为直接相互作用模式和间接相互作用模式。

直接互作模式（Direct Interaction），又叫受体—配体模式。该模式认为植物抗病基因编码蛋白作为受体与病原菌编码的蛋白作为配体进行直接互作，激活抗病信号，产生过敏性细胞坏死反应，出现抗病表型（Keen, 1990）。该模式在植物抗病 R 基因与病原菌无毒 *Avr* 基因相互作用研究中最早被提出来，并一度得到研究者的普遍认可（图 2-1A）。支持该模式最典型的例子，是水稻中的抗病蛋白 Pita 与病原菌 Avr-Pita 直接互作模式。*Pita* 基因编码的蛋白产物不是典型的 R 蛋白，缺乏典型的 LRR 结构，其 N 端不是 LZ，也不是 TIR，而是一个富含富亮氨酸的结构域（LRD），推测为锌金属蛋白酶（Jia et al., 2000）。当 Avr-Pita 蛋白进入植物细胞后，与 Pita 蛋白中 LRD 直接结合，激发免疫信号，启动水稻免疫反应。在拟南芥中，直接互作的例子就是，抗病蛋白 RRS1 与病原菌 *Ralstonia. solancearum* 效应因子 PopP2 存在直接互作（Deslandes et al., 2003）。在大麦中最近研究发现，抗病蛋白 MLA7，MLA9，MLA10 和 MLA22 能够直接识别效应因子 Avr a7，Avr a9，Avr a10 和 Avr a22，引发抗病反应（Saur et al., 2019）。

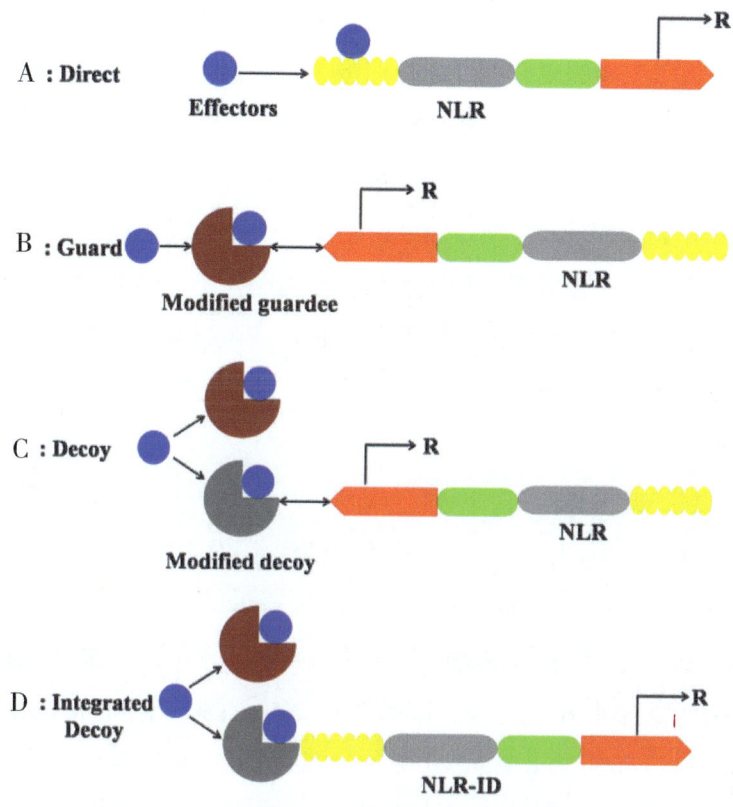

图 2-1　抗病 R 蛋白与无毒 Avr 蛋白之间的互作模式

注：（A）直接互作模式。（B）警戒模式。（C）诱饵模式。（D）整合型诱饵模式。

近年来研究表明，很多 R 蛋白与 Avr 蛋白之间无直接相互作用，而是通过辅助蛋白间接地与病原菌 Avr 蛋白相互作用。因此，间接互作模式被提出来，指 R 蛋白、寄主辅助蛋白和病原菌 Avr 蛋白以复合物的形式完成 R 蛋白对 Avr 蛋白的识别，进而引发抗病反应。间接互作的方式主要有以下几种。

（1）警戒模式（Guard model）。该模式认为，病原物 Avr 蛋白是作为毒性因子攻击植物靶标，抑制植物的防卫反应；病原物侵染含 R 蛋白的植物时，Avr 蛋白作用于植物中靶标蛋白，而植物中的 R 蛋白发现靶标蛋白被攻击时，就会保卫靶标蛋白被攻击，激活防卫反应（van der et al., 1998）。从生化方面来解释这种模式，在不含 R 蛋白的寄主植物中，应存在 Avr 蛋白与靶标蛋白复合物，而在含 R 基因的植物中，应存在 Avr 蛋白与靶标蛋白复合物，或 Avr 蛋白、靶标蛋白和 R 蛋白三者的复合物，或靶标蛋白和 R 蛋白复合物。当 Avr 蛋白对靶标蛋白进行攻击时，就激活了 R 蛋白相关反应（如果 R 蛋白与靶标蛋白是独立分开的，病原菌侵染植物后，就导致 R 蛋白与靶标蛋白相互结合；如果 R 蛋白与靶标蛋白是复合物形式存在，病原菌侵染植物后，就导致 R 蛋白从原来的复合物中游离出来；或者形成一种新的相互作用形式），从而激活下游防卫反应，表现抗病性，该模式很好地解释了一个 R 蛋白可以识别多个效应蛋白的机制，这样植物利用相对较少的 R 基因来对抗更多的病原物（Dangl et al., 2001；Tasset et al., 2010）（图 2-1B）。

最早证明警戒模式成立的例子是来自丁香假单胞菌（*Pseudomonas syringae*）的 AvrB，AvrRpm1 和拟南芥 RPM1 以及 RIN4（RPM1 interacting protein 4）相互作用系统（Mackey et al., 2002；Axtell et al., 2003）。在抗性 R 蛋白 RPM1 识别无毒蛋白 AvrRpm1 时需 RIN4 蛋白的存在。在寄主植物中，RIN4 和 RPM1 以复合物形式存在，同时 RIN4 作为抑制子使 RPM1 处于失活状态（Mackey et al., 2002；Day et al., 2005）。

（2）诱饵模式（Decoy model）。该模式是指植物进化出病原物效应因子的假靶标，即靶标蛋白类似物，与真正靶标蛋白的序列或结构相似。假靶标的功能是使 Avr 蛋白误把假靶标作为靶标蛋白进行识别与修饰，引发 R 蛋白介导的 HR；在不含 R 蛋白的植物中，假靶标对致病性与抗病性没有影响，病原菌能侵染植物，引起植物感病，假靶标的产生是自然选择的结果。当具有功能的 R 蛋白存在时，自然选择使假靶标蛋白与效应因子结合以增强对病原物的识别。在功能性 R 蛋白不存在时，假靶标蛋白倾向于减少与效应蛋白的结合以避免被效应蛋白监测及修饰（van der Hoorn and Kamoun, 2008）（图 2-1C）。由此可以推断，假靶标蛋白在植物体内种类比较多。

这种模式最典型例子是，FLS2 蛋白（Chinchilla et al., 2006）与 EFR 蛋白（Zipfel et al., 2006）是引发病原物模式分子引发的免疫反应的模式识别受体，*P.*

*syringae* 进化了 AvrPto 蛋白，结合 FLS2/EFR 来抑制病原物模式分子引发的免疫反应，FLS2 与 EFR 是 AvrPto 的真正靶标蛋白。为避免靶标被 AvrPto 识别，植物进化了一个具有结合 AvrPto 功能的类似蛋白激酶，即陷阱蛋白 Pto，本来 AvrPto 作用于 FLS2 与 EFR，但 Pto 竞争性结合 AvrPto，引发 Prf 介导的过敏性坏死（Dodds et al.，2010）。拟南芥中另外一个例子，就是拟南芥 RPS5 识别来自 *Pseudomonas syringae* 的效应蛋白 AvrPphB。研究表明，AvrPphB 编码一个半胱氨酸蛋白酶，AvrPphB 通过半胱氨酸蛋白酶活性切割植物模式识别受体途径核心组分 BIK1，从而抑制植物的免疫（Zhang et al.，2010）。然而，植物进化出 AvrPphB 的假靶标蛋白 PBS1。当入侵植物时，AvrPphB 先通过自我切割活化自己，活化后的 AvrPphB 切割假靶标蛋白 PBS1，进而激活监控 PBS1 的寄主 R 蛋白 RPS5 介导的抗性，导致抗病性产生（Shao et al.，2003）。

（3）整合型诱饵模式（Integrated decoy model）。在水稻中，NLRs RGA5 和 Pik-1 整合的重金属相关（HMA）结构域与病原菌效应因子发生物理相互作用，从而激活抗病性（Cesari et al.，2013；Maqbool et al.，2015）。到目前为止，还没有发表被这些效应物靶向的 HMA 结构域的其他蛋白的进展。然而，水稻 Pi21 蛋白所含的 HMA 结构域对稻瘟病菌的致病性是必需的（Fukuoka et al.，2009），这支持了 RGA5 和 Pik-1 整合的 HMA 结构域是整合型诱饵模式的假设。

枯草芽孢杆菌效应蛋白 PopP2 以 WRKY 为靶点转录因子促进感染，在拟南芥中，富含亮氨酸重复蛋白受体（ncleotide-binding，leucine-rich repeat，NLR）蛋白 RRS1 的碳端整合了 WRKY 结构域，作为诱饵结构域识别 PopP2（Le Roux et al.，2015）。作为经典的去亲蛋白，IDs 来源于效应靶基因的复制，这些复制随后整合到 NLR 基因中，形成包含效应靶位点的嵌合受体（NLR-IDs）（图 2-1D）。这种结构允许自我监测 NLRs 效应检测。虽然距离 NLR 与效应靶点之间是通过物理连接来维持的，即在分子内相互作用和分子间相互识别之间可能仍然存在共同进化。最新研究显示，植物中抗病 GIP1 蛋白通过结合效应蛋白 XEG1，抑制其水解酶活性并激活免疫反应，而大豆疫霉菌则进一步演化出与

XEG1 结构类似但不具有酶活的 XLP1 蛋白,以此扰乱植物的识别,掩护真正的效应 XEG1 对植物的攻击,从而揭示了病原菌攻击寄主的"诱饵模式"新策略(Ma et al., 2017)。

### 四、无毒蛋白调节抗病 R 蛋白免疫反应

受经典"基因对基因"学说的影响,人们主要从蛋白质相互作用水平来研究"基因对基因"假说,忽视了 Avr 与 R 基因在转录水平上的相互作用。"转录调控模式"指的是 Avr 基因进入寄主细胞核后,结合 R 基因的启动子调控元件,激活 R 基因表达,产生抗病反应。另外,这类 Avr 基因与真核生物具有高度的相似性,这类蛋白又作为转录激活因子。目前已经发现约 40 种转录激活因子(Schornack et al., 2006)。

第一个被证实 Avr 基因诱导 R 基因表达的例子是水稻中白叶枯病基因 *Xa27* 与 *AvrXa27* 的相互关系。*Xa27* 是广谱抗白叶枯病基因,*AvrXa27* 能特异性的诱导抗病基因 *Xa27* 表达,诱导过敏性细胞坏死。抗病品种与感病品种含有完全相同的 *Xa27* 蛋白序列,只有在启动子区域存在差异,感病品种在转录起始位点上游 1.4 kb 存在冗余序列和串联重复序列。这些差异决定了 *AvrXa27* 只能特异地诱导抗病品种中的 *Xa27* 表达,而不能诱导感病品种中的 *Xa27* 表达(Gu et al., 2005; Romer et al., 2007)。

近期研究表明,效应因子进化后对 R 蛋白介导抗性产生新攻势。例如,在拟南芥中,NPR1 是水杨酸信号转导的关键转录调控因子,在植物的局部和全身免疫中起着至关重要的作用。研究表明,AvrPtoB 通过靶向 NPR1 并抑制依赖 NPR1 的 SA 信号表达,从而破坏植物的先天免疫(Chen et al., 2017);拟南芥中,细菌效应蛋白 HopBF1 是真核生物分子伴侣 HSP90 的特异性蛋白激酶,HopBF1 采用最小蛋白激酶折叠,被 HSP90 识别为宿主下游蛋白。HopBF1 能够特异性的磷酸化 HSP90 蛋白,使 HSP90 蛋白失去活性,从而抑制免疫受体的激活,引起植物感病症状(Lopez et al., 2019)。

### 五、植物抗病 R 基因的应用分析

（1）聚集多个不同类型的抗病 R 基因。从病原菌与寄主植物互作来看，植物抗病基因是相对保守的 R 蛋白与易变 Avr 蛋白相互识别和相互作用的结果。在野生种群植物中，抗病基因一般是复合的、多样的，例如在水稻粳稻品种日本晴中，预测可能含有 472 典型 NBS-LRR 结构域蛋白（杨德卫等，2019）。植物中这些抗病基因，一般存在成对抗病基因或抗病基因簇，通过基因座内发生重复和重组、转座及病原菌识别区适应性选择等途径使基因家族成员的抗性得以演变和进化。在这种含有丰富多样的抗病基因植物中，虽然病原菌 Avr 基因发生突变，生成新的毒性小种，由于植物中 R 基因的多样性，病原菌 Avr 适应性，在短时间内很难快速提高。然而在农业生产中，由于人为选择的因素，种植的作物品种抗病基因过于简化。虽然向植物品种中导入 R 基因，能对当前流行的病害产生抗性，一旦 Avr 基因发生突变，这种 R 基因介导的抗性很快就会丧失，就会对农业生产产生危害。因此，在植物育种上，要全面开发新抗源，在同一品种中应尽可能多地聚积不同类型抗病 R 基因，不同植物品种要保证多样性抗源，含有不同 R 基因的品种要合理布局。

（2）植物中成对或多个 R 基因的利用。植物中存在很多成对的抗病基因或抗病基因簇，这些基因中有些基因需要共同存在时才能识别病原菌的无毒基因，单独存在时无法识别病原菌无毒基因，表现感病。例如，拟南芥中 *RRS1/RPS4* 两对基因（Shirasu et al.，2009）和水稻中 *RGA4/RGA5* 两对基因（Cesari et al.，2013）。在植物抗病育种实践中，有育种学家发现，虽然两个品种或材料对某个病原菌均表现感病，但是如果这两个材料各含有成对基因中的其中 1 个 R 基因，那在杂交后代中，完全可以获得抗该病原菌的植物新材料。因此，在植物抗病育种中，可以利用抗病基因之间的互作关系，来进一步提高植物的抗性水平。

（3）鉴定和分离新的抗病 R 基因。随着生物基因和基因组测序技术的快速发展，植物中的抗病 R 基因逐个被鉴定出来，这些抗病 R 基因的鉴定均是依靠

已经完成全基因组测序的植物，对于还没有完成全基因组测序的植物，抗病 R 基因的鉴定和分离相对较少。然而，即使已经完成全基因组测序的植物来说，克隆的抗病 R 基因一般是对应于已经测序植物的抗病基因。如果测序的这个植物品种没有这些抗病 R 基因，利用含有这些抗病基因的植物品种基因定位在一个很小的区间，但是由于测序的品种没有对对应的序列进行注释，结果很难分离这些抗病基因，唯一的方法是通过全基因组对这个植物品种进行重新测序，然而这样的成本还是相当较高。因此，利用高通量测序技术和比较基因组分析方法，对完成全基因组测序的不同的植物品种（包括植物野生种群、栽培品种和地方品种等）进行序列分析和注释，有利于鉴定和分离更多植物抗病 R 基因，这些 R 基因应用在农业生产上，可以抑制新毒性小种的产生和蔓延。

（4）协助植物进化的新的抗病 R 基因。目前一些植物本身抗病 R 基因数量和类型已基本趋于稳定，然而由于自然环境的变化和植物抗病基因过于单一，病原菌 Avr 会快速进化和突变，生成新的毒性小种，植物就会大范围发病，进而很难控制。而且由于植物再进化成新的抗病 R 基因需要植物基因座内发生重复和重组、转座及病原菌识别区适应性选择等途径，才能使植物抗性得以演变和进化，需要周期和时间相对较长。因此，为了使植物本身能较快地进化新的抗病 R 基因，可以选择在植物发病严重的地区，多年连续种植类型丰富的植物品种，使得这些植物能在病原菌易变的条件下，植物抗性基因尽快得以进化和演变，来适应病原菌的变异。

## 六、寄主植物与病原菌间互作的分子遗传机制

植物抗病基因与病原菌无毒基因之间的相互作用，间接相互作用是主要的，直接相互作用是次要的（Ausubel, 2005；Boch et al., 2009）。其原因可能是，植物与病原菌间在漫长的进化过程中，形成了复杂的相互作用机制。植物要避免病原物侵染，一种方式是雇佣大量的 R 蛋白，另外一种方式是调用更多的寄主蛋白作为辅助因子。由于自然界潜在的病原物数量多、变异快，而植物体内的 R 基因有限，因此植物易被病原物侵染。在这种情况下，如果调用更多的寄

主蛋白作为辅助因子，则可极大地减少 R 蛋白与 Avr 蛋白正面交锋的机会，降低选择压力，成为增加抗性多样性与规避抗性丧失的主要进化趋势。

　　间接相互作用是植物与病原菌相互进化的趋势，虽然现在提出多种模式来解释间接相互作用的机制，然而这些模式不能完全解释他们之间的互作关系，有些相同的实验结果出现了不同的解释方法。导致多种模式解释同一实验结果可能的原因，首先有些 R 蛋白或者辅助因子还没有被克隆，还无法明确它们的生物学功能与晶体结构，无法确切地解析其相互作用机制。再者，用来解释间接相互作用的不同模式有较大的相似性。例如，"警戒"模式主要是突出 R 蛋白监控靶标蛋白的变化，"诱饵"模式强调了假靶标模仿了真正靶标，引诱效应因子与之结合，R 蛋白的功能由"警戒"模式中监测靶标蛋白转变为监测假靶标蛋白的变化。显然，克隆较多的辅助因子并明确其详细的生物学功能，并深入解析 R 蛋白及复合体的晶体结构，将是阐明 R 蛋白与 Avr 蛋白相互作用机制的有效途径。

# 第三章 水稻稻瘟病抗病基因与病原菌无毒基因研究

水稻（*Oryza sativa*）是世界上主要的粮食作物之一，预计到 2030 年，水稻年产量需在现有基础上，再增产 40% 才能满足世界人口的需求（Khush, 2005）。由稻瘟病菌（*Pyricularia oryzae*）引起的水稻稻瘟病害是一种世界性病害（Zhang et al., 2016；胡朝芹等, 2017；张晓慧等, 2017），在不同的水稻种植区和生产国均有不同程度的发生（Dean et al., 2005）。在中国不同的水稻产区几乎每年都有中等以上稻瘟病病害发生。过去 20 年中，稻瘟病病害还呈现不断上升趋势（Roychowdhury et al., 2012）。水稻稻瘟病可以引起水稻大幅度减产，严重时甚至颗粒无收（Deng et al., 2017），其不仅对水稻产量造成影响，还会影响稻米品质。因此，预防和降低稻瘟病对世界粮食安全具有极其重要的意义。实践证明，选育并推广具有持久和广谱抗性的水稻新品种是防治稻瘟病最有效的方法之一。

水稻抵御稻瘟病菌免疫机制的研究既促进了水稻抗性的遗传改良，也促进了水稻抗病机理的深入探讨。植物防御系统可分为 2 个层次。第 1 层次是寄主植物通过细胞质膜上的模式识别受体（pattern recognition receptors，PRRs）识别病原菌的偶联分子模式（pathogen-associated molecular patterns，PAMPs），即引发病原菌相关分子模式激发免疫反应（PAMPs-triggered immunity，PTI），也称基础抗性。而一些致病力强的病原菌通过分泌毒性因子抑制植物的基础抗性，产生效应因子引发感病反应（effector-triggered susceptibility，ETS）。此时，植物通过第 2 层次的抗性，绝大多数利用 NBS-LRR（nucleotide binding site，Leucine-rich repeat）蛋白专一性识别特定的效应因子，引发一系列防卫反应，抑制病原菌的生长，即效应因子激发的免疫反应（effector triggered immunity，ETI）。在长期进化过程中，病原菌通过丢失或者改变效应因子逃脱 ETI 的识别，植物则进化出新的 *R* 基因识别新的效应因子，再次引发 ETI 反应，形成了十分复杂的植物免疫系统（Jones and Dangl, 2006）。

由于稻瘟病病原菌遗传的复杂性和易变性，新培育的水稻品种在种植多年后就可能成为感病品种（Li et al., 2017）。因此，延长水稻品种的抗病周期，提高水稻品种的稻瘟病抗性水平,是世界水稻育种和病理学家面临的难题。本章综述了水稻稻瘟病的遗传特性、抗性基因的定位及克隆的最新进展,并利用生物信息学方法,分析了水稻基因组中抗病基因在水稻 12 条染色体上的分布,同时对稻瘟病抗病基因的研究和利用进行了分析与展望。

## 第一节 水稻稻瘟病抗病基因鉴定

### 一、水稻稻瘟病抗病基因的遗传分析

经典遗传学表明,抗感亲本杂交后,$F_1$ 表现抗病,则该抗病基因为显性基因控制;$F_1$ 表现感病,则该抗病基因为隐性基因;$F_1$ 介于抗、感中间型,则该抗性基因为不完全显性基因。水稻稻瘟病抗病基因的遗传较为复杂,一般由 1 对或 2 对显性主效基因控制,个别由 3 对或者更多基因控制(杨勤忠等,2009;Zhang et al., 2015a)。这些抗病基因大部分由显性基因控制,少数由隐性或者不完全显性基因控制,有些抗性还存在直接或间接相互关系(Fukuoka et al., 2009)。目前,鉴定和克隆的稻瘟病抗性相关基因绝大部分由显性基因控制。例如,*Piz* 位点的抗病基因为显性基因控制。目前发现,在 *Piz* 位点上至少存在 *Piz-t*、*Pi-z*、*Pi2*、*Pi9* 和 *Pigm* 5 个抗性等位基因(Deng et al., 2017)。其中,*Pi9* 对来自 10 多个国家的 43 个稻瘟病菌均表现抗性,携带 *Pi2* 基因的亲本对来自 10 多个国家的 36 个稻瘟病菌表现抗性(Liu et al., 2002)。极少数为隐性基因控制,如已克隆的 *pi21*。携带隐性 *pi21* 等位基因的近等基因系 AA-pi21 对 10 种稻瘟病菌具有抗性,但强度弱于专一抗病性的 *R* 基因(Fukuoka et al., 2009)。

### 二、水稻稻瘟病抗病基因的分类

稻瘟病抗性可分为完全抗性(又称为质量抗性或垂直抗性)和部分抗性(数量抗性或水平抗性)两种(Ezuka, 1972;杨勤忠等,2009)。完全抗性是寄主与病原菌之间以一种不亲和的互作方式存在,病原菌在寄主上不能繁殖和生长,

且不能侵染寄主植物。这种抗病基因一般由 1 对或数对主效基因控制，并具有小种专化抗性。例如，源自籼稻品种地谷的主效抗稻瘟病基因 *Pi-d3*，对我国稻瘟病菌生理小种 Zhong-10-8-14 表现较强的抗性（Shang et al., 2009）。部分抗性则是指水稻寄主与病原菌以一种亲和方式互作，且其能减弱病原菌的侵染程度。主要表现为田间发病轻，一般由多个微效基因控制，是数量遗传性状，往往与病斑大小等有关，小种专化性相对较弱（Wang et al., 1994）。例如，*pi21* 为非专一性抗病基因，其激发的是一种慢速抗病反应，而此种反应可能是一种新的持久抗病反应机制，*pi21* 等位基因不影响对其他真菌和细菌性病菌的抗性（Fukuoka et al., 2009）。

完全抗性的主效基因易于操作，在水稻育种和生产中得到广泛应用。然而，稻瘟病菌的高度变异性和不稳定性致使新培育的水稻品种在种植多年后很可能成为感病品种。部分抗性的抗性水平虽然较完全抗性低，但相对稳定和持久。因此，完全抗性与部分抗性的结合利用将是未来水稻抗稻瘟病育种的方向和趋势。

### 三、水稻稻瘟病抗病基因的定位研究

近年来，国内外研究者利用不同的群体和方法定位了大量水稻稻瘟病抗病相关基因。根据 http://archive.gramene.org/ 网站提供的数据，截至 2018 年 6 月 10 日，已鉴定 183 个水稻稻瘟病抗性相关基因或数量性状位点（quantitative trait locus，QTL）。它们分别位于水稻 12 条不同的染色体上，其中位于第 1 染色体的抗病基因最多，有 34 个，第 10 染色体的抗病基因最少（表 3-1）。这些基因中，有些是单基因控制的部分抗病基因，如 *Pi34*（Zenbayashi-Sawata et al., 2007）、*Pi35*（Nguyen et al., 2006）和 *Pb1*（Fujii et al., 2000; Hayashi et al., 2010）等，有些是主效抗病基因，如 *Pi1*（Yu et al., 1996; Li et al., 2012）、*Pi2*（Zhou et al., 2006; Jiang et al., 2012b）、*Pi9*（Qu et al., 2006）、*Piz*（Hayashi et al., 2006）、*Pi-d2*（Li et al., 2015）和 *Pi-d3*（Chen et al., 2011）等。

表 3-1　已鉴定的水稻稻瘟病抗病相关基因或 QTL

| 染色体总计 | 1 | 2 | 3 | 4 | 5 | 6 | 7 | 8 | 9 | 10 | 11 | 12 |
|---|---|---|---|---|---|---|---|---|---|---|---|---|
| 183 | 34 | 22 | 8 | 16 | 3 | 18 | 19 | 8 | 10 | 1 | 16 | 28 |

### 四、水稻稻瘟病抗病基因的克隆研究

水稻稻瘟病抗病基因的克隆及遗传机理研究是当前植物免疫学和分子生物学领域的研究热点。开展稻瘟病抗病基因的克隆、功能解析和稻瘟病菌效应蛋白的研究将有助于探索水稻与稻瘟病菌之间互作的分子机理（Das et al., 2012）。植物基因的克隆主要通过正向和反向遗传学两种方法实现，正向遗传学方法是从植物表型性状到对应基因的研究，反向遗传学方法则是从对应基因到植物表型性状的研究（Takahashi et al., 1994）。

近年来，通过图位克隆等方法已从水稻中成功克隆了 *pi21*、*Pit*、*Pi2*、*Pi9*、*Piz-t*、*Pigm*、*Ptr* 和 *Pita* 等 37 个稻瘟病抗病基因（表 3-2）。这些抗病基因中，*Piz-t*、*Pi9*、*Pi2* 和 *Pigm* 互为 *Piz* 位点上的等位基因（Deng et al., 2017）；*Pi-1*、*Pikh/Pi-54*、*Pikp* 和 *Pikm* 互为 *Pik* 位点上的等位基因（Zhai et al., 2011）；*Pi-25* 与 *Pid-3* 互为等位基因（Lv et al., 2013）；*PiCO39* 与 *Pia* 互为等位基因（易悫安等，2015）。

在部分抗性方面仅鉴定了个别相关基因。*pi21* 是最早在水稻中被克隆的部分抗病基因。*Bsr-d1* 是近期从广谱持久抗病材料地谷中克隆的部分抗病基因。研究表明，*Bsr-d1* 基因的启动子区由于 1 个关键碱基变异，使得上游 MYB 转录因子对 *Bsr-d1* 的启动子结合能力增强，从而抑制了其相应稻瘟病菌诱导的表达，导致 *BSR-D1* 调控的 $H_2O_2$ 降解酶相关基因表达下调，使得水稻细胞内的 $H_2O_2$ 富集，最终提高了水稻的抗病性。同时研究发现，*BSR-D1* 等位变异后，不仅提高了水稻的抗病性，而且对产量和稻米品质无明显影响。进一步对全球 3000 份水稻资源进行分析，发现仅有约 10% 含有该变异位点，可见其在今后育种中将有更大的应用空间（Li et al., 2017）。

*Ptr* 是最近被鉴定的 1 个结构新颖的广谱抗稻瘟病新基因。研究发现，*Ptr* 的广谱抗性不依赖 *Pi-ta*，但 *Pi-ta* 的广谱抗性需要 *Ptr*。对含有 *Pi-ta2* 基因的材料测序，发现它们都具有一致的 *Ptr* 基因型，且含有 *Ptr* 材料的抗谱与含有 *Pi-ta2* 材料的抗谱高度相似，初步推断 *Ptr* 即为 *Pi-ta2*。生物信息学分析发现，*Ptr* 蛋白不含抗病基因通常具有的 NLR 结构域，而含有 ARM（Armadillo）重复结构域。蛋白体外试验未发现 *Ptr* 具有与植物抗病性相关的 E3 泛素化功能。在 IRRI 3000 份水稻基因组重测序材料中，仅有 48 份含有 *Ptr* 抗病基因型，暗示 *Ptr* 在水稻抗病育种方面具有较大的利用空间（Zhao et al., 2018）。

表 3-2 已克隆的稻瘟病抗病基因

| 基因 | 染色体 | 供体 | 编码蛋白 |
| --- | --- | --- | --- |
| *Pi37* | 1 | St. No. 1 | NBS-LRR |
| *Pish* | 1 | Nipponbare | NBS-LRR |
| *Pit* | 1 | K59 | NBS-LRR |
| *Pi35* | 1 | Hokkai 188 | NBS-LRR |
| *Pi64* | 1 | Yangmaogu | NBS-LRR |
| *Pib* | 2 | IR24, BL1 | NBS-LRR |
| *Bsrd-1* | 3 | 地谷 | MYB 转录因子 |
| *pi-21* | 4 | Owarihatamochi | Proline-rich and metal binding protein |
| *Pi-63* | 4 | Kahei | NBS-LRR |
| *Pi2* | 6 | Jefferson | NBS-LRR |
| *Pi9* | 6 | 75-1-127 | NBS-LRR |
| *Piz-t* | 6 | Zenith | NBS-LRR |
| *Pid-2* | 6 | 地谷 | B lectin receptor kinase |
| *Pid-3* | 6 | 地谷 | NBS-LRR |

续表

| 基因 | 染色体 | 供体 | 编码蛋白 |
|---|---|---|---|
| *Pi-25* | 6 | 谷梅2号 | NBS-LRR |
| *Pid3-A4* | 6 | A4（普通野生稻） | NBS-LRR |
| *Pi50* | 6 | Er-Ba-zhan（EBZ） | NBS-LRR |
| *Pigm* | 6 | 谷梅4号 | NBS-LRR |
| *Pi-36* | 8 | Q61 | NBS-LRR |
| *Pi-5/Pi-3/Pii* | 9 | Tetep | NBS-LRR |
| *Pii* | 9 | Hitomebore | NBS-LRR |
| *Pi56* | 9 | 三黄占2号 | NBS-LRR |
| *Pikh/Pi-54* | 11 | K3 | NBS-LRR |
| *Pik-m* | 11 | Tsuyuake | NBS-LRR |
| *Pb1* | 11 | Modan | NBS-LRR |
| *Pik* | 11 | Kusabue | NBS-LRR |
| *Pik-p* | 11 | K60 | NBS-LRR |
| *Pia* | 11 | Aichi Asahi | NBS-LRR |
| *Pi-1* | 11 | LAC（根茎稻） | NBS-LRR |
| *Pi54rh* | 11 | nrcpb 002 | NBS-LRR |
| *Pi-CO39* | 11 | CO39（药用野生稻） | NBS-LRR |
| *Pi54of* | 11 | nrcpb004 | NBS-LRR |
| *PiK-h* | 11 | K3 | NBS-LRR |
| *Pike* | 11 | 籼早143 | NBS-LRR |
| *Piks* | 11 | 未知 | NBS-LRR |
| *Pita* | 12 | Yashiro-mochi | NBS-LRR |
| *Ptr* | 12 | M2353 | Membrane protein |

## 五、水稻全基因组抗病基因的预测与分析

已克隆的水稻抗稻瘟病基因主要属于 NBS-LRR 类，如 *Pi2* 与 *Piz-t*。二者

的编码产物仅在 3 个 LRRs 区域有 8 个氨基酸的差异（Zhou et al., 2006）。进一步研究表明，bZIP 类转录因子 APIP5 与 *Piz-t* 互作，以防止坏死，APIP5 对于 *Piz-t* 的稳定性至关重要（Wang et al., 2016）。还有一些 NBS-LRR 类抗稻瘟基因调控的抗病性由 2 个 NBS-LRR 结构基因共同控制，且只有在二者同时存在时才表达出对稻瘟病的抗性。例如，*Pik-1* 和 *Pik-2* 共同组成 *Pik*，*Pikm-1* 和 *Pikm-2* 共同组成 *Pikm*（Ashikawa et al., 2008），*pia* 由 2 个 *R* 基因 *RGA4* 和 *RGA5* 组成（Hutin et al., 2016）。*Pigm* 是 1 个包含多个 NBS-LRR 类抗病基因的基因簇，含有 *PigmR* 和 *PigmS* 两个基因。研究表明，*PigmR* 表达可使水稻千粒重降低，产量下降，而 *PigmS* 由于受到表观遗传学调控，仅在水稻花粉中特异表达，可提高水稻的结实率，使产量增加，最终 *PigmR* 和 *PigmS* 对水稻产量的影响相互抵消。进一步研究表明，*PigmS* 与 *PigmR* 竞争形成异源二聚体，由于 *PigmS* 表达水平较低，可为病原菌提供"避难所"，进而减缓了稻瘟病菌对 *PigmR* 的致病性选择和进化，最终导致 *Pigm* 介导的抗病具有持久性（Deng et al., 2017）。

为了解水稻全基因组抗病相关基因的分布情况，我们利用生物信息学方法，对水稻粳稻品种日本晴基因组中含有的 NBS 结构域（http://pfam.xfam.org/）进行了分析，发现了 523 个含 NBS 结构域的蛋白，其中 472 个为典型 NBS-LRR 结构域蛋白，分布于水稻不同的染色体上（表 3-3）。其中，第 11 染色体上的抗病相关基因最多，预测有 154 个，很多抗病基因形成了基因簇。上述研究为我们今后鉴定和分离水稻抗病相关基因提供了有价值的信息。

表 3-3　水稻全基因组内含有 NBS 结构域的蛋白

| 染色体总计 | 1 | 2 | 3 | 4 | 5 | 6 | 7 | 8 | 9 | 10 | 11 | 12 |
|---|---|---|---|---|---|---|---|---|---|---|---|---|
| 523 | 45 | 33 | 18 | 31 | 20 | 35 | 27 | 47 | 23 | 31 | 154 | 59 |

## 六、稻瘟病抗病基因在水稻遗传育种上的应用

在水稻抗稻瘟病育种方面，世界水稻育种专家开展了大量工作。我国抗稻瘟病育种主要经历了常规育种和分子育种两个阶段。常规育种是将抗病基因通过杂交技术转入目标株系，进而育成新的抗病品种（邓其明等，2009）。目前，常规育种仍是水稻抗病育种最普遍使用的技术。近年来，通过该方法已培育出一系列水稻新品种，如黄华占、粤晶丝苗2号、玉香油占、合美占和特籼占25等（何秀英等，2011）。然而，常规育种主要通过田间抗性表现进行选择，存在选育效率低和工作量大的缺陷（文绍山和高必军，2012）。

随着分子生物学的发展，利用分子标记技术开展分子育种逐渐成为植物育种发展的重要方向（柏斌等，2012）。倪大虎等（2008）利用分子标记技术将抗稻瘟病基因 *Pi9* 和抗白叶枯基因 *Xa21* 和 *Xa23* 同时聚合到了水稻中。Jiang 等（2012a）应用 MAS 技术育成同时携带 *Pi1* 和 *Pi2* 的不育系金23A。柳武革等（2012）借助分子标记辅助育种技术，育成了同时携带 *Pi1* 与 *Pi2* 抗病基因的两个不育系吉丰A和安丰A。分子标记辅助育种技术开始成为多基因抗病聚合育种中的重要手段，将在培育抗稻瘟病水稻新品种中发挥重要作用。

虽然稻瘟病抗病基因在水稻遗传改良上取得了一些进展，抗病性强的水稻品种可以有效抵御病害，但却经常以牺牲产量为代价（Brown，2003；Nelson et al.，2018）。原因是，当水稻受到病原菌侵害时，为达到生存的目的，会优先将物质能量代谢用于抵御病害，结果造成水稻发育受阻。然而，最近 Deng 等（2017）分离的稻瘟病抗病基因 *Pigm* 却有不同的作用机制，它含有2个典型 *R* 基因，*PigmR* 可导致水稻千粒重降低，产量下降，*PigmS* 则可提高水稻的结实率，抵消 *PigmR* 对水稻产量的影响。

此外，Wang 等（2018）研究表明，*IPA1* 不仅能增加水稻产量，还可提高水稻对稻瘟病的抗性。进一步研究发现，*IPA1* 的磷酸化修饰是平衡产量与抗性的关键调节枢纽。*IPA1* 受稻瘟病菌诱导而磷酸化，该磷酸化能改变 *IPA1* 与特定基因序列的结合特性。通常情况下，*IPA1* 结合 *DEP1* 等穗发育

相关基因的启动子，促进其表达，调控水稻产量；而受稻瘟病菌诱导磷酸化后，IPA1 更倾向于结合抗病相关基因 WRKY45 的启动子，促进其表达，增强免疫反应，提高抗病性。IPA1 在正常条件下促进生长发育，在稻瘟病菌侵染时则受诱导磷酸化提高免疫反应，这一机制使水稻在增产的同时又提高了对稻瘟病的抗性，为水稻高产、高抗育种奠定了重要理论基础。

## 第二节　水稻稻瘟病菌无毒基因鉴定与研究

### 一、稻瘟病菌无毒基因的克隆研究

随着生物技术（尤其是二代、三代测序技术）的快速发展，稻瘟病菌无毒基因的鉴定和克隆也取得很大进展。目前，已鉴定出 40 多个稻瘟病菌无毒基因，但仅有 19 个成功克隆（表 3-4）。无毒基因所编码的蛋白在大小和结构上存在差异，但除了无毒基因 ACE1 外，其余均编码分泌蛋白，这与目前认为病原菌的效应因子多为分泌蛋白的说法一致。

表 3-4　已克隆的稻瘟病无毒基因及其基本特征

| 无毒基因 | 供体菌株 | 对应 R 基因 | 功能 | 编码分泌蛋白 |
| --- | --- | --- | --- | --- |
| PWL1 | WGG-FA40 | 未知 | 富含甘氨酸的带有信号肽的疏水蛋白 | 是 |
| PWL2 | Guy11 | 未知 | 富含甘氨酸的带有信号肽的疏水蛋白 | 是 |
| PWL3 | WGG-FA40 | 未知 | 富含甘氨酸的带有信号肽的疏水蛋白 | 是 |
| PWL4 | WGG-FA40 | 未知 | 富含甘氨酸的带有信号肽的疏水蛋白 | 是 |
| Avr-CO39 | K76-79 | CO39 | 功能未知，仅在宿主细胞质中转录 | 是 |
| Avr-Pita | O-137 | Pi-ta | 含金属蛋白酶结构域，作用于宿主细胞质 | 是 |
| ACE1 | Guy11 | Pi-33 | 编码一个非核糖体多聚乙酰合酶，该酶参与代谢的产物能够被 Pi-33 识别并激活免疫反应 | 未知 |

续表

| 无毒基因 | 供体菌株 | 对应 R 基因 | 功能 | 编码分泌蛋白 |
|---|---|---|---|---|
| *Avr-Pia* | Ina168 | *Pia* | 功能未知，作用于宿主细胞质 | 是 |
| *Avr-Pii* | Ina168 | *Pii* | 功能未知，作用于宿主细胞质 | 是 |
| *Avr-Pik/km/kp* | Ina168 | *Pik/km/kp* | 功能未知，作用于宿主细胞质 | 是 |
| *Avr-Piz-t* | 81278ZB15 | *Piz-t* | 未知功能蛋白，对基础抗性具有抑制作用 | 是 |
| *Avr-Pi9* | R01-1 | *Pi9* | 在水稻受到侵染时，被转运到宿主细胞，并且在侵染初期高表达 | 是 |
| *Avr-Pib* | CHL42 | *Pib* | 编码 75 个残基蛋白，包括信号肽 | 是 |
| *Avr-Pita1* | O-137 | *Pita1* | 产生 16 个功能蛋白 | 是 |
| *AVR-Pi54* | MG-79 | *Pi54* | 功能未知，作用于宿主细胞质 | 是 |
| *BAS1*, *BAS2*, *BAS3*, *BAS4* | O-137 | 未知 | 它们以不同的模式分泌到寄主细胞中，但以相容方式互作 | 是 |

## 二、抗病基因与无毒基因互作模式

一般情况下，水稻稻瘟病抗病基因与对应的无毒基因间遵循"基因对基因"的互作模式（Yasuda et al., 2015；Wang et al., 2017）。研究表明，稻瘟病抗病基因与对应的无毒基因的识别机制主要分为直接和间接互作两种。直接互作被称为"受体—配体模式"。*Pita* 是第 1 个被证实的与病原菌无毒蛋白直接互作的稻瘟病抗病基因，其 LRR 结构域能与无毒基因 *Avr-Pita* 在酵母细胞内直接互作（Jia et al., 2000）。

植物抗病蛋白与病原菌效应因子间的识别非常复杂。随着克隆的抗病和无毒基因越来越多，研究者对抗病与无毒基因互作的遗传机制了解得也越来越全面。相继提出了受体—配体模式（Keen，1990；Dodds and Rathjen，2010）、警戒模式（van der Hoorn and Kamoun，2008；Mukhtar et al.，2011）、诱饵—陷阱模式（Zhou and Chai，2008；Collier and Moffett，2009；Khan et al.，2016），以及综合诱饵模式（Cesari，2018）。

近年来，多数研究者认为，2个相互独立的NLR类抗病基因共同介导抗性机制可能是植物先天免疫系统的一个特点（Wang et al.，2013；Césari et al.，2014）。正常情况下，1对*Pik-h*抗病基因处于非激活状态，病原菌入侵后，寄主植物的基础性防御系统被打破，这时识别效应因子*Avr-Pik-h*的抗病基因*Pikh-1*通过改变其构象激活抗病基因*Pikh-2*，从而由*Pikh-2*传递相关信号并触发防御反应（Zhai et al.，2014）。Césari等（2013）研究表明，*Pia1*和*Pia2*分别为识别稻瘟病菌效应因子*Avr-Pia*和*AVR1-CO39*所必需。进一步研究表明，*Pia2*的功能是诱导细胞死亡（受到*Pia1*抑制）和激活HR反应；*Pia1*能通过其HMA结构识别*Avr-Pia*，并转换无毒蛋白信号解除对*Pia2*的抑制，从而由*Pia2*传递相关信号并触发防御反应。

水稻中抗病基因*pia*由2个*R*基因（*RGA4*和*RGA5*）组成，翻译形成CC-NBS-LRR蛋白，在寄主体内形成同源和异源复合体。当*RGA4*单独存在时，自主诱发寄主产生效应因子依赖的细胞坏死反应，该激活反应受到*RGA5*抑制。进一步研究发现，*RGA5* C末端存在一个与*Pikh-1* HMA结构域类似，直接参与识别2个序列的效应因子*Avr-CO39*和*Avr-Pia*（Hutin et al.，2016）。*RGA5*是参与病原菌识别的必须结构域（Ortiz et al.，2017），通过与*Avr-CO39*和*Avr-Pia*直接结合，解除对*RGA4*的抑制，进而引发抗病反应（Césari et al.，2014）。

## 第三节　稻瘟病抗病基因与无毒基因今后研究方向

近年来，抗稻瘟病相关基因的鉴定和分离为水稻抗病分子育种研究奠定了良好的基础，利用分子标记育种技术培育的水稻抗病新品种开始应用于农业生产。然而，随着外界环境的不断变化和单一性稻瘟病抗病品种的大面积推广种植，病原菌新生理小种不断出现，这要求不断培育出稻瘟病抗病水稻新品种。鉴于抗稻瘟病新基因的挖掘是水稻抗稻瘟病分子育种的重要前提和基础，基于当前稻瘟病遗传育种和抗病基因的研究，笔者认为还存在以下几方面问题需要探讨。

①传统的抗病育种存在一定的局限性。虽然近年来，育种学家们运用传统的育种方法培育了大量适应世界不同稻作区的水稻抗性栽培品种，但由于稻瘟病菌遗传的易变性和复杂性，以及稻瘟病基因表达的上位效应，水稻种植仍面临稻瘟病害的威胁。②目前水稻分子育种中存在的主要问题是缺乏可在不同地区有效抵御多种稻瘟病菌生理小种的 $R$ 基因。虽然有大量的 $R$ 基因被鉴定和克隆，但是难以预测不同 $R$ 基因对田间哪些稻瘟病致病性菌株起作用，致使育种学家在育种过程中不知选用哪些 $R$ 基因。③长期使用单一类别的稻瘟病抗病基因，会促进稻瘟病菌新优势生理小种形成，使得当前推广的水稻品种的抗性逐渐降低。因此，持久和广谱稻瘟病抗病基因的短缺严重影响了抗病分子育种的进程。④通常携带抗病基因供体的其他农艺性状（如分蘖少、产量低、品质差和株高不合理等）不理想。当以这些材料为抗原进行杂交或者回交时，容易出现不良性状的"连锁累赘"现象；而当导入该抗病基因时，其他不利性状也会一并导入受体亲本中。⑤虽然目前已经分离多个稻瘟病抗性相关基因，但由于作图群体的遗传背景和鉴定菌株不同，致使鉴定基因之间的等位性关系不很明确，"同功异名"的等位基因很多。⑥通过基因组进行基因图位克隆也存在一些问题。例如，在分离稻瘟病抗病基因过程中，以已测序的水稻品种（93-11和日本晴等）为参考基因组，如果该基因组缺失对应的抗病基因序列，则利用 PCR 图位克隆技术很难得到候选基因。⑦虽然已经克隆了一些稻瘟病抗病基因和病原菌无毒基因，但是它们之间互作的分子机理还不清楚。

针对当前稻瘟病研究存在的一些问题，笔者认为应该从以下几方面开展相关研究。

（1）深入开展稻瘟病抗性新基因的挖掘和利用。从野生稻、地方品种、引进品种、农家种和各种栽培品种中鉴定并利用图位克隆技术分离新的稻瘟病抗病相关基因；同时，进一步开发功能性标记和进行抗谱分析，阐明基因簇内各基因之间的相互关系，从而加速水稻抗病分子育种进程。

（2）稻瘟病抗病基因新位点和新材料的创制。随着外界环境和生态条件的改变，稻瘟病菌会进化出不同类型甚至致病力更强的生理小种。因此，稻瘟病抗性新材料的创制和新位点的鉴定显得尤为重要。笔者建议从两方面着手：一是创制新的抗病突变体。利用诱变的方法，从目前感病品种中，针对目前生产上高致病力的菌株，筛选和鉴定抗病突变体。这些突变体的农艺性状尽管可能不理想，但可通过对其抗性相关基因进行鉴定和分析，来抵抗目前生产上流行的生理小种，进一步改良水稻稻瘟病抗性。二是创制大量的抗病等位突变体。我们知道，水稻不同等位基因的变化会对抗病和其他性状产生重要影响。例如，在 $Piz$ 位点上，目前已至少鉴定了 $Pi2$、$Pi9$、$Pi50$、$Pigm$ 和 $Piz-t$ 5 个等位基因（http://www.ricedata.cn/gene/list/87.htm），这些等位基因在生产中都具有广阔的应用前景。此外，我们还利用生物信息学方法，发现了水稻全基因组有 500 多个与抗病相关的 NBS 结构域蛋白。可利用这些信息，对相关 $R$ 基因进行编辑或者诱变处理，创制大量等位性突变体。然后从这些突变体中，筛选抗病突变体，进行测序、分析及进一步克隆抗病基因。继而通过分子标记遗传改良水稻的稻瘟病抗性，并应用于农业生产。

（3）筛选在不同地区能有效抵御稻瘟病菌的 $R$ 基因。虽然目前已经分离近 40 个稻瘟病抗性 $R$ 基因，但不同 $R$ 基因能够抵御哪些稻瘟病菌还不清楚。因此，可以通过构建含有单个 $R$ 基因的近等基因系，鉴定来自不同地区、不同类型的稻瘟病菌，以便筛选出能抵御不同类型、不同地区稻瘟病菌的 $R$ 基因。

（4）深入开展抗病基因与病原菌之间互作的分子机理研究。近年来，随着生物技术尤其是测序技术的快速发展，基因组测序成本大大降低，这必将加速植物抗病基因和病原菌无毒基因的鉴定与分离，以及它们之间互作的分子机制研究（Xu et al., 2005；Ebbole, 2007；Wang et al., 2017）。该方面研究的不断深入，将使人们进一步认识水稻抗病与病原菌无毒基因间"基因对基因"互作的本质，并可为防治稻瘟病提供新的理论与技术支持。

# 第四章 稻瘟病抗性相关基因的鉴定与功能分析

为了减少稻瘟病对水稻产量和品质造成的危害，研究者利用不同的方法，已从水稻中克隆了 *Pit*、*Pi2*、*Pi9*、*Piz-t*、*Pigm*、*Pigm-1*、*Pib* 和 *Pita* 等近 30 个稻瘟病抗性基因（Zhou et al., 2006；Zhu et al., 2012；Jiang et al., 2012；Su et al., 2015；Deng et al., 2017；Yang et al., 2020）这些 *R* 基因在水稻抗稻瘟病育种中发挥了极其重要的作用。这些 *R* 基因常编码 NLR 蛋白，其介导的免疫防御体系，被称为病原菌效应因子引发的 ETI 反应（Dodds et al., 2010；Wang et al., 2020）。

在植物中，除了由 ETI 反应引起的防御体系外，还存在另外一层防御体系，即 PTI 反应，是由细胞表面的模式识别受体识别病原菌保守成分 PAMPs/MAMPs（pathogen-associated molecular patterns or microbe-associated molecular patterns），从而触发的植物免疫反应（Wang et al., 2020；杨德卫等，2020）。植物中的抗病反应过程十分复杂，相较于 ETI，PTI 反应具有更好的广谱性和持久性（Jones et al., 2006）。最近研究发现，PTI 和 ETI 反应可以相互促进，植物免疫反应的全面激活需要 PTI 和 ETI 反应的协同作用（Yuan et al., 2021；Ngou et al., 2021）。

在水稻中，研究者利用不同的方法，已鉴定了 70 多个稻瘟病抗性相关的调控因子（Li et al., 2019），通过深入研究这些基因的功能，初步形成了免疫反应的信号通路。例如，水稻免疫受体 OsCEBiP 能特异识别并结合质外体中的 PAMP 组分几丁质，并发生同源二聚化，随后招募共受体 OsCERK1（CHITIN ELICITOR RECEPTOR KINASE1）形成异源三聚体（Hayafune et al., 2014）。当 OsCERK1 被激活后，能直接磷酸化细胞质类受体激酶 OsRLCK185，随后通过连续激活由 OsMAPKKKε/OsMAPKKK18、OsMKK4/5 和 OsMAPK3/6 组成的级联反应，最终将抗病信号传递至下游，引发水稻的 PTI 防御反应（Yamaguchi et al., 2013；Yamada et al., 2017；Wang et al., 2017）。稻瘟病菌在致病性方面的多变性，使得传统的育种方法和化学防治都很难控制这种病害（Pennisi et al., 2010）。而近年来，RNA-seq（RNA-sequencing）技术已经得到了广泛的应用，为研究植物与病原菌之间的相互作用提供了一个强有力的工具（Mine et al., 2018）。研究者利用微阵列、RNA-seq 的方法，鉴定获得更多的稻瘟病抗性相关基因，并深入研究其功能，这些将为深入揭示水稻抗病反应的分子遗传机理及水稻稻瘟病抗病新品种的选育奠定基础。

## 第一节 稻瘟病菌胁迫下抗、感水稻品种的转录组学分析

目前，虽然已鉴定了 70 多个水稻抗稻瘟病防御调控因子（Li et al., 2019），但对水稻稻瘟病菌抗性的机制，如转录重编程、免疫信号通路和网络，仍然知之甚少。

受体类激酶是植物免疫反应中重要的调控因子，一般位于植物抗病信号通路的上游，在识别病原菌相关分子模式、植物内源的免疫相关分子模式，以及激发植物基础免疫反应中发挥重要作用。植物 RLKs 是一个成员众多的蛋白家族，其中模式植物拟南芥和水稻中编码 RLKs 基因数量分别超过了 600 个和 1200 个。虽然已有许多研究揭示了一些植物 RLKs 的功能及参与识别 PAMPs/DAMPs 的种类，但还有很多调控植物免疫的 RLKs 有待挖掘，尤其是水稻中免疫相关的 RLKs 研究还不够系统和深入。

综上所述，对水稻中抗病相关 RLKs 研究既可以增强对植物与病原菌相互作用分子机理的了解，也能利用新发现的抗病基因来改良水稻与其他作物的抗病性。显然，通过鉴定更多水稻抗稻瘟病防御调控因子，并深入研究这些调控因子及 RLKs 蛋白在水稻免疫反应中的功能与分子机理，不仅可以推动对水稻免疫系统的认知，还为水稻的抗病育种研究提供理论支持和基因资源。

我们通过对感病品种 Nip 和抗病品种恢 1586 两个粳稻品种进行了系统的转录组分析与研究，以期获得了一个高质量、准确的转录组数据集。通过深入分析与挖掘获得的数据集，希望鉴定一组参与水稻抗病反应的重要基因集（Kanehisa et al., 2008）。为进一步验证我们转录组测序的准确性与可靠性，我

们选择受稻瘟病菌诱导后表达量发生变化的相关基因进行功能验证与分析。

## 一、粳型恢复系恢 1586 和日本晴稻瘟病抗性差异

为了分析和鉴定恢 1586 对稻瘟病的抗性，我们将恢 1586 和 Nip 于 2018 年 5 月分别种植在稻瘟病高发区的江西省井冈山市和湖北省宜昌市，结果表明，在两个不同感病地区，恢 1586 均表现高抗病，而 Nip 表现高感稻瘟病（图 4-1A 和图 4-1B）。为了进一步鉴定恢 1586 是否具有广谱抗性，我们利用 13 个不同来源的稻瘟病菌，其中包括具有较强致病力的稻瘟病菌 Guy11，对恢 1586 和 Nip 进行室内接菌，结果显示恢 1586 对 13 个稻瘟病菌均表现抗病，而 Nip 均表现感病（图 4-1C、E 和表 4-1）。

图 4-1　稻瘟病菌侵染后水稻品种 Nip 和恢 1586 发病症状

注：（A–B）恢 1586 在江西省井冈山市和湖北省宜昌市两个自然鉴定圃表现出较强的叶瘟病抗性，恢 1586 抗性为 1 级，Nip 抗性为 9 级。（C）水稻叶片上每 $cm^2$ 的病斑数（平均值 ±SD，$n > 10$ 个叶片），对应 B 图。（D）恢 1586 在室内接种后表现较强的稻瘟病抗性，而 Nip 表现高感稻瘟病。稻瘟病菌 Guy11 接种 7 d 后进行观察和叶片拍照。（E）水稻叶片上每 $cm^2$ 的病斑数（均值 ±SD，$n > 10$ 个叶片），对应 D 图。*表示采用 $t$ 检验确定有统计学意义（$P < 0.01$）。

表 4-1  恢 1586 和 Nip 室内稻瘟病菌抗性鉴定分析

| 稻瘟病菌 | 恢 1586 | Nip |
| --- | --- | --- |
| Guy11 | R | S |
| 18SH-D527 | R | S |
| KJ201 | R | S |
| 501-3 | R | S |
| KJ201 | R | S |
| 95085AZB | R | S |
| Zhong10-8-14 | R | S |
| MH86-1 | R | S |
| MH86-3 | R | S |
| RB22 | R | S |
| 20-15 | R | S |
| 18NH-16-3 | R | S |
| M409 | R | S |

注：R 代表抗病，S 代表感病。

## 二、水稻与稻瘟病菌转录组动态变化分析

为了从分子水平上解析恢 1586 抗病性的机制，我们利用 RNA-seq 技术对抗病材料恢 1586 与感病材料 Nip 进行了深入的转录组学分析，分别用稻瘟病菌 Guy11 和 $H_2O$（模拟对照）处理，对 2 周左右的水稻苗进行接菌，分别在 12 h、24 h、36 h 和 48 h 时间点采集 3 个生物重复的叶片样品进行 RNA 测序。为了能进行可靠的比较和分析，我们在每个时间点均设置 3 个对照 $H_2O$ 处理（模拟对照处理），总共对 48 个样本进行了 RNA-seq 测序，最终获得了平均每个样本产生 6.8 GB 的 100 bp 配对末端读长。

为了可视化所有样本的变化和相似度，我们对归一化 FPKM（fragments per kilobase of transcript per million mapped reads）进行了主成分分析（principal component analysis，PCA）所有被检测基因的值。结果显示，3 个生物重复的

数据紧密聚在一起，同时被不同的时间点、处理条件和实验材料分开（图4-2A）。在模拟对照处理的结果中，抗、感品种在各自12 h、24 h、36 h和48 h之间的样本聚类较远（图4-2B），说明生物钟是影响基因表达的主要因素。因此，研究者在鉴定稻瘟病菌诱导的转录组分析过程中，为了排除昼夜节律效应的影响，每个时间点设置$H_2O$处理是必要的。在12 h，稻瘟病菌处理后，无论是感病的Nip和抗病的恢1586，稻瘟病菌处理和$H_2O$处理不能密集聚集一起。但在24 h、36 h和48 h的时期，抗病品种恢1586进行稻瘟病菌和$H_2O$处理后可以密集聚在一起，而感病Nip进行稻瘟病菌和$H_2O$处理后不能密集聚在一起（图4-2A）。这些结果表明，稻瘟病菌处理和$H_2O$处理后，感病材料Nip在所有时间点上转录组都发生很大变化，而在抗病材料恢1586中，只有早期（12 h）转录组才有较大变化。

我们对所有检测基因的FPKM值进行了聚类分析，结果表明，根据4个不同的时间点，样本被聚类为4个更大的组（图4-2B），再次表明昼夜节律钟在水稻转录组中是一个主要的调节因子。除了$H_2O$处理36 h的恢1586与稻瘟病菌处理36 h的恢1586聚为一组外（推测在稻瘟病菌处理36 h的恢1586中，恢1586的转录组发生了较小的变化），其余的每个大组中，$H_2O$处理均被聚为同一亚组。进一步分析发现，稻瘟病菌处理的Nip的24 h、36 h和48 h样本与$H_2O$处理样本不能聚在一起（图4-2B），表明稻瘟病菌诱导后，感病品种Nip发生强烈的转录组变化。

然后，我们分析了Nip和恢1586在各个不同时间点的差异表达基因（diffferentially expressed genes，DEGs；差异倍数 > 2；$P < 0.001$）分别在稻瘟病菌和$H_2O$对照处理的条件下的变化情况。感病材料Nip检测到大量DEGs，尤其在12 h（有4680个上调基因，2045个下调基因）和36 h（有3347上调基因，有3653下调基因）。抗病材料恢1586在稻瘟病菌诱导的12 h，虽然有更剧烈的转录变化（有6808个上调基因和2895个下调基因），但在之后的24 h、36 h和48 h，DEGs的数量显著减少（图4-2C）。

在 48 h 内，感病材料 Nip 和抗病材料恢 1586 总共分别鉴定了 12333 和 12147 个 DEGs，约占水稻基因总数的 25%。在这些 DEGs 中，有 8211 个 DEGs 在抗、感品种中共同受到调控（图 4-2D）。总之，这些数据表明，稻瘟病菌侵染后，诱导了水稻中相关基因的动态转录重编程。很明显，抗病材料恢 1586 在侵染早期（12 h）的转录重编程速度变化比感病材料 Nip 更快、更强，这可能更有效地抑制了稻瘟病菌进一步侵染，并导致后期的转录变化较小。相反，感病材料 Nip 在稻瘟病菌侵染后，由于稻瘟病菌 Guy11 可以进一步侵染 Nip，并在 Nip 上繁殖和再侵染。因此，感病材料 Nip 在感染各个阶段均出现显著的转录差异变化。

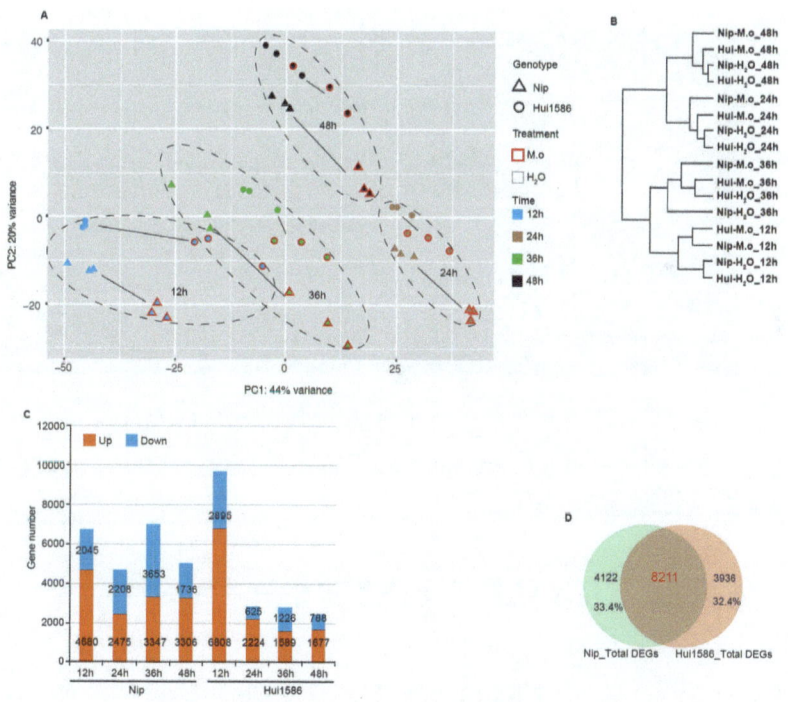

图 4-2　水稻对稻瘟病菌反应的转录组和差异表达基因的分析

注：（A）Nip 和恢 1586 在 $H_2O$ 处理和稻瘟病菌处理的条件下，对其转录组数据进行主成分分析。（B）对所有可检测基因的归一化 FPKM 值进行分层聚类。（C）与对照 $H_2O$ 处理相比，分析 Nip 和恢 1586 在稻瘟病菌诱导后上调和下调的基因数量。（D）利用维恩图，分析恢 1586 和 Nip 之间总的 DEGs 在所有时间点。

为了验证上述的推测，我们用带有 GFP 标记的稻瘟病菌 Guy11 侵染 Nip 和恢 1586 的叶鞘细胞。结果表明，在侵染 12 h 时稻瘟病菌孢子在 Nip 上开始萌发，在 24 h 时形成附着胞，侵染菌丝开始生长，在 36 h 时，侵染菌丝开始侵染邻近的细胞，并在 48 h 时开始广泛扩散（图 4-3）。抗病材料恢 1586 中的孢子萌发速度比 Nip 相对较慢，在 12 h、24 h、36 h 和 48 h 时菌丝在叶鞘细胞表面生长。在前期 12 h 时，恢 1586 上形成的附着胞较少，而在后期（24 h、36 h 和 48 h），侵染菌丝生长受到明显抑制（图 4-3）。因此，该结果与转录组数据一致，即稻瘟病菌侵染抗病材料恢 1586 由于早期受到抑制，在 12 h 后的时间点其转录组变化较小（图 4-3 和图 4-2C）。

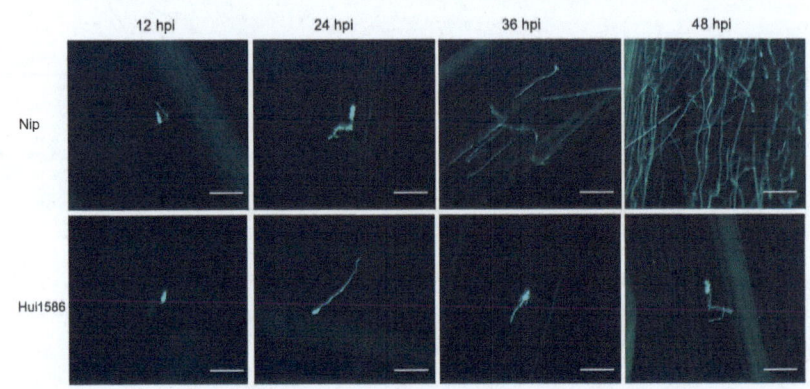

图 4-3　稻瘟病菌对抗病品种恢 1586 的侵染受到抑制

注：带有荧光 GFP 标记稻瘟病菌 Guy11 侵染 Nip 和恢 1586 叶鞘细胞，利用共聚焦显微镜观察侵染情况。比例尺是 50 μm。

### 三、恢 1586 与日本晴基础免疫反应相关基因的差异

利用 PCA 分析可以看出，在 $H_2O$ 处理条件下 Nip 和恢 1586 之间差异基因非常明显（图 4-4A），我们想知道抗病材料恢 1586 和感病材料 Nip 在基础水平上有哪些基因表达存在差异？进一步分析发现，在 $H_2O$ 处理条件下，Nip 和恢 1586 在 12 h、24 h、36 h 和 48 h 分别有 5328、4508、4215 和 3952 个 DEGs（图 4-4A）。通过维恩图分析结果表明，在所有的 4 个时间点，共同差异 DEGs 有 1331 个（图 4-4B），结果表明这些差异基因在两个不同水稻品种中均稳定表达。

为了进一步了解这些差异基因背后生物学的相关性，我们利用基因通路富集数据库（kyoto encyclopedia of genes and genomes，KEGG）和基因功能分类（gene ontology，GO）对这 1331 个基因进行功能分析。有趣的是，我们发现在 KEGG 通路分析中，只有"植物—病原相互作用"和"脂肪酸延伸"两个通路相关基因显著富集（图 4-4C）。同样 GO 富集发现，只有与防御相关基因，主要包括"防御反应""应激反应""刺激反应""激素生物合成过程""信号转导"等相关基因被显著富集（图 4-4D）。这些结果表明，在对照 $H_2O$ 处理条件下，抗、感两个水稻品种中，共同差异基因富集的主要是防御相关的基因，这可能是导致其他基因表达差异的主要原因。

植物免疫系统主要依靠 RLKs 受体和富含 NLR 来检测病原体相关分子并激活防御反应。这些相关基因编码 RLKs 和 NLR 受体蛋白占水稻基因总数不到 1%。值得注意的是，在 1331 个 DEGs 中，近 2.5% 和 3.5% 基因分别编码 RLKs 和 NLR 受体蛋白，表明在 1331 个 DEGs 中编码这两类受体蛋白的基因高度富集。综上所述，Nip 和恢 1586 的许多免疫受体相关基因和防御相关基因的基础表达存在差异，这可能是影响它们对稻瘟病菌抗性谱的一个因素。然而，我们不能完全排除昼夜节律钟对这 1331 个 DEGs 的影响，这些免疫相关基因是否有不同的表达规律还有待进一步研究。

### 四、稻瘟病菌诱导后蛋白翻译相关基因的变化

为了获得更多稻瘟病菌诱导的 Nip 和恢 1586 的差异基因的详细信息，我们比较了两个材料在不同时间点共同的 DEGs。在所有 4 个时间点，两个品种之间的 DEG 存在较大的重叠，特别是上调的 DEGs（图 4-5A），这表明抗病和感病品种之间的转录重编程中涉及了大量的共同表达基因。由于早期时间点是确定植物与病原菌相互作用的关键时期，我们对两个抗、感品种在 12 h 鉴定的 DEGs 进行了热图聚类分析，并获得了 Nip 和恢 1586 在 4 个不同时间点上差异基因表达水平的全球视图。结果表明，与感病材料 Nip 相比，抗病材料恢 1586 在 12 h 时，大量的 DEGs 诱导显得更为强烈（图 4-5B），进一步解释了抗性材料恢 1586 在早期出现防御相关基因诱导更强烈的现象（图 4-5C）。

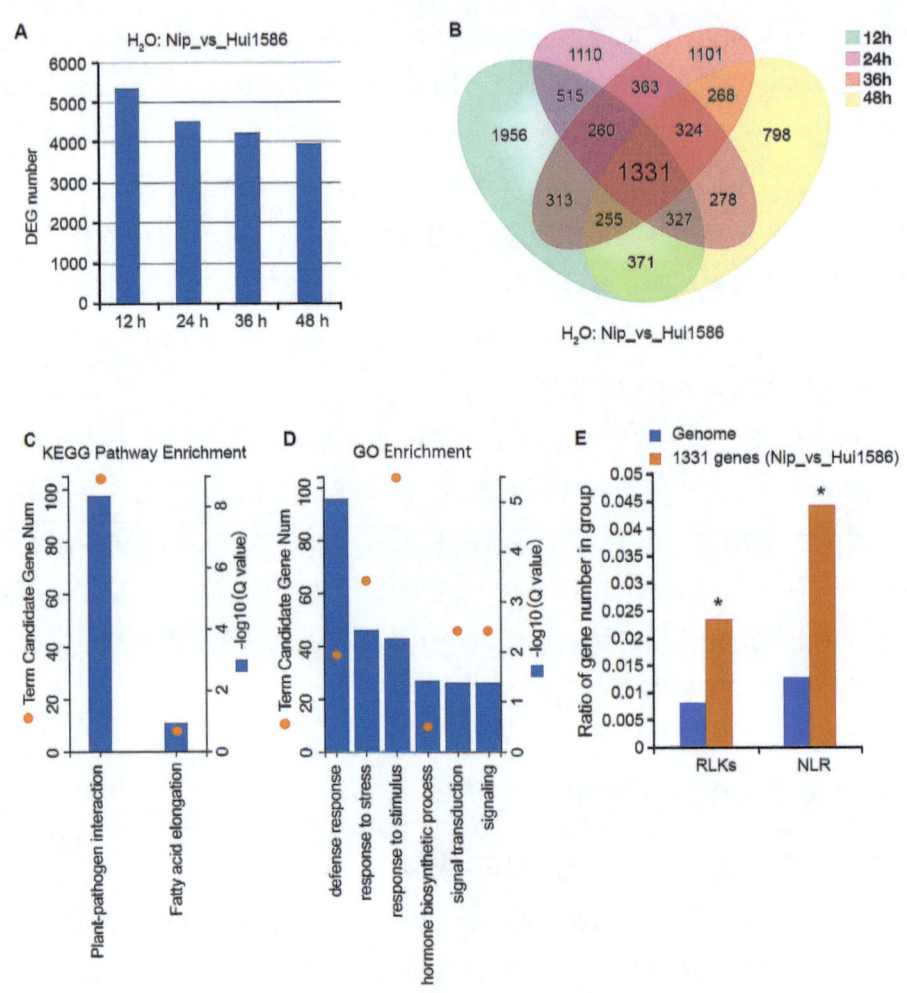

图 4-4 Nip 和恢 1586 在对照 $H_2O$ 处理条件下差异基因的表达分析

注：（A）$H_2O$ 处理后各时间点 Nip 与恢 1586 之间的 DEGs 数。（B）维恩图显示 $H_2O$ 处理条件下的 DEGs。（C~D）利用 KEGG 通路和 GO 分析的方法，分析 1331 个 DEGs 的富集情况。$y$ 轴表示 -log10 转化的 $Q$ 值和基因数。（E）RLKs 和 NLR 编码的基因在 1331 个 DEGs 中的富集程度与水稻基因组中比例的比较，* 表示采用 $t$ 检验确定有统计学意义（$P < 0.01$）。

通过 GO 富集和 KEGG 通路分析，确定两个品种在 12 h 时共同的 DEGs 功能和通路分类。值得注意的是，在这 3398 个上调的基因中，KEGG 分析显示，核糖体通路相关的基因显著富集；而 GO 分析显示，与蛋白质翻译相关的基因，包括"核糖体生物发生"、"核糖体组装"和"rRNA 加工处理"等基因显著富集（图 4-5C 和表 4-2）。在水稻基因组中，核糖体相关基因和 rRNA 相关基因分别占约 2% 和不到 0.5%。然而，在这 3398 个基因中核糖体相关基因占 10.0%，rRNA 相关基因占 1.7%，说明这两类基因在该组中显著富集（图 4-5D）。而在 24 h、36 h 和 48 h 的 DEGs 中，核糖体和蛋白质翻译相关通路并未富集（表 4-2）。核糖体和 rRNA 相关基因的热图聚类显示，大多数是在 12 h 上调，但在随后的时间点没有上调（图 4-5E）。值得注意的是，抗病材料恢 1586 对这些基因的诱导率远高于感病材料 Nip（图 4-5E）。综上所述，以上结果表明调控蛋白翻译相关基因参与了对稻瘟病菌的早期防御反应。

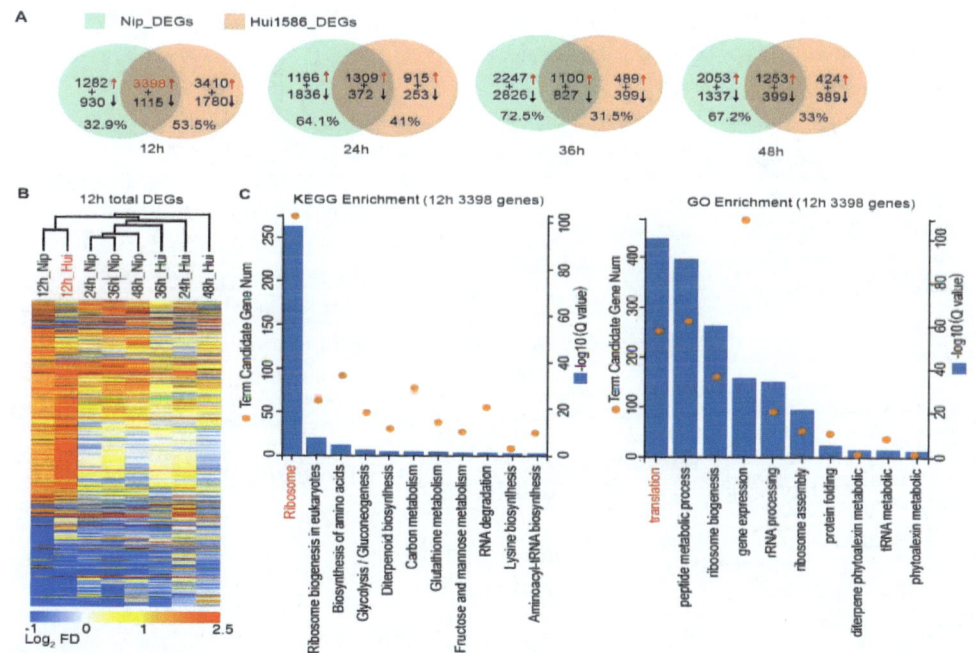

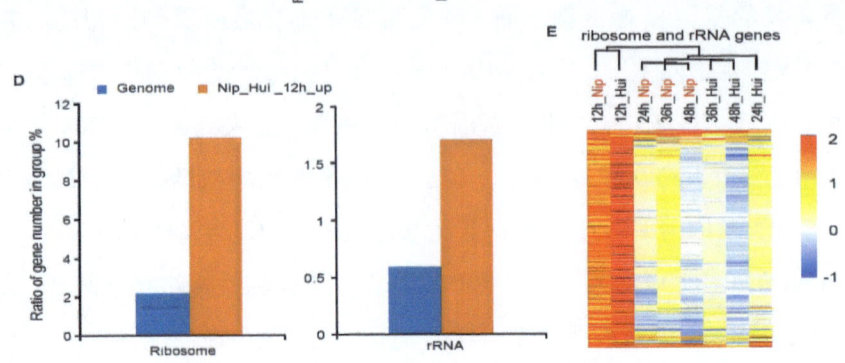

图 4-5 水稻对稻瘟病菌反应中 DEGs 的通路富集

注：（A）4 个不同时间点，与对照处理相比，稻瘟病菌侵染 Nip 和恢 1586 后 DEGs 的维恩图，向上和向下箭头分别表示上调和下调的 DEGs。（B）依据差异基因的转录水平 $\log_2$ 倍数变化，在 12 h 时，对所有 DEGs 进行热图聚类分析。（C）是在（A）图中对 3398 个上调的 DEGs 进行 KEGG 通路和 GO 富集分析，$y$ 轴表示 $-\log10$ 转化的 q 值和基因数。（D）是在（C）图对 12 h 鉴定的 3398 个 DEGs 中含有核糖体和 rRNA 相关基因与其在水稻基因组中比例进行比较。（E）是根据（A）中 $\log_2$ 倍数变化，对（C）中 3398 个 DEGs 中的核糖体和 rRNA 相关基因进行热图聚类分析。

表 4-2 水稻对稻瘟病菌反应中 DEGs 的 KEGG 通路富集列表

| 时间 | 品种 | DEGs 差异基因 | 生物通路的代码 | 生物通路的名称 | 生物过程的大类 | 基因数量 | Q 值 |
|---|---|---|---|---|---|---|---|
| 12 h | Nip_Hui_shared | Up_3398 DEGs | ko03010 | Ribosome | Genetic Information Processing | 257 | 4.02E-106 |
| | | | ko03008 | Ribosome biogenesis in eukaryotes | Genetic Processing | 59 | 6.15E-09 |
| | | | ko01230 | Biosynthesis of amino acids | Metabolism | 86 | 1.05E-05 |
| | | | ko00010 | Glycolysis/Gluconeogenesis | Metabolism | 46 | 0.0023 |

续表

| 时间 | 品种 | DEGs差异基因 | 生物通路的代码 | 生物通路的名称 | 生物过程的大类 | 基因数量 | Q值 |
|---|---|---|---|---|---|---|---|
| 12 h | Nip_Hui_shared | Up_3398 DEGs | ko00904 | Diterpenoid biosynthesis | Metabolism | 29 | 0.0114 |
| | | | ko01200 | Carbon metabolism | Metabolism | 73 | 0.0114 |
| | | | ko00480 | Glutathione metabolism | Metabolism | 36 | 0.0213 |
| | | | ko00051 | Fructose and mannose metabolism | Metabolism | 26 | 0.0243 |
| | | | ko03018 | RNA degradation | Genetic Processing | 52 | 0.0243 |
| | | Dn_1115 DEGs | ko00196 | Photosynthesis - antenna proteins | Metabolism | 11 | 2.60E-10 |
| | | | ko00630 | Glyoxylate and dicarboxylate metabolism | Metabolism | 17 | 0.0004 |
| | | | ko00710 | Carbon fixation in photosynthetic organisms | Metabolism | 17 | 0.0007 |
| | | | ko00944 | Flavone and flavonol biosynthesis | Metabolism | 5 | 0.0108 |
| | | | ko00943 | Isoflavonoid biosynthesis | Metabolism | 6 | 0.0250 |
| | | | ko01200 | Carbon metabolism | Metabolism | 29 | 0.0274 |
| | | | ko00942 | Anthocyanin biosynthesis | Metabolism | 6 | 0.0407 |

续表

| 时间 | 品种 | DEGs差异基因 | 生物通路的代码 | 生物通路的名称 | 生物过程的大类 | 基因数量 | $Q$ 值 |
|---|---|---|---|---|---|---|---|
| 12 h | Nip_spc | Up_1282 DEGs | ko04626 | Plant-pathogen interaction | Organismal Systems | 108 | 2.69E-07 |
| | | | ko00400 | Phenylalanine, tyrosine and tryptophan biosynthesis | Metabolism | 10 | 0.0492 |
| | | | ko00480 | Glutathione metabolism | Metabolism | 17 | 0.0492 |
| | | Dn_930 DEGs | ko00195 | Photosynthesis | Metabolism | 15 | 2.70E-06 |
| | Hui_spc | Up_3410 DEGs | ko00020 | Citrate cycle (TCA cycle) | Metabolism | 20 | 0.0086 |
| | | | ko03440 | Homologous recombination | Genetic Information Processing | 34 | 0.0320 |
| | | | ko03030 | DNA replication | Genetic Information Processing | 25 | 0.0345 |
| | | Dn_1780 DEGs | ko00380 | Tryptophan metabolism | Metabolism | 25 | 0.0049 |
| | | | ko00710 | Carbon fixation in photosynthetic organisms | Metabolism | 20 | 0.0050 |
| | | | ko01200 | Carbon metabolism | Metabolism | 44 | 0.0050 |
| | | | ko00460 | Cyanoamino acid metabolism | Metabolism | 20 | 0.0359 |
| | | | ko00900 | Terpenoid backbone biosynthesis | Metabolism | 11 | 0.0359 |

续表

| 时间 | 品种 | DEGs差异基因 | 生物通路的代码 | 生物通路的名称 | 生物过程的大类 | 基因数量 | Q值 |
|---|---|---|---|---|---|---|---|
| 12 h | Hui_spc | Dn_1780 DEGs | ko00906 | Carotenoid biosynthesis | Metabolism | 14 | 0.0392 |
| | | | ko00630 | Glyoxylate and dicarboxylate metabolism | Metabolism | 16 | 0.0417 |
| | | | ko00902 | Monoterpenoid biosynthesis | Metabolism | 4 | 0.0417 |
| 24 h | Nip_Hui_shared | Up_1309 DEGs | ko00941 | Flavonoid biosynthesis | Metabolism | 36 | 1.54E-13 |
| | | | ko00904 | Diterpenoid biosynthesis | Metabolism | 29 | 8.03E-11 |
| | | | ko04626 | Plant-pathogen interaction | Organismal Systems | 118 | 6.46E-07 |
| | | | ko04016 | MAPK signaling pathway-plant | Environmental Processing | 79 | 1.24E-06 |
| | | | ko00940 | Phenylpropanoid biosynthesis | Metabolism | 85 | 0.0011 |
| | | | ko00945 | Stilbenoid, diarylheptanoid and gingerol biosynthesis | Metabolism | 13 | 0.0153 |
| | | | ko00360 | Phenylalanine metabolism | Metabolism | 13 | 0.0260 |
| | | | ko00591 | Linoleic acid metabolism | Metabolism | 11 | 0.0445 |
| | | Dn_372 DEGs | ns | | | | |

续表

| 时间 | 品种 | DEGs差异基因 | 生物通路的代码 | 生物通路的名称 | 生物过程的大类 | 基因数量 | Q值 |
|---|---|---|---|---|---|---|---|
| 24 h | Nip_spc | Up_1166 DEGs | ko04626 | Plant-pathogen interaction | Organismal Systems | 99 | 6.36E-06 |
| | | | ko04016 | MAPK signaling pathway-plant | Environmental Information Processing | 54 | 0.0365 |
| | | Dn_1836 DEGs | ko00195 | Photosynthesis | Metabolism | 30 | 4.56E-11 |
| | | | ko00196 | Photosynthesis-antenna proteins | Metabolism | 12 | 8.30E-10 |
| | | | ko00630 | Glyoxylate and dicarboxylate metabolism | Metabolism | 27 | 4.34E-07 |
| | | | ko01200 | Carbon metabolism | Metabolism | 51 | 8.34E-05 |
| | | | ko00710 | Carbon fixation in photosynthetic organisms | Metabolism | 23 | 0.0002 |
| | Hui_spc | Up_915 DEGs | ko04626 | Plant-pathogen interaction | Organismal Systems | 69 | 1.96E-05 |
| | | Dn_253 DEGs | ns | | | | |
| 36 h | Nip_Hui_shared | Up_1100 DEGs | ko00904 | Diterpenoid biosynthesis | Metabolism | 34 | 5.98E-17 |
| | | | ko00941 | Flavonoid biosynthesis | Metabolism | 34 | 1.75E-14 |
| | | | ko04626 | Plant-pathogen interaction | Organismal Systems | 110 | 5.93E-09 |

续表

| 时间 | 品种 | DEGs差异基因 | 生物通路的代码 | 生物通路的名称 | 生物过程的大类 | 基因数量 | $Q$ 值 |
|---|---|---|---|---|---|---|---|
| 36 h | Nip_Hui_shared | Up_1100 DEGs | ko04016 | MAPK signaling pathway-plant | Environmental Information Processing | 74 | 2.98E-08 |
| | | | ko00940 | Phenylpropanoid biosynthesis | Metabolism | 83 | 4.30E-06 |
| | | | ko00945 | Stilbenoid, diarylheptanoid and gingerol biosynthesis | Metabolism | 16 | 4.42E-05 |
| | | Dn_827 DEGs | ko00591 | Linoleic acid metabolism | Metabolism | 12 | 0.0036 |
| | | | ko00195 | Photosynthesis | Metabolism | 12 | 0.0035 |
| | | | ko00196 | Photosynthesis - antenna proteins | Metabolism | 5 | 0.0037 |
| | | | ko00380 | Tryptophan metabolism | Metabolism | 15 | 0.0062 |
| | | | ko00460 | Cyanoamino acid metabolism | Metabolism | 13 | 0.0235 |
| | | | ko00943 | Isoflavonoid biosynthesis | Metabolism | 5 | 0.0439 |
| | | | ko00966 | Glucosinolate biosynthesis | Metabolism | 3 | 0.0458 |
| | Nip_spc | Up_2247 DEGs | ko04626 | Plant-pathogen interaction | Organismal Systems | 174 | 4.41E-06 |
| | | | ko00020 | Citrate cycle (TCA cycle) | Metabolism | 19 | 0.0002 |
| | | | ko01200 | Carbon metabolism | Metabolism | 54 | 0.0037 |

续表

| 时间 | 品种 | DEGs差异基因 | 生物通路的代码 | 生物通路的名称 | 生物过程的大类 | 基因数量 | Q值 |
|---|---|---|---|---|---|---|---|
| 36 h | Nip_spc | Up_2247 DEGs | ko04016 | MAPK signaling pathway-plant | Environmental Processing | 97 | 0.0096 |
| | | | ko01230 | Biosynthesis of amino acids | Metabolism | 50 | 0.0223 |
| | | | ko00940 | Phenylpropanoid biosynthesis | Metabolism | 119 | 0.0299 |
| | | Dn_2826 DEGs | ko00195 | Photosynthesis | Metabolism | 47 | 4.46E-20 |
| | | | ko00710 | Carbon fixation in photosynthetic | Metabolism | 38 | 1.32E-08 |
| | | | ko00196 | Photosynthesis-antenna proteins | Metabolism | 10 | 1.25E-05 |
| | | | ko01200 | Carbon metabolism | Metabolism | 70 | 1.25E-05 |
| | | | ko00630 | Glyoxylate and dicarboxylate | Metabolism | 29 | 4.58E-05 |
| | | | ko00030 | Pentose phosphate pathway | Metabolism | 20 | 0.0160 |
| | | | ko00130 | Ubiquinone and other terpenoid- | Metabolism | 15 | 0.0160 |
| | | | ko00750 | Vitamin B6 metabolism | Metabolism | 7 | 0.0160 |
| | | | ko00860 | Porphyrin and chlorophyll | Metabolism | 17 | 0.0160 |
| | | | ko00900 | Terpenoid backbone | Metabolism | 14 | 0.0286 |
| | | | ko00906 | Carotenoid biosynthesis | Metabolism | 18 | 0.0390 |

续表

| 时间 | 品种 | DEGs差异基因 | 生物通路的代码 | 生物通路的名称 | 生物过程的大类 | 基因数量 | Q值 |
|---|---|---|---|---|---|---|---|
| 36 h | Hui_spc | Up_489 DEGs | ko04626 | Plant-pathogen interaction | Organismal Systems | 36 | 0.0249 |
| | | Dn_399 DEGs | ns | | | | |
| 48 h | Nip_Hui_shared | Up_1253 DEGs | ko00904 | Diterpenoid biosynthesis | Metabolism | 37 | 1.43E-18 |
| | | | ko00941 | Flavonoid biosynthesis | Metabolism | 35 | 3.69E-14 |
| | | | ko04626 | Plant-pathogen interaction | Organismal Systems | 122 | 1.94E-10 |
| | | | ko04016 | MAPK signaling pathway-plant | Environmental Processing | 78 | 6.77E-08 |
| | | | ko00940 | Phenylpropanoid biosynthesis | Metabolism | 84 | 8.45E-05 |
| | | | ko00591 | Linoleic acid metabolism | Metabolism | 12 | 0.0091 |
| | | | ko00500 | Starch and sucrose metabolism | Metabolism | 35 | 0.0394 |
| | | | ko00590 | Arachidonic acid metabolism | Metabolism | 11 | 0.0394 |
| | | | ko00906 | Carotenoid biosynthesis | Metabolism | 11 | 0.0394 |
| | | Dn_399 DEGs | ko00196 | Photosynthesis - antenna proteins | Metabolism | 7 | 1.20E-07 |
| | | | ko00380 | Tryptophan metabolism | Metabolism | 10 | 0.0090 |

续表

| 时间 | 品种 | DEGs差异基因 | 生物通路的代码 | 生物通路的名称 | 生物过程的大类 | 基因数量 | $Q$值 |
|---|---|---|---|---|---|---|---|
| 48 h | Nip_spc | Up_2053 DEGs | ko00400 | Phenylalanine, tyrosine and tryptophan biosynthesis | Metabolism | 23 | 2.05E-07 |
| | | | ko04626 | Plant-pathogen interaction | Organismal Systems | 162 | 2.05E-07 |
| | | | ko01230 | Biosynthesis of amino acids | Metabolism | 50 | 0.0024 |
| | | | ko04016 | MAPK signaling pathway-plant | Environmental Processing | 88 | 0.0100 |
| | | | ko00480 | Glutathione metabolism | Metabolism | 25 | 0.0110 |
| | | | ko00010 | Glycolysis / Gluconeogenesis | Metabolism | 27 | 0.0289 |
| | | | ko00904 | Diterpenoid biosynthesis | Metabolism | 18 | 0.0407 |
| | | Dn_1337 DEGs | ko00195 | Photosynthesis | Metabolism | 35 | 7.30E-21 |
| | | | ko00196 | Photosynthesis-antenna proteins | Metabolism | 6 | 0.0012 |
| | | | ko01200 | Carbon metabolism | Metabolism | 36 | 0.0012 |
| | | | ko00710 | Carbon fixation in photosynthetic organisms | Metabolism | 17 | 0.0013 |
| | | | ko03010 | Ribosome | Genetic Information Processing | 39 | 0.0016 |
| | | | ko00010 | Glycolysis/ Gluconeogenesis | Metabolism | 19 | 0.0338 |

续表

| 时间 | 品种 | DEGs差异基因 | 生物通路的代码 | 生物通路的名称 | 生物过程的大类 | 基因数量 | Q值 |
|---|---|---|---|---|---|---|---|
| 48 h | Nip_spc | Dn_1337 DEGs | ko00630 | Glyoxylate and dicarboxylate metabolism | Metabolism | 13 | 0.0338 |
| | Hui_spc | Up_424 DEGs | ns | | | | |
| | | Dn_389 DEGs | ns | | | | |

**五、稻瘟病菌诱导后能量代谢途径相关基因的变化**

我们对 Nip 和恢 1586 在 12 h、24 h、36 h 和 48 h 中上调基因的 KEGG 通路进行富集分析，结果显示，免疫通路相关和次级代谢相关基因显著富集，如"二萜生物合成"、"类黄酮生物合成"、"植物—病原互作"、"MAPK 信号通路"和"类苯基丙烷生物合成"明显富集（图 4-6A 和表 4-2），表明在抗病和感病水稻品种中，免疫系统对稻瘟病菌侵染均被激活。相反的，进一步分析发现，两个品种在 12 h、36 h 和 48 h 时中，稻瘟病菌侵染被抑制的基因中，能量代谢途径相关基因，如"光合作用"、"光合作用—天线蛋白"或"光合生物固碳"等能量代谢途径相关基因被富集（图 4-6B 和表 4-2）。这个结果与免疫和生长之间的平衡是一致的（Smakowska et al., 2016）。值得注意的是，"光合作用"途径相关基因在感病品种 Nip 中特异的被富集，而在抗病品种恢 1586 中则没有被富集，表明稻瘟病菌对感病水稻的能量代谢途径有强烈的抑制作用。

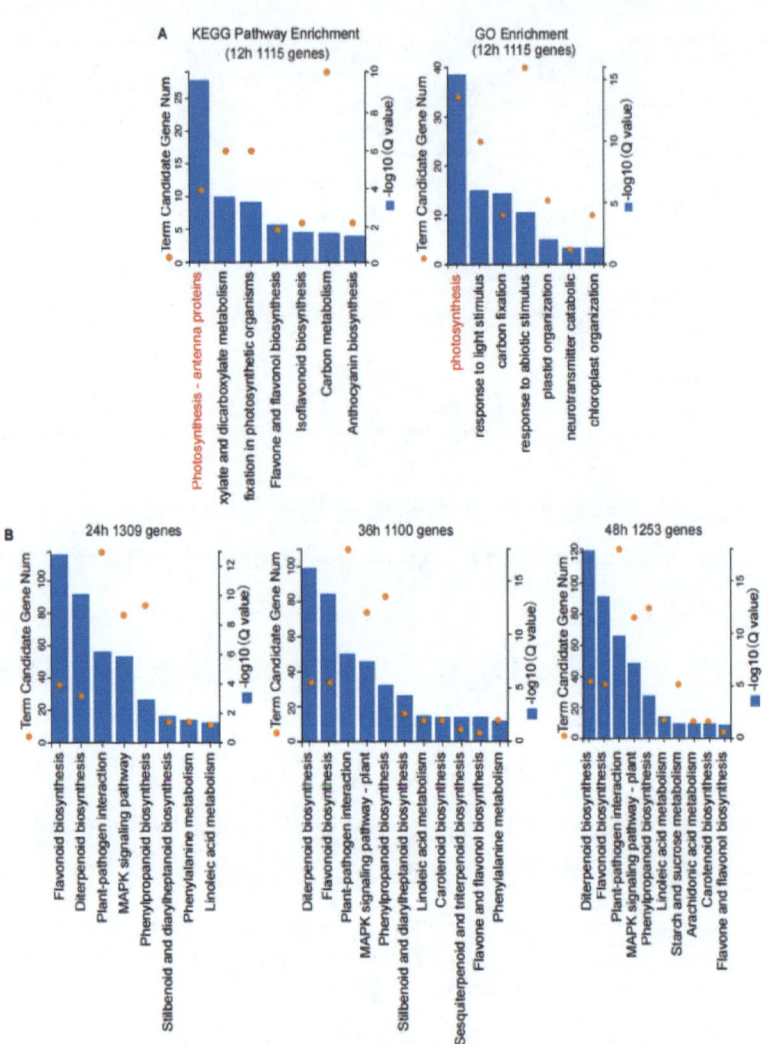

图 4-6 稻瘟病菌侵染后 DEGs 的 KEGG 通路及 GO 富集分析

注：（A）在稻瘟病菌侵染 12 h 时，对 Nip 和恢 1586 表现下调的 1115 个 DEGs 进行 KEGG 通路和 GO 富集分析。（B）在稻瘟病菌侵染 24 h、36 h 和 48 h 时，对 Nip 和恢 1586 表现上调的 DEGs 进行 KEGG 通路分析。

## 六、稻瘟病免疫反应核心基因的鉴定与功能分析

为了鉴定水稻对稻瘟病防御反应的相关基因，我们对感病材料 Nip 和抗病

材料恢 1586 在所有 4 个不同时间点的 DEGs 进行了维恩图分析。结果表明，在特定的时间，大多数水稻的 DEGs 被稻瘟病菌诱导后暂时上调或下调。例如，Nip 的 6725 个 DEGs 中有 2899 个，恢 1586 的 9703 个 DEGs 中有 6678 个仅在 12 h 时被稻瘟病菌特异性调控（图 4-7A）。而仅有相对少量的 DEGs，分别是 1464（1171 个上调，293 个下调）和 578（489 个上调，89 个下调）在 Nip 和恢 1586，在所有的时间点均存在重叠（图 4-7A）。

我们对图 4-7A 中的每组 DEGs 进行 KEGG 通路富集分析（表 4-3）。在 12 h 时，Nip 特异性调控的 2899 个 DEGs 中，只有蛋白翻译相关通路基因显著富集（表 4-3），这与我们之前的分析一致（图 4-5）。值得注意的是，我们分析发现 259、682、407、551、362、126、173、1680 和 832 个差异基因中均没有 KEGG 通路的富集。此外，植物防御相关通路主要富集在 Nip 上的 4 个时间点共同调控的 1464 个 DEGs 中（图 4-7A 和表 4-3）。同样，在恢 1586 中，蛋白翻译通路仅富集在 6678 个特异性调控 12 h 的 DEGs 中，KEGG 通路的富集在 711、501、284、221、523、197、101、694 和 186 个 DEG 组中没有发现（图 4-7A 和表 4-3）。然而，与在感病 Nip 不同的是，抗病恢 1586 防御通路相关基因在其他所有 DEG 组中都富集，特别是在 4 个时间点重叠的 578 个 DEG 中，表现最为明显（图 4-7A 和表 4-3）。这些结果表明，大多数来自 Nip 或恢 1586 的 DEGs 的表达量在稻瘟病菌诱导的反应中都是动态 / 临时调控的，其中大部分基因的表达量都是组成性上调的（图 4-7A）。因此，我们推测一组共同的 DEGs 可能构成免疫转录重编程的主要部分，其中 321 个上调基因和 32 个下调基因（图 4-7A）。

为了验证上述假设，我们重点研究了 Nip 中 1464 个和恢 1586 中 578 个常见 DEGs 之间 353 个重叠基因（图 4-7A），其中 321 个上调的基因，32 个下调的基因（图 4-7A）。同样，我们对 353 个基因的 FPKM 值进行聚类分析，结果表明，它们被分为两组：大组（a）基因表达上调，小组（b）基因表达下调（图 4-7B）。

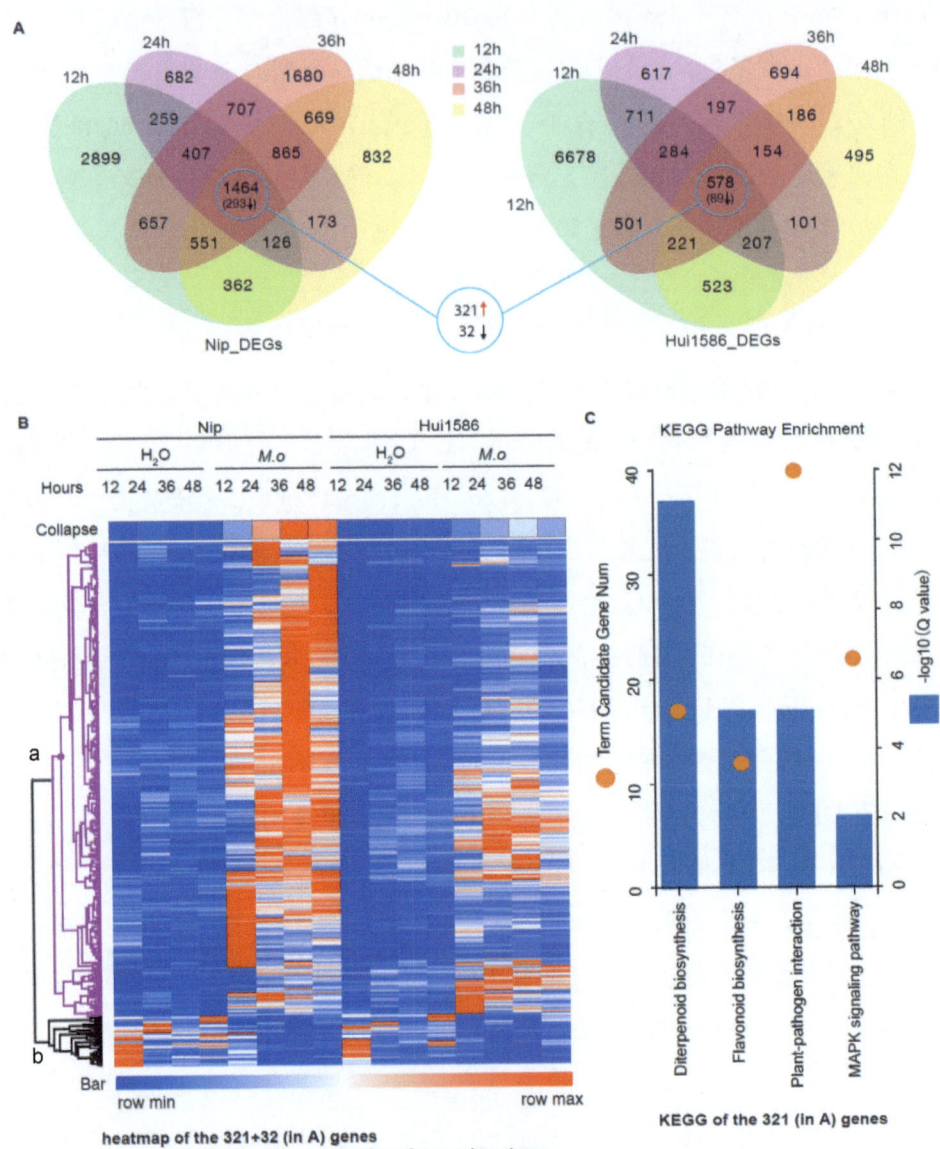

**图 4-7　恢 1586 和 Nip 免疫相关核心基因的鉴定及通路分析**

注：(A) 恢 1586 和 Nip 在 4 个不同时间点 DEGs 维恩图。蓝色圆圈中的数字代表两个相连组之间重叠的差异。向上和向下的箭头分别表示向上和向下调节的度。(B) 基于 Nip 和恢 1586 归一化 FPKM 值对 (A) 中的 321 + 32 个 DEGs 进行热图聚类分析。(C) 是对 (A) 中的 321 个 DEGs 进行 KEGG 通路富集分析。$y$ 轴表示 $-\log10$ 转化的 $Q$ 值和基因数量。

表 4-3　恢 1586 和 Nip 的差异表达基因 KEGG 通路在不同时间的富集

| 品种 | 不同时间点的差异基因 | 生物通路的代码 | 生物通路的名称 | 基因数量 | Q 值 |
| --- | --- | --- | --- | --- | --- |
| Nip | 2899 DEGs 12 h_spc | ko03010 | Ribosome | 245 | 3.77E-116 |
| | | ko03008 | Ribosome biogenesis in eukaryotes | 54 | 6.17E-10 |
| | | ko01230 | Biosynthesis of amino acids | 62 | 0.020 |
| | | ko00970 | Aminoacyl-tRNA biosynthesis | 23 | 0.047 |
| | 259 DEGs 12 h_24 h_spc | ns | | | |
| | 657 DEGs 12 h_36 h_spc | ko00020 | Citrate cycle（TCA cycle） | 11 | 6.96E-05 |
| | | ko01200 | Carbon metabolism | 23 | 0.001 |
| | | ko00710 | Carbon fixation in photosynthetic org | 10 | 0.021 |
| | | ko00630 | Glyoxylate and dicarboxylate metabo | 9 | 0.035 |
| | 407 DEGs 12 h_24 h_36 h_spc | ns | | | |
| | 551 DEGs 12 h_36 h_48 h_spc | ns | | | |
| | 1464 DEGs 12 h_24 h_36 h_48 h_spc | ko00904 | Diterpenoid biosynthesis | 32 | 1.39E-11 |
| | | ko00196 | Photosynthesis-antenna proteins | 10 | 9.70E-08 |

续表

| 品种 | 不同时间点的差异基因 | 生物通路的代码 | 生物通路的名称 | 基因数量 | Q值 |
|---|---|---|---|---|---|
| Nip | 1464 DEGs 12 h_24 h_36 h_48 h_spc | ko04626 | Plant-pathogen interaction | 131 | 1.69E-07 |
| | | ko00941 | Flavonoid biosynthesis | 23 | 0.0001 |
| | | ko04016 | MAPK signaling pathway-plant | 78 | 0.0001 |
| | 362 DEGs 12 h_48 h_spc | ns | | | |
| | 126 DEGs 12 h_24 h_48 h_spc | ns | | | |
| | 682 DEGs 24 h_spc | ns | | | |
| | 707 DEGs 24 h_36 h_spc | ko00630 | Glyoxylate and dicarboxylate metabo | 14 | 0.0002 |
| | | ko01200 | Carbon metabolism | 24 | 0.0045 |
| | | ko00195 | Photosynthesis | 9 | 0.0287 |
| | | ko04146 | Peroxisome | 11 | 0.0309 |
| | 865 DEGs 24 h_36 h_48 h_spc | ko00941 | Flavonoid biosynthesis | 17 | 0.0013 |
| | | ko00195 | Photosynthesis | 12 | 0.0033 |
| | | ko00940 | Phenylpropanoid biosynthesis | 62 | 0.0033 |
| | | ko00360 | Phenylalanine metabolism | 12 | 0.0053 |
| | | ko00945 | Stilbenoid, diarylheptanoid and ginge | 11 | 0.0091 |
| | | ko04016 | MAPK signaling pathway-plant | 47 | 0.0122 |

续表

| 品种 | 不同时间点的差异基因 | 生物通路的代码 | 生物通路的名称 | 基因数量 | Q值 |
|---|---|---|---|---|---|
| Nip | 865 DEGs 24 h_36 h_48 h_spc | ko00909 | Sesquiterpenoid and triterpenoid bio | 6 | 0.0148 |
| | | ko00944 | Flavone and flavonol biosynthesis | 4 | 0.0256 |
| | 173 DEGs 24 h_48 h_spc | ko00943 | Isoflavonoid biosynthesis | 5 | 0.0359 |
| | | ns | | | |
| | 1680 DEGs 36 h_spc | ns | | | |
| | 669 DEGs 36 h_48 h_spc | ko00195 | Photosynthesis | 10 | 0.0018 |
| | | ko00500 | Starch and sucrose metabolism | 23 | 0.0075 |
| | | ko00906 | Carotenoid biosynthesis | 8 | 0.0217 |
| | 832 DEGs 48 h_spc | ns | | | |
| 恢1586 | 6678 DEGs 12 h_spc | ko03010 | Ribosome | 294 | 2.90E-70 |
| | | ko01200 | Carbon metabolism | 172 | 2.02E-16 |
| | | ko01230 | Biosynthesis of amino acids | 141 | 1.57E-06 |
| | | ko03008 | Ribosome biogenesis in eukaryotes | 79 | 5.12E-06 |
| | | ko00710 | Carbon fixation in photosynthetic org | 55 | 3.37E-05 |
| | | ko00020 | Citrate cycle (TCA cycle) | 36 | 4.97E-05 |
| | | ko00030 | Pentose phosphate pathway | 45 | 5.35E-05 |

续表

| 品种 | 不同时间点的差异基因 | 生物通路的代码 | 生物通路的名称 | 基因数量 | Q值 |
|---|---|---|---|---|---|
| 恢1586 | 6678 DEGs 12 h_spc | ko00010 | Glycolysis/ Gluconeogenesis | 77 | 0.0001 |
| | | ko00620 | Pyruvate metabolism | 46 | 0.0005 |
| | | ko00630 | Glyoxylate and dicarboxylate metabo | 48 | 0.0005 |
| | | ko00640 | Propanoate metabolism | 21 | 0.0006 |
| | | ko00051 | Fructose and mannose metabolism | 42 | 0.0101 |
| | | ko00260 | Glycine, serine and threonine metab | 38 | 0.0107 |
| | | ko00900 | Terpenoid backbone biosynthesis | 26 | 0.0151 |
| | | ko00300 | Lysine biosynthesis | 12 | 0.0229 |
| | | ko00480 | Glutathione metabolism | 56 | 0.0259 |
| | | ko00970 | Aminoacyl-tRNA biosynthesis | 40 | 0.0371 |
| | 711 DEGs 12 h_24 h_spc | ns | | | |
| | 501 DEGs 12 h_36 h_spc | ns | | | |
| | 284 DEGs 12 h_24 h_36 h_spc | ns | | | |
| | 221 DEGs 12 h_24 h_48 h_spc | ns | | | |
| | 578 DEGs 12 h_24 h_36 h_48 h_spc | ko00904 | Diterpenoid biosynthesis | 20 | 1.48E-10 |

续表

| 品种 | 不同时间点的差异基因 | 生物通路的代码 | 生物通路的名称 | 基因数量 | Q值 |
|---|---|---|---|---|---|
| 恢1586 | 578 DEGs 12 h_24 h_36 h_48 h_spc | ko00941 | Flavonoid biosynthesis | 21 | 3.64E-10 |
| | | ko04626 | Plant-pathogen interaction | 68 | 8.54E-09 |
| | | ko04016 | MAPK signaling pathway - plant | 45 | 4.74E-07 |
| | | ko00940 | Phenylpropanoid biosynthesis | 39 | 0.0322 |
| | 523 DEGs 12 h_48 h_spc | ns | | | |
| | 207 DEGs 12 h_24 h_48 h_spc | ko04626 | Plant-pathogen interaction | 27 | 2.61E-05 |
| | | ko04016 | MAPK signaling pathway-plant | 16 | 0.0041 |
| | 617 DEGs 24 h_spc | ko04626 | Plant-pathogen interaction | 44 | 0.0456 |
| | 197 DEGs 24 h_36 h_spc | ns | | | |
| | 154 DEGs 24 h_36 h_48 h_spc | ko00941 | Flavonoid biosynthesis | 8 | 0.0001 |
| | | ko00944 | Flavone and flavonol biosynthesis | 4 | 0.0001 |
| | | ko00591 | Linoleic acid metabolism | 6 | 0.0002 |
| | | ko00904 | Diterpenoid biosynthesis | 7 | 0.0002 |
| | | ko00940 | Phenylpropanoid biosynthesis | 19 | 0.0006 |
| | | ko00945 | Stilbenoid, diarylheptanoid and ginge | 5 | 0.0031 |

续表

| 品种 | 不同时间点的差异基因 | 生物通路的代码 | 生物通路的名称 | 基因数量 | Q值 |
|---|---|---|---|---|---|
| 恢 1586 | 101 DEGs 24 h_48 h_spc | ns | | | |
| | 694 DEGs 36 h_spc | ns | | | |
| | 186 DEG 36 h_48 h_spc | ns | | | |
| | 495 DEGs 48 h_spc | ko04626 | Plant-pathogen interaction | 45 | 0.01551072 |

表 4-4　恢 1586 和 Nip 常见 DEGs 之间重叠基因中的 321 个上调基因和 32 个下调基因

| 基因号 | 上调或下调（Up/Down） | 基因号 | 上调或下调（Up/Down） |
|---|---|---|---|
| *Os07g0677200* | Up | *Os10g0491400* | Up |
| *Os09g0467200* | Up | *Os10g0536450* | Up |
| *Os10g0536400* | Up | *Os01g0214500* | Up |
| *Os08g0231400* | Up | *Os12g0217800* | Up |
| *Os06g0493100* | Up | *Os06g0586000* | Up |
| *Os05g0322900* | Up | *Os10g0542900* | Up |
| *Os12g0628600* | Up | *Os07g0677500* | Up |
| *Os12g0555500* | Up | *Os07g0413800* | Down |
| *Os12g0555000* | Up | *Os10g0503800* | Down |
| *Os10g0558700* | Up | *Os12g0448900* | Up |
| *Os07g0522500* | Up | *Os09g0571200* | Up |
| *Os06g0591200* | Up | *Os01g0940700* | Up |
| *Os04g0227500* | Up | *Os06g0649000* | Up |
| *Os12g0115000* | Up | *Os05g0576600* | Up |

续表

| 基因号 | 上调或下调（Up/Down） | 基因号 | 上调或下调（Up/Down） |
| --- | --- | --- | --- |
| *Os01g0615050* | Up | *Os07g0503300* | Up |
| *Os03g0772600* | Up | *Os02g0704000* | Down |
| *Os11g0115350* | Up | *Os02g0718600* | Up |
| *Os12g0555200* | Up | *Os04g0307500* | Up |
| *Os05g0129800* | Down | *Os06g0289900* | Down |
| *Os01g0124200* | Up | *Os09g0323000* | Up |
| *Os01g0209800* | Up | *Os04g0468600* | Up |
| *Os05g0324700* | Up | *Os09g0491740* | Up |
| *Os08g0112300* | Up | *Os03g0277600* | Up |
| *Os01g0796000* | Up | *Os03g0663600* | Up |
| *Os10g0558750* | Up | *Os01g0846300* | Down |
| *Os01g0564300* | Up | *Os12g0636400* | Up |
| *Os10g0570200* | Up | *Os05g0571200* | Up |
| *Os01g0504500* | Up | *Os12g0221400* | Up |
| *Os03g0749300* | Up | *Os08g0509100* | Up |
| *Os07g0539900* | Up | *Os01g0137950* | Up |
| *Os12g0218100* | Up | *Os06g0215600* | Up |
| *Os03g0843800* | Down | *Os06g0323100* | Up |
| *Os12g0556200* | Up | *Os08g0331800* | Up |
| *Os10g0469700* | Up | *Os01g0824800* | Up |
| *Os03g0667100* | Up | *Os05g0278500* | Up |
| *Os03g0195100* | Up | *Os01g0584900* | Up |
| *Os09g0129500* | Up | *Os01g0382000* | Up |
| *Os06g0726100* | Up | *Os05g0553400* | Up |
| *Os03g0326000* | Up | *Os11g0128300* | Up |
| *Os03g0802200* | Up | *Os12g0431100* | Up |

续表

| 基因号 | 上调或下调（Up/Down） | 基因号 | 上调或下调（Up/Down） |
| --- | --- | --- | --- |
| *Os12g0639600* | Up | *Os03g0321700* | Up |
| *Os10g0419400* | Up | *Os04g0316200* | Up |
| *Os03g0804500* | Up | *Os11g0592000* | Up |
| *Os12g0174700* | Up | *Os01g0687400* | Up |
| *Os01g0217500* | Up | *Os11g0207400* | Up |
| *Os07g0129300* | Up | *Os04g0179200* | Up |
| *Os02g0282000* | Up | *Os04g0179700* | Up |
| *Os03g0663500* | Up | *Os04g0581000* | Up |
| *Os07g0175600* | Up | *Os01g0795700* | Up |
| *Os10g0535800* | Up | *Os01g0763700* | Down |
| *Os02g0135200* | Up | *Os12g0434400* | Up |
| *Os10g0558725* | Up | *Os07g0533800* | Up |
| *Os07g0471300* | Up | *Os04g0178300* | Up |
| *Os04g0474800* | Up | *Os02g0609900* | Up |
| *Os02g0182850* | Up | *Os11g0227800* | Up |
| *Os04g0469300* | Up | *Os12g0629700* | Up |
| *Os03g0739700* | Up | *Os04g0370900* | Up |
| *Os12g0105600* | Up | *Os08g0331000* | Up |
| *Os01g0130200* | Up | *Os12g0491800* | Up |
| *Os04g0611400* | Up | *Os04g0589400* | Up |
| *Os07g0122100* | Up | *Os08g0331900* | Up |
| *Os04g0371000* | Up | *Os02g0111600* | Up |
| *Os01g0609900* | Up | *Os10g0558900* | Up |
| *Os01g0647200* | Down | *Os04g0464100* | Up |
| *Os12g0556500* | Up | *Os10g0536900* | Up |
| *Os08g0176200* | Up | *Os06g0226950* | Up |

续表

| 基因号 | 上调或下调<br>（Up/Down） | 基因号 | 上调或下调<br>（Up/Down） |
| --- | --- | --- | --- |
| *Os02g0624300* | Up | *Os04g0288100* | Up |
| *Os04g0179100* | Up | *Os09g0399800* | Up |
| *Os12g0170800* | Up | *Os02g0738100* | Up |
| *Os11g0625900* | Up | *Os05g0380250* | Up |
| *Os07g0518100* | Up | *Os10g0394000* | Up |
| *Os01g0670100* | Up | *Os04g0180400* | Up |
| *Os02g0554100* | Down | *Os03g0422800* | Up |
| *Os03g0624300* | Up | *Os10g0485800* | Up |
| *Os04g0580866* | Up | *Os05g0427400* | Up |
| *Os08g0201500* | Up | *Os09g0537700* | Down |
| *Os08g0124000* | Up | *Os10g0122000* | Up |
| *Os10g0490100* | Up | *Os12g0218800* | Up |
| *Os11g0156600* | Up | *Os07g0129200* | Up |
| *Os11g0106083* | Up | *Os06g0218300* | Up |
| *Os04g0685400* | Up | *Os11g0587600* | Up |
| *Os07g0628700* | Down | *Os11g0474800* | Up |
| *Os12g0111800* | Up | *Os06g0676700* | Up |
| *Os06g0530600* | Up | *Os05g0104200* | Up |
| *Os09g0520500* | Down | *Os11g0482901* | Up |
| *Os04g0322100* | Up | *BGI_novel_G000545* | Up |
| *Os07g0664000* | Up | *Os08g0189900* | Up |
| *Os02g0695800* | Up | *Os05g0509500* | Up |
| *Os01g0795250* | Up | *Os10g0512400* | Up |
| *Os04g0401751* | Up | *Os04g0209200* | Up |
| *Os01g0297200* | Up | *Os01g0326300* | Up |
| *Os04g0288500* | Up | *Os07g0132500* | Up |

续表

| 基因号 | 上调或下调<br>(Up/Down) | 基因号 | 上调或下调<br>(Up/Down) |
|---|---|---|---|
| Os01g0365000 | Up | Os06g0671600 | Up |
| Os07g0654450 | Up | Os04g0365100 | Up |
| Os01g0627900 | Up | Os11g0164900 | Up |
| Os12g0432600 | Up | Os05g0112101 | Up |
| Os11g0666200 | Up | Os09g0471200 | Up |
| BGI_novel_G000175 | Down | Os10g0124400 | Up |
| Os02g0755600 | Down | Os07g0218700 | Up |
| BGI_novel_G000032 | Up | Os04g0184100 | Up |
| Os04g0339800 | Up | Os08g0203400 | Up |
| Os07g0538300 | Up | Os02g0807800 | Up |
| Os04g0128700 | Up | Os06g0570900 | Up |
| Os08g0190100 | Up | Os11g0549300 | Up |
| Os01g0717400 | Down | Os07g0537900 | Up |
| Os02g0718100 | Up | Os12g0211900 | Up |
| Os06g0625700 | Up | Os06g0568600 | Up |
| Os04g0227200 | Up | Os03g0628800 | Down |
| Os02g0485000 | Down | Os01g0601700 | Up |
| Os11g0700900 | Up | Os03g0803500 | Up |
| Os10g0543500 | Up | Os10g0537800 | Up |
| Os12g0127200 | Up | Os06g0282000 | Up |
| Os01g0690600 | Up | Os03g0153900 | Up |
| Os01g0389200 | Up | Os03g0226300 | Down |
| Os05g0526700 | Up | Os02g0569900 | Up |
| Os07g0569800 | Up | Os01g0191200 | Down |
| Os11g0514400 | Up | Os09g0541100 | Up |
| Os01g0176050 | Up | Os02g0621800 | Up |

续表

| 基因号 | 上调或下调（Up/Down） | 基因号 | 上调或下调（Up/Down） |
| --- | --- | --- | --- |
| Os07g0628900 | Down | Os06g0185300 | Up |
| Os04g0205200 | Up | Os09g0431100 | Up |
| Os03g0326200 | Up | Os01g0784700 | Down |
| Os03g0277700 | Up | Os08g0555300 | Up |
| Os04g0578600 | Down | Os11g0600600 | Up |
| BGI_novel_G000156 | Up | Os06g0328400 | Up |
| BGI_novel_G000296 | Up | Os05g0242600 | Up |
| Os07g0129800 | Up | BGI_novel_G000350 | Up |
| Os07g0541800 | Up | Os04g0444300 | Up |
| Os12g0487500 | Up | Os11g0689650 | Up |
| Os04g0651000 | Up | Os04g0491100 | Up |
| BGI_novel_G000152 | Up | Os03g0365250 | Down |
| Os02g0227100 | Up | Os06g0599200 | Up |
| Os02g0571300 | Down | BGI_novel_G000151 | Up |
| Os11g0681400 | Up | Os01g0891601 | Up |
| Os01g0920700 | Up | Os06g0671300 | Up |
| Os03g0661600 | Up | Os12g0629600 | Up |
| Os10g0376900 | Up | Os12g0527700 | Up |
| BGI_novel_G000153 | Up | Os04g0356600 | Up |
| BGI_novel_G000328 | Up | Os02g0700700 | Down |
| Os04g0659300 | Up | Os10g0558801 | Up |
| Os02g0571900 | Up | Os02g0242900 | Up |
| Os07g0418600 | Up | Os09g0400400 | Up |
| Os06g0586150 | Up | Os09g0428600 | Up |
| BGI_novel_G000154 | Up | BGI_novel_G000929 | Up |
| Os11g0594000 | Up | Os01g0947000 | Up |

续表

| 基因号 | 上调或下调（Up/Down） | 基因号 | 上调或下调（Up/Down） |
| --- | --- | --- | --- |
| Os06g0346300 | Up | Os07g0681300 | Down |
| Os04g0366000 | Up | Os02g0269600 | Up |
| BGI_novel_G000101 | Up | Os01g0846400 | Down |
| Os04g0597800 | Up | BGI_novel_G000129 | Up |
| Os07g0654500 | Up | BGI_novel_G000351 | Up |
| Os09g0365900 | Up | Os06g0549900 | Up |
| BGI_novel_G001061 | Down | Os08g0562300 | Up |
| Os03g0277500 | Up | Os08g0140300 | Up |
| Os11g0474900 | Up | Os07g0651600 | Up |
| Os06g0185100 | Up | Os04g0452600 | Up |
| Os10g0538200 | Up | Os08g0229601 | Up |
| Os07g0493800 | Up | BGI_novel_G000916 | Up |
| Os08g0538100 | Up | Os11g0558900 | Up |
| Os12g0471100 | Up | Os11g0667000 | Up |
| Os02g0303000 | Up | Os01g0850550 | Up |
| Os02g0154000 | Up | BGI_novel_G000102 | Up |
| Os01g0788400 | Up | Os02g0507600 | Down |
| Os07g0541000 | Up | Os04g0121300 | Up |
| Os09g0551400 | Up | BGI_novel_G000917 | Up |
| Os05g0261700 | Up | Os07g0653900 | Up |
| Os03g0556600 | Up | BGI_novel_G001043 | Up |
| Os05g0577500 | Up | Os01g0337500 | Up |
| Os12g0486900 | Up | Os12g0637800 | Up |
| Os11g0641500 | Up | Os09g0400100 | Up |
| Os11g0133001 | Up | Os02g0699000 | Up |
| Os11g0482200 | Up | Os06g0521500 | Up |

续表

| 基因号 | 上调或下调（Up/Down） | 基因号 | 上调或下调（Up/Down） |
| --- | --- | --- | --- |
| *Os05g0165500* | Up | *Os05g0384300* | Up |
| *Os09g0551000* | Up | *Os10g0111400* | Up |
| *Os05g0493100* | Up | *BGI_novel_G000100* | Up |
| *Os09g0353400* | Up | *Os04g0420033* | Down |
| *Os11g0559200* | Up | *Os12g0217400* | Up |
| *Os06g0293500* | Up | *Os05g0433900* | Down |
| *Os02g0808300* | Up | | |

我们对这321个差异基因进行KEGG通路富集分析，结果显示，4个免疫相关的基因家族明显被富集，主要包括"二萜生物合成""类黄酮生物合成""植物—病原互作""MAPK"等信号通路（图4-7 C），进一步说明这321个基因是抵抗稻瘟病菌侵染的重要组成部分。GO富集分析表明，"防御反应"和"二萜植物抗毒素代谢"相关基因被富集得最显著（图4-8）。此外，在GO分子功能的分类中，"碳水化合物结合""离子结合""蛋白激酶活性""磷酸转移酶活性""氧化还原酶活性""激酶活性""阴离子结合""模式结合"等相关基因也被显著富集（图4-8）。碳水化合物结合蛋白是一类能与糖链相互作用的蛋白质（Someya et al., 2010）。例如，凝集素是碳水化合物结合蛋白，在生物识别事件中发挥许多作用。一些植物凝集素受体激酶参与植物先天免疫（Singh et al., 2012）。在植物中发现了许多不同类型的"离子结合"蛋白。金属离子有助于稳定蛋白质，调节蛋白质的催化活性（Lu et al., 2012）。例如，钙、钙通道和钙结合蛋白在激活植物防御反应中发挥不同而重要的作用（Couto et al., 2016）。常见的32个下调基因中均未发现显著的KEGG或GO富集。综上所述，鉴定的这321个基因中大部分与水稻免疫有关，是进一步研究功能鉴定的候选基因。因此，将321个基因作为水稻免疫基因的"核心"基因集进行进一步分析和研究。

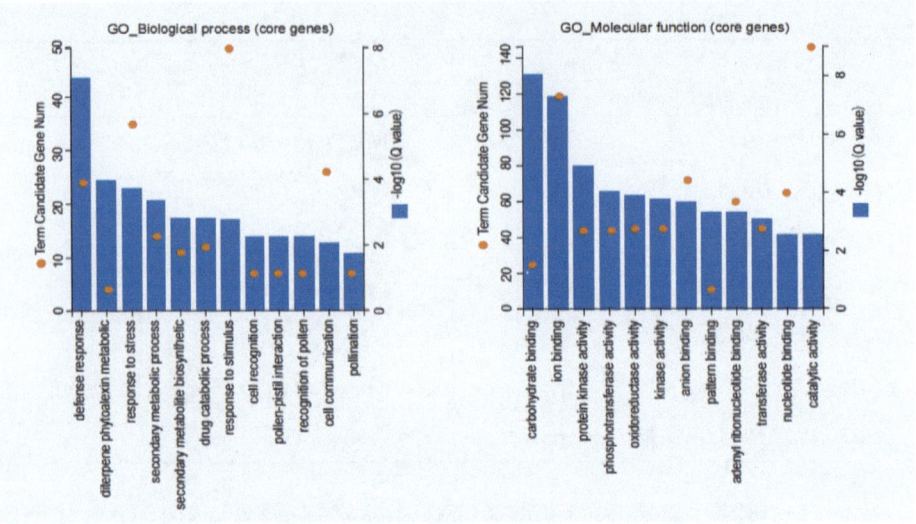

图 4-8 通过 GO 富集分析稻瘟病菌诱导后差异表达基因

注：利用 GO 富集方法，分析 Nip 和恢 1586 在 4 个不同时间点，共同上调的 321 个核心 DEGs。

为了验证 RNA-seq 测序结果的可靠性，我们利用 qRT-PCR 技术，验证了 15 个差异表达基因的表达模式。如图 4-9 所示，与对照处理相比，这 15 个 DEGs（其中 8 个上调，如图 4-9A~K，4 个下调，如图 4-9L~O）的表达模式与 RNA-seq 测序分析结果一致，表明我们的 RNA-seq 结果是可靠的。

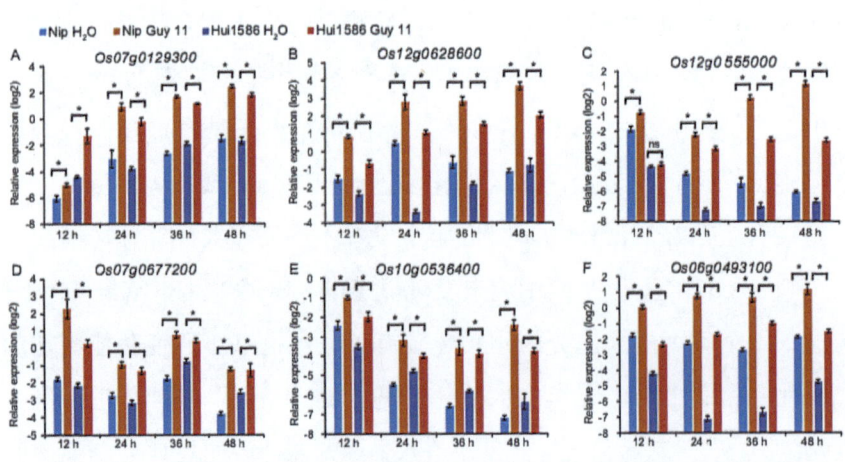

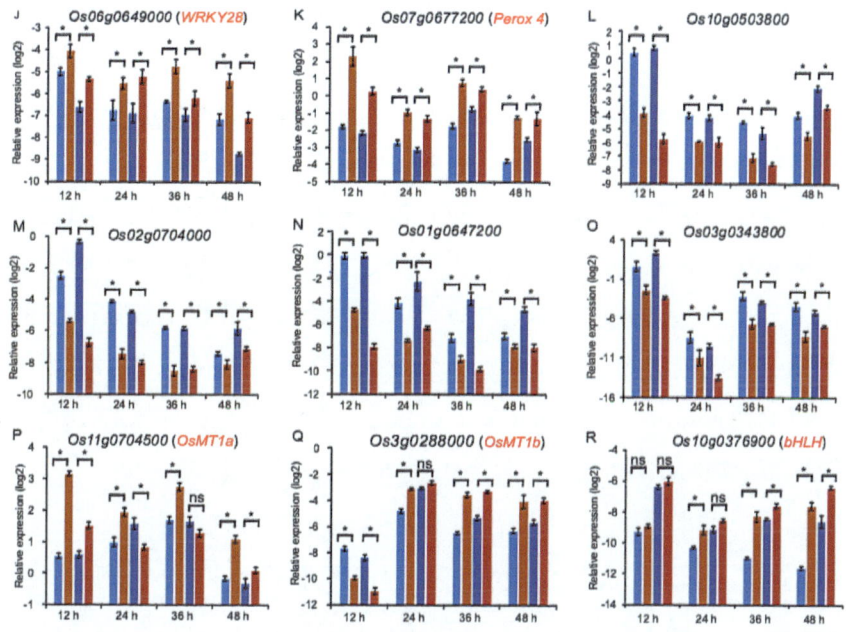

图 4-9 利用 qRT-PCR 技术验证从 RNA-seq 数据中鉴定的差异表达基因

注：用 qRT-PCR 方法检测了抗感材料在 Guy11 和对照（$H_2O$）处理后特定时间内的表达情况。其中，上调的 DEGs 检测结果如图 A~K，下调的 DEGs 检测结果如图 L~O。（P）、（Q）和（R）表示 Os11g0704500（OsMT1a）、Os3g0288000（OsMT1b）和 Os10g0376900（bHLH）的表达情况。y 轴表示相对表达值（log2 转换，平均值 ±SD，$n = 3$ 个生物重复），标准对照归一化为 OsACTIN（Os03g0718100）。*表示采用 t 检验确定有统计学意义（$P < 0.01$）；ns 表示无显著差异。

通过与储存在 NCBI 的 GEO 数据库中的微阵列数据或 RNA-seq 数据集进行更大规模的转录组比较，我们分析了这 321 核心基因被表达调控的情况。我们筛选了 2308 个水稻微阵列数据集和 355 个 RNA-seq 数据集，这些数据集包含了各种外界和内在的变化，如生物、非生物、激素、营养和遗传背景的改变。分析结果与我们结果一致，水稻与病原菌交互数据集中，这些核心基因大部分被调控（图 4-10A）（GEO 数据集 GSE83219，GSE28308）。这些核心基因还参与调控水稻对其他病原菌的反应，如引起水稻白叶枯病的水稻黄单胞菌（Xanthomonas oryzae）（GEO dataset GSE36272）和引起水稻稻曲病的稻曲病病菌（Ustilaginoidea virens）（GEO dataset GSE39049）（图 4-10A）。以上研究结果表明，这些核心基因极可能是水稻免疫系统的共同调节的基因。

有趣的是，超过80%的核心基因在水稻干旱胁迫条件下受到调控（GEO数据集GSE57950、GSE25176、GSE41647、GSE24048和GSE92989），表明这些核心基因参与干旱胁迫反应（图4-10）。为了进一步分析它们的调控模式，我们对这些核心基因在不同条件下进行聚类分析。结果表明，在稻瘟病菌、白叶枯病菌或稻曲病菌侵染条件下，大部分核心基因的表达上调，而在干旱处理的条件下，这些基因表现下调（图4-10B）。相似性分析比较表明，稻瘟病菌处理条件下的数据集与白叶枯病菌、稻曲病菌处理条件下的数据集相似，但与干旱处理的数据集不同（图4-10C）。这些分析表明，这些核心基因参与了水稻生物和非生物胁迫反应。

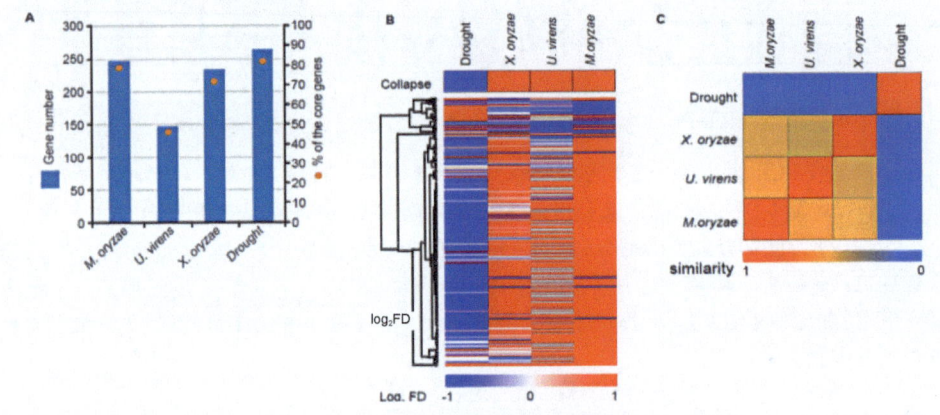

图4-10 核心基因参与生物和非生物胁迫反应

注：（A）在公布的转录组数据集中，通过稻瘟病菌（GSE83219）、稻曲病菌（GSE39049）、白叶枯病菌（GSE36272）和干旱（GSE57950）处理条件下，显示这321个核心基因中，差异表达基因数量。（B）根据321核心基因的$\log_2$倍变化对其进行热图聚类分析，处理方法依据（A）。（C）根据321核心基因的$\log_2$倍变化对数据集进行相似性比较，处理方法依据（A）。

转录因子（Transcription factors, TFs）是基因表达的主要调控因子。我们通过RNA-seq一共检测到1573个TFs的表达，这些TFs可分为58个家族。在稻瘟病菌诱导的Nip和恢1586的8211个DEGs中，有313个基因编码TFs。根据折叠变化值，在热图聚类分析中进一步将这些TFs划分为两大组（图4-11A），

I 组中有 205 个上调的 TFs，II 组中有 108 个下调的 TFs（图 4-11A）。

值得注意的是，大部分的这些 TFs 在这两个品种中显示相似的表达模式，尤其是在早期感染阶段（12 h）。在 Nip 和恢 1586 仅有少数 TFs 出现特定的上调或下调（图 4-11A），表明通用和特定的 TFs 参与抗感品种的免疫反应。进一步分析发现，在 I 组 TFs 中，WRKY 家族有 38 个成员，这些明显富集（图 4-11B）。MYB 家族排名第二，有 25 个成员，其次是 NAC、bHLH 和 AP2-ERF 家族，分别有 21、20 和 19 个成员（图 4-11B）。WRKY 转录因子在上调的 DEGs 中的富集与 WRKY 家族在植物免疫中的特定作用是一致的。NAC、bHLH 和 AP2-ERF 等家族在簇 I 中富集，表明这些 TFs 也参与了水稻对稻瘟病菌的抗性（图 4-11B）。

在鉴定的 313 个 TFs 中，有 14 个 TFs 是在核心基因列表中，包括 5 个 *WRKY*（*OsWRKY19、28、31、45* 和 *77*），2 个 *bHLH*，2 个 *NAC*，2 个 *MYB*（*OsMYB30* 和 *OsMYB55*），2 个 *G2-like* 和 1 个 *C2H2 TFs*。值得注意的是，14 个 TFs 中，已报道有 5 个参与调节水稻对病原体的抗性。例如，*OsMYB30*、*OsWRKY31* 和 *OsWRKY45* 正调控水稻对稻瘟病的抗性，而 *OsWRKY28* 负调控水稻对稻瘟病的抗性（Zhang et al., 2008；Shimono et al., 2011；Chujo et al., 2013；Lv et al., 2015；Cheng et al., 2020；）。*OsbHLH025* 正向调控二萜植物抗毒素的生物合成（Yamamura et al., 2015）。*OsMYB30* 在水稻耐寒性方面也起着负面作用（Lv et al., 2017）。此外，*OsMYB55* 增强水稻的耐高温性（Ashraf et al., 2012）。因此，核心基因中大约 36%（14 个中的 5 个）的转录因子被鉴定为水稻抗逆性的重要调控因子，表明核心基因包含了水稻免疫的重要调控因子，值得进一步开展相关的功能研究。

TFs 可以通过与目标基因的特异性序列顺式调控元件结合来调控基因的表达。因此，我们分析了这 321 核心基因启动子中过度表达的 TF 结合基序。分析发现与 *WRKY*、*bHLH* 和 *MYB* TFs 的 DNA 结合位点对应的基序在 321 核心基因中占大多数（图 4-11C，D）。B3 和 bZIP，特别是 AP2-ERF（APETALA2-

ethylene-responsive factor）类型 TFs 的 DNA 基序在核心基因中显著过度表达（图 4-11C）。AP2 和 ERF 转录因子是植物特有的转录因子，其区别特征是所谓的 AP2 DNA 结合域（Wang et al., 2019）。AP2-ERF 基因组成了一个庞大的多基因家族，在植物的发育过程及植物对各种生物和环境胁迫的响应中发挥着多种功能（Rashid et al., 2012；Mizoi et al., 2019）。进一步分析发现许多 AP2-ERF 转录因子的 DNA 结合基序，如 ORA59 和 CBF1（图 4-11D），分别在 111 和 87 个核心基因的启动子上均有表达。

在拟南芥中，ORA59 通过直接与茉莉酸和乙烯响应基因的启动子结合，正向调节对坏死性病原体的抗性（Catinot et al., 2016）。冷诱导转录因子 CBF1 通过调控基因的表达，来提高植物抗冻性（Chinnusamy et al., 2007）。这些结果表明，AP2-ERF 转录因子是水稻抗稻瘟病菌的重要调控因子。

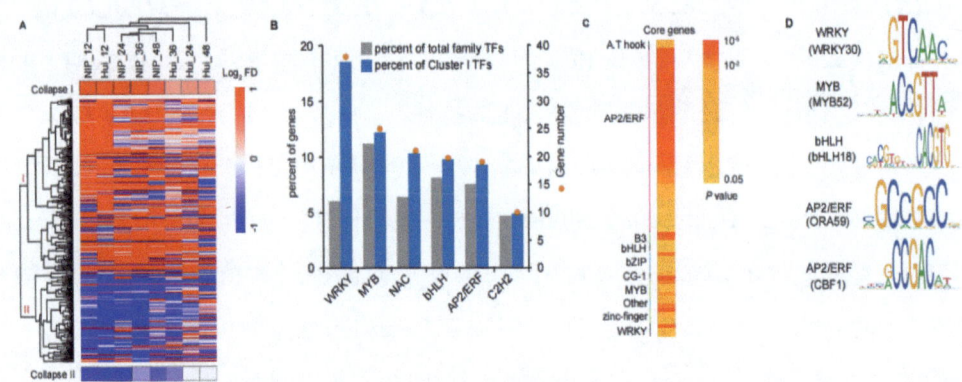

图 4-11 水稻不同调控的转录因子和顺式调控基序对稻瘟病菌反应的特征表现

注：（A）共 313 个转录因子（TFs）的分级聚类，这些转录因子在 Nip 和恢 1586 对稻瘟病菌侵染反应中的调控差异，折叠行表示在每一列中所表示的组中基因的平均值。（B）是对（A）图中 I 组的 205 个上调的 TFs 进行富集，及其分析每个 TFs 家族在水稻基因组中比例。（C）在 321 核心基因 500 bp 启动子内，已知的 TFs DNA 结合基序的过度表达，行表示对应 TFs 族的基序，并根据 $p$ 值进行富集。（D）在 321 核心基因的 500 bp 启动子中，序列标志描述的关键代表 TFs DNA 结合基序。

## 第二节 稻瘟病抗性相关基因 *OsMT1a* 和 *OsMT1b* 鉴定与功能研究

前期通过转录组测序以及深入挖掘分析，我们获得了大量可能与稻瘟病抗性相关的基因，为了进一步验证我们转录组测序与分析的可靠性与准确性，并发掘与稻瘟病抗性相关基因，我们对稻瘟病菌诱导后表达量上调或下调差异显著的基因进行分析后，选择相关基因进行抗性分析与功能验证。

本书在对选择的基因进行功能验证时，主要是在 ZH11 的背景下进行敲除与验证的。原因是，虽然这些基因在 Nip 和恢 1586 均被稻瘟病菌高表达诱导，但恢 1586 对稻瘟病菌 Guy11 具有较强的抗性，推测可能含有多个稻瘟病抗性 *R* 基因。因此，在恢 1586 背景下敲这些基因可能效果较差。其次，由于恢 1586 没有测序，遗传背景还不清楚，做遗传转化的条件还需要进一步摸索。

另外，ZH11 和 Nip 虽然都已经测序，遗传转化体系也很成熟，但在稻瘟病抗性差异方面，我们实验室前期接种显示 ZH11 对 Guy11 的抗性略高于 Nip，ZH11 相当于中感稻瘟病菌 Guy11 的水平。因此，在 ZH11 背景中敲除这些基因可能更容易检测到对 Guy11 抗性增强或减弱。其次，目前我们实验室绝大部分开展抗病相关研究的基因基本是在 ZH11 为背景的材料中开展的，这样在同一个背景下进行敲除或者过表达相关基因，有利于我们实验室系统开展不同抗病基因之间的遗传机制研究。

### 一、**OsMT1a** 和 **OsMT1b** 基因调控水稻稻瘟病抗性

前期 RNA-seq 分析表明，12 h 时间点是水稻防御稻瘟病菌侵染的一个关键时间点。在稻瘟病菌诱导感病 Nip 后 12 h 时，有 4680 个上调基因，其中金属硫蛋白（Metallothionein，MT）基因 *OsMT1a*（*Os11g0704500*）的表达量最高（FPKM）。另外，*OsMT1a* 也是抗病品种恢 1586 在 12 h 时，6808 个上调的 DEGs 中 FPKM 值最高的 4 个基因之一。在水稻中，*OsMT1a* 基因与水稻 *Os03g0288000*（以下简称 *OsMT1b*）基因编码的蛋白同源性非常接近（84% 的

同源性）。通过 qRT-PCR 检测，我们证实了 *OsMT1a* 在 12 h 时，两个品种 Nip 和恢 1586 被稻瘟病菌诱导后，表达水平显著提高（图 4-9P）。而 *OsMT1b* 在后期（36 h 和 48 h）被诱导表达（图 4-9Q）。

为了分析 *OsMT1a* 和 *OsMT1b* 是否会影响水稻稻瘟病的抗性，我们利用 CRISPR/Cas9 技术对水稻品种 Nip 的 *OsMT1a* 和 *OsMT1b* 基因进行了敲除，进而获得了 *OsMT1a OsMT1b*（简称 *OsMT1a/b*）双敲除的株系。通过进一步测序与分析，我们获得了 *osmt1a/b-1* 和 *osmt1a/b-2* 双突变纯合株系，其中 *osmt1a*（*Os11g0704500*）是 5 个碱基缺失，*osmt1b*（*Os03g0288000*）是 1 个碱基缺失或一个碱基缺失（图 4-12）。

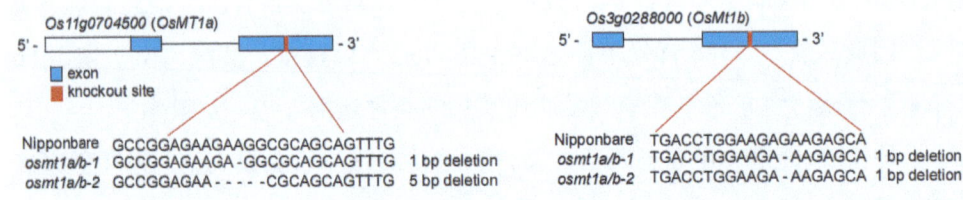

图 4-12　利用 CRISPR/Cas9 技术获得的 *osmt1a/b* 敲除系敲除信息

注：利用 CRISPR/Cas9 系统获得 *Os11g0704500* 和 *Os03g0288000* 的两个独立敲除系（*osmt1a/b*），并进行测序验证。

为了进一步验证 *OsMT1a* 和 *OsMT1b* 是否会影响水稻稻瘟病的抗性，我们利用稻瘟病菌 Guy11 对两个等位突变体（*osmt1a/b-1* 和 *osmt1a/b-2*）和野生型 Nip 分别进行室内喷雾接菌，3 d 后调查发病情况。结果表明，与野生型 Nip 相比，纯合株系 *osmt1a/b-1* 和 *osmt1a/b-2* 表现更加感病（图 4-13A，B）。

植物病程相关基因（PR，Pathogenesis-related）在植物受到病原菌侵染后常常被激活表达。为了进一步分析 *OsMT1a* 和 *OsMT1b* 基因是否通过激活细胞内 PR 基因表达来调控水稻稻瘟病抗性，我们利用 qRT-PCR 技术，对 *osmt1a/b-1*、*osmt1a/b-2* 和野生型 Nip 接种稻瘟病菌 Guy11 后，分别检测 *OsPR5* 和 *OsPAL* 等 PR 基因，在接菌 0 h、24 h、48 h 和 72 h 后表达变化情况。结果表明，在接种 Guy11 后，这些 PR 基因在突变体 *osmt1a/b* 中的表达水平明显低于 Nip 植株（图

4-13C）。以上结果进一步表明 *OsMT1a* 和 *OsMT1b* 参与了水稻抗病反应，并且正调控水稻稻瘟病抗性。

为了研究 *OsMT1a* 和 *OsMT1b* 在水稻 ETI 中是否具有积极的作用，我们利用一个对 Nip 抗病的稻瘟病菌 FJ81278 对突变体 *osmt1a/b* 进行接菌。结果表明，与易感品种 CO39 相比，Nip 和 *osmt1a/b* 突变体表现出对 FJ81278 的完全抗性（图 4-13D），表明 *osmt1a* 和 *osmt1b* 敲除突变体并不影响 ETI 介导的水稻抗性。因此，我们推测 *OsMT1a* 和 *OsMT1b* 对水稻稻瘟病的基础抗性（PTI）有积极的贡献。

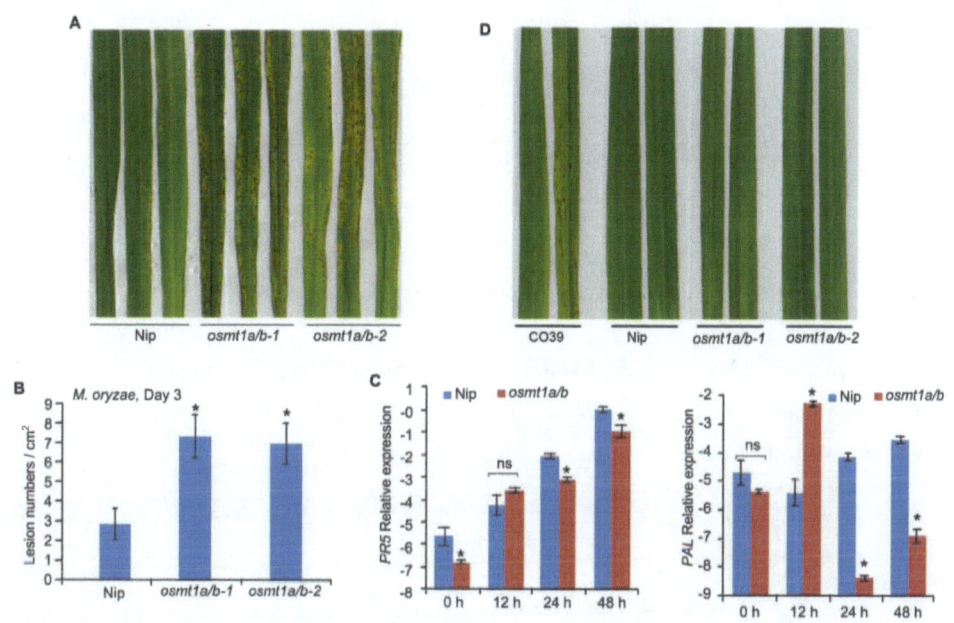

图 4-13 水稻 *osmt1a/b* 基因敲除系的抗病性

注：（A）两个独立的 *osmt1a/b* 基因敲除系与亲本 Nip 抗病性比较。（B）接种稻瘟病菌后，水稻叶片上每 $cm^2$ 的损伤数（平均值 ±SD，$n > 10$ 个叶片）如（A）。（C）用 qRT-PCR 方法检测 Guy11 感染后 *osmt1a/b* 和 Nip 叶片上防御基因（*PR5* 和 *PAL*）的表达情况。（D）用稻瘟病菌分离的菌株 FJ81278 侵染水稻 CO39、Nip 和 *osmt1a/b* 敲除系。接种后 5 d 采集到 2 片代表性叶片，实验设置重复了 3 次，结果一致。* 表示 $t$ 检验确定有统计学意义（$P < 0.01$）；ns，无显著差异。

## 二、OsMT1a 和 OsMT1b 调控水稻农艺性状

为了分析 osmt1a/b 基因敲除系农艺性状的变化情况，按照 Yang 等（2020）方法对 osmt1a/b-1、osmt1a/b-2 和野生型 Nip 在成熟期的株高、穗长、有效穗数、每穗颖花数、结实率、千粒重、粒长、粒宽等农艺性状进行调查分析，结果表明 osmt1a/b-1、osmt1a/b-2 与 Nip 相比，相关农艺性状均没有明显差异（表 4-5）。

表 4-5　osmt1a/b 基因敲除系与野生型亲本主要农艺性状的比较

| 农艺性状 | Nip | osmt1a/b-1 | osmt1a/b-2 |
| --- | --- | --- | --- |
| 株高 /cm | 88.35±1.96 | 87.85±1.72 | 88.95±1.96 |
| 穗长 /cm | 20.32±1.42 | 20.01±1.62 | 20.12±1.45 |
| 平均单株有效穗数 | 15.96±1.62 | 16.36±1.38 | 15.42±1.42 |
| 每穗颖花数 | 82.52±4.01 | 84.12±4.16 | 83.82±3.59 |
| 结实率 /% | 94.68±2.23 | 93.92±2.36 | 94.12±1.89 |
| 千粒重 /g | 24.82±0.51 | 24.23±0.41 | 24.76±0.62 |
| 粒长 / mm | 7.60±0.15 | 7.61±0.16 | 7.60±0.10 |
| 粒宽 / mm | 3.55±0.03 | 3.52±0.04 | 3.48±0.03 |

注：* 表示 Nip 和 osmt1a/b 突变体之间（具有）显著差异（*：$P < 0.05$，**：$P < 0.01$）数据用平均值 ±SD 表示。

除了过氧化物酶，低分子质量的抗氧化剂，包括谷胱甘肽、抗坏血酸、类胡萝卜素和金属硫蛋白（MTs），参与活性氧的维持（Yang et al., 2009）。MTs 是一种小的富含半胱氨酸的金属结合蛋白，参与植物和动物的金属稳态和解毒（Zimeri et al., 2005）。有研究表明，在水稻中过表达 OsMT1a 不仅能通过参与活性氧清除，还能通过调节 $Zn^{2+}$ 稳态来调节锌指型 TFs 的表达，从而提高水稻的耐旱性。然而，与过氧化物酶 Perox4 不同的是，同时敲除 OsMT1a 及其近亲 OsMT1b 进一步增强了 Nip 对稻瘟病感病性。多个锌指型转录因子的 DNA 基序在 321 个核心基因的启动子中显著富集（图 4-11C）。以上表明 OsMT1 正调控稻瘟病抗性的方式与调控抗旱性类似，部分是通过锌指型转录因子调控的。

## 第三节 稻瘟病抗性相关基因 *Perox4* 鉴定与功能分析

### 一、过氧化酶基因 *Perox4* 调控水稻稻瘟病抗性

进一步分析发现，321 个核心基因中，一个过氧化物酶基因 *Os07g0677200* 表达量变化引起了我们的注意，在诱导 12 h 后，感病品种 Nip 中 FPKM 值最高，在抗病品种恢 1586 中 FPKM 的值排名第二。接着我们利用 qRT-PCR 验证了 *Os07g0677200* 被诱导后表达量显著提高（图 4-9K）。为了进一步分析 *Os07g0677200*（根据已发表的水稻过氧化物酶基因进行命名为 *Perox4*）在稻瘟病抗性中的作用，我们利用 CRISPR/Cas9 技术对水稻品种 ZH11 的 *Perox4* 基因进行了敲除。设计 *Perox4* 基因第三外显子的 20 nt 序列作为 Cas9 敲除的靶位点，并通过测序验证了多个敲除株系。结果表明，纯合株系 *perox4-1* 在目标位点有 1 个单碱基插入，截断了 *Perox4* 开放阅读框，纯合株系 *perox4-2* 在目标位点有 3 个碱基的缺失（图 4-14）。

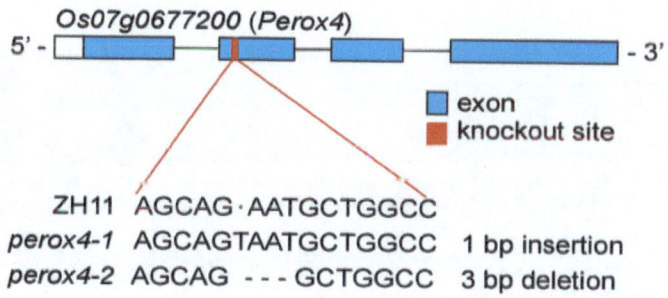

图 4-14 利用 CRISPR/Cas9 技术获得的 *perox4* 敲除系敲除信息

注：利用 CRISPR/Cas9 系统获得 *Os07g0677200*（*Perox4*）的两个独立敲除系，并进行测序验证。

为了验证 *Perox4* 是否会影响水稻稻瘟病的抗性，我们利用 Guy11 对两个等位突变体（*perox4-1* 和 *perox4-2*）和野生型 ZH11 分别进行室内喷雾接菌，3 d 后调查发病情况。结果表明，与野生型 ZH11 相比，纯合株系 *perox4-1* 和

perox4-2 表现更加抗病（图 4-15A, B）。

为了进一步分析 Perox4 基因能否通过激活细胞内 PR 基因表达来调控水稻稻瘟病抗性，我们利用 qRT-PCR 技术，对 perox4-1、perox4-2 和野生型 ZH11 接种稻瘟病菌 Guy11 后，分别检测 OsPR4 和 OsPR5 等 PR 基因，在接菌 0 h、24 h、48 h 和 72 h 后表达变化情况。结果表明，在接种 Guy11 后，这些 PR 基因在突变体 perox4 中的表达水平高于 ZH11 植株（4-15C）。上述结果进一步表明了 Perox4 参与了水稻抗病反应，并且负调控水稻稻瘟病抗性。

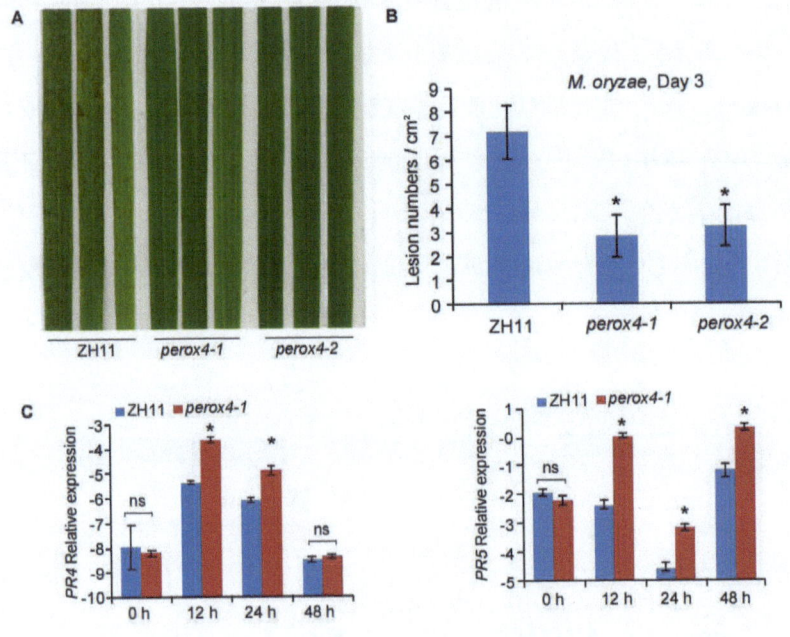

图 4-15 水稻 Perox4 基因敲除系和野生型 ZH11 对稻瘟病的抗性分析及 PR 基因表达情况

注：（A）两个独立的 perox4 基因敲除系与 ZH11 稻瘟病抗性差异比较，在接菌 3 d 后调查。（B）接种稻瘟病菌后，水稻叶片上每 $cm^2$ 的病变数（平均值 ±SD，$n > 10$ 个叶片）如（A）所示。（C）用 qRT-PCR 检测感染 Guy11 后 perox4 和 ZH11 中防御基因（PR4 和 PR5）的表达情况。* 表示 t 检验确定有统计学意义（$P < 0.01$）；ns 表示无显著差异。

## 二、Perox4 调控水稻重要农艺性状

为了分析 perox4 突变体农艺性状的变化情况，我们对 perox4 等位突变体

（perox4-1 和 perox4-2）和野生型 ZH11 在成熟期的株高、穗长、有效穗数、每穗颖花数、结实率、千粒重、粒长、粒宽、单株产量等农艺性状进行调查分析，结果表明，perox4 突变体与 ZH11 相比，在粒宽、千粒重和单株产量等表现出明显差异（图 4-16 和表 4-6），而在株高、穗长和有效穗数等其他农艺性状均没有明显差异（表 4-6），perox4 突变体的粒宽、千粒重和单株产量低于 ZH11（图 4-16 和表 4-6）。这些结果表明，Perox4 可能正调控水稻的粒宽、千粒重和单株产量。

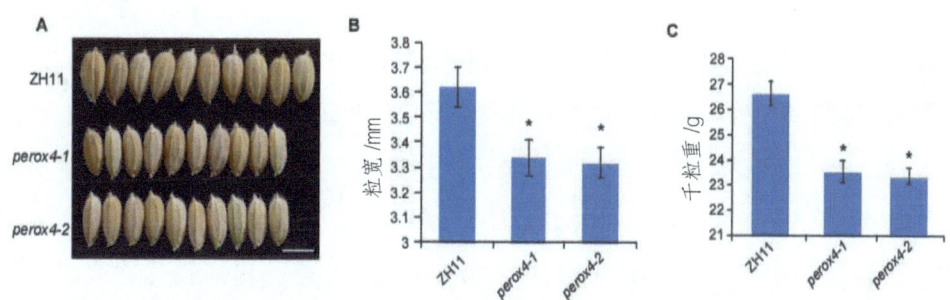

图 4-16　水稻 Perox4 基因敲除系的表型特征

注：（A）ZH11 和 perox4 突变系各 10 粒种子的照片。比例尺为 0.5 cm。（B）和（C）ZH11 和 perox4 突变体的粒宽和千粒重。误差条表示平均值 ±SD（$n=3$ 个生物学重复，每个重复包含 10 粒种子，每个重复包含 1000 粒种子），* 表示 t 检验确定有统计学意义（$P<0.01$）。

表 4-6　perox4 基因敲除系与亲本主要农艺性状的比较

| 农艺性状 | ZH11 | perox4-1 | perox4-2 |
| --- | --- | --- | --- |
| 株高 /cm | 99.82±1.86 | 99.35±1.78 | 98.85±1.72 |
| 穗长 /cm | 23.15±1.32 | 23.32±1.38 | 24.12±1.41 |
| 有效穗数 | 9.20±1.04 | 9.34±1.12 | 9.39±1.11 |
| 每穗颖花数 | 144.46±4.26 | 146.16±4.86 | 145.66±4.86 |
| 结实率 /% | 95.32±1.16 | 95.68±1.02 | 96.18±1.01 |
| 千粒重 /g | 26.62±0.46 | 23.54±0.42** | 24.14±0.41** |
| 粒长 /mm | 7.92±0.11 | 7.90±0.10 | 7.96±0.11 |
| 粒宽 /mm | 3.62±0.08 | 3.34±0.07** | 3.32±0.06** |

续表

| 农艺性状 | ZH11 | perox4-1 | perox4-2 |
| --- | --- | --- | --- |
| 单株产量/g | 33.72±0.56 | 30.74±0.48** | 30.52±0.42** |

注：*表示ZH11和perox4突变体之间显著差异（*：$P<0.05$，**：$P<0.01$）。数据用平均值±SD表示

研究发现，过氧化物酶基因 Perox4 参与了水稻抗病反应，并且负调控水稻稻瘟病抗性。过氧化物酶在植物免疫反应中的主要作用是维持过氧化氢（$H_2O_2$）和活性氧（rective oxygen species，ROS）在适当的水平，如果 ROS 浓度过高就会对植物细胞有毒（Qi et al., 2017）。3种水稻过氧化物酶基因（Os05g0135200、Os10g0536700 和 Perox3）已被报道参与了 $C_2H_2$ 转录因子 BSR-D1 介导的稻瘟病抗性，BSR-D1 通过直接 DNA 结合诱导这些过氧化物酶基因的表达。水稻品种地谷中的一个等位基因 Bsr-d1 具有广谱稻瘟病抗性（Li et al., 2017）。值得注意的是，在 bsr-d1 敲除的植物中，Perox4 的表达受到抑制，这表明它是 BSR-D1 的靶点之一。然而，BSR-D1 是否能与 Perox4 启动子结合仍不确定（Zhu et al., 2020）。在我们的 RNA-seq 数据中，Perox3 在 Nip 和恢 1586 中表达上调，而 Os05g0135200 和 Os10g0536700 的 mRNA 即使在稻瘟病菌处理下也几乎检测不到。此外，另外 4 个过氧化物酶基因在 Nip 和恢 1586 中被稻瘟病菌诱导后上调。过氧化物酶基因被稻瘟病菌劫持，通过激活 BSR-D1 基因来对抗稻瘟病菌侵染后诱导的 ROS 暴发。因此，我们推测，作为一个重要的易感因子，Perox4 可能是被稻瘟病菌劫持，从而抑制宿主的免疫反应。

## 第四节 稻瘟病抗性相关基因 OsSAMS1 鉴定与功能分析

S-腺苷-L-甲硫氨酸合成酶（S-adenosyl-L-methionine synthetase，SAMS），也被称为蛋氨酸腺苷转移酶（methionine adenosyltransferase，MAT），研究表明 SAMS 参与调控植物 DNA 和组蛋白甲基化修饰，进而调控植物的发育与衰老等（Meng et al., 2018；Yan et al., 2019）。如水稻 F-Box 蛋白 OsFBK12 通过靶

向降解 OsSAMS1 参与水稻衰老相关的进程（Chen et al., 2013）。我们实验室前期利用稻瘟病菌 Guy11 诱导感病品种日本晴后，通过转录组测序分析发现，*OsSAMS1* 基因被诱导后表达显著提高。但 *OsSAMS1* 基因是否参与水稻的免疫反应，尚未明确。鉴于此，选取野生型 ZH11 为背景材料，通过构建 *OsSAMS1* 基因敲除突变体来探究该基因在水稻抗病中的功能，为深入揭示 *OsSAMS1* 参与免疫反应的分子机理奠定基础，并为稻瘟病抗病育种研究提供优异的基因资源。

## 一、稻瘟病菌诱导后 *OsSAMS1* 表达变化

我们实验室前期对日本晴在 0h、12h、24h 和 36 h 不同的时间点进行稻瘟病菌 Guy11 诱导处理，并进行转录组测序和分析，结果表明 *OsSAMS1* 被稻瘟病菌侵染后表达量显著提高（图 4-17A）。为了验证测序结果的准确性，我们利用稻瘟病菌 Guy11 对生长 2 周左右的水稻品种 ZH11 进行喷雾接菌，并以水处理作为对照。在接菌后的 0 h、12 h、24 h、48 h 和 72 h 分别进行取样，定量测定不同时间点水稻中 *OsSAMS1* 基因的表达量。结果表明，在接菌后 12 h 相比于水处理对照，水稻中 *OsSAMS1* 的表达量明显上调，在接菌后 24 h，*OsSAMS1* 表达量达到最高，且差异更显著，在接菌 48 h 后，虽然 *OsSAMS1* 的表达量开始下降，但是仍然比对照要高（图 4-17B）。上述结果暗示了 *OsSAMS1* 很可能参与了水稻的免疫反应。

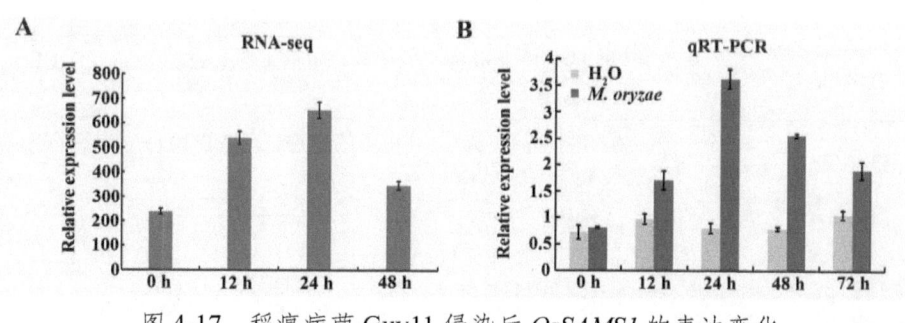

图 4-17　稻瘟病菌 Guy11 侵染后 *OsSAMS1* 的表达变化

注：(A) 对稻瘟病菌侵染前和侵染后 12h、24h、36 h 和 48h 后的样品进行转录组测序分析，发现 *OsSAMS1* 明显受稻瘟病菌侵染而诱导表达；(B) 对稻瘟病菌侵染前和侵染后 12h、24h、48h 和 72 h 后的样品进行 qRT-PCR 分析，发现与水处理对照相比，稻瘟病菌侵染后 *OsSAMS1* 的表达量明显升高，侵染 24 h 后达到最高。

## 二、OsSAMS1 时空表达模式

为了确定 *OsSAMS1* 在水稻不同组织中的时空表达模式,在野生型 ZH11 中,取不同发育阶段的组织样品,提取 RNA 后,利用 qRT-PCR 技术分析 *OsSAMS1* 基因在不同发育阶段的表达水平(检测引物见表 4-7)。结果表明,*OsSAMS1* 在水稻愈伤组织,生长 2 周、4 周、6 周、抽穗期以及成熟期水稻的不同组织中均有表达,但是 *OsSAMS1* 在各个时期的叶片中表达量最高(图 4-18)。

表 4-7 研究 *OsSAMS1* 所用引物信息

| 引物名称 | 前引物 | 后引物 |
| --- | --- | --- |
| PR1a | CGTGTCGGCGTGGGTGT | GGCGAGTAGTTGCAGGTGATG |
| PR5 | CAACAGCAACTACCAAGTCGTCTT | CAAGGTGTCGTTTTATTCATCAACTTT |
| PR6 | CAACAGCAACTACCAAGTCGTCTT | CAAGGTGTCGTTTTATTCATCAACTTT |
| PR10 | CCCTGCCGAATACGCCTAA | CTCAAACGCCACGAGAATTTG |
| OsACS1 | ACCAAGATGTCCAGCTTCGG | GAGGAGGTACTGCGTCTGGG |
| OsACS2 | GGAATAAAGCTGCTGCCGAT | TGAGCCTGAAGTCGTTGAAGC |
| OsACS4 | GATGTTGCGCTGGAGAGGATA | TTCCCAATTGTTGCTTTGCA |
| OsACS6 | ACAATCAGGCAAAGAAGCGAG | TTGGATATGAGAACCCCACGA |
| SAMS1-GFP | ATTTGGAGAGGACAGGGTACCATGGCCGCACTTGATACCTTC | AGTGTCGACTCTAGAGGATCCGGCAGAAGGCTTCTCCCACT |
| SAMS1-qRT-PCR | TTCTCTGGCAAGGACCCAAC | GGACACCGATGGCGTATGAT |

续表

| 引物名称 | 前引物 | 后引物 |
| --- | --- | --- |
| Ubiquitin | AACCAGCTGAGGCCCAAGA | ACGATTGATTTAACCAGTCCATGA |
| gRNAs-sams1-1 | GTGAGACCTGCACCAAGACA | GAGATGAGGACGGTGTGGAC |
| gRNAs-sams1-2 | GTGAGACCTGCACCAAGACA | GAGATGAGGACGGTGTGGAC |

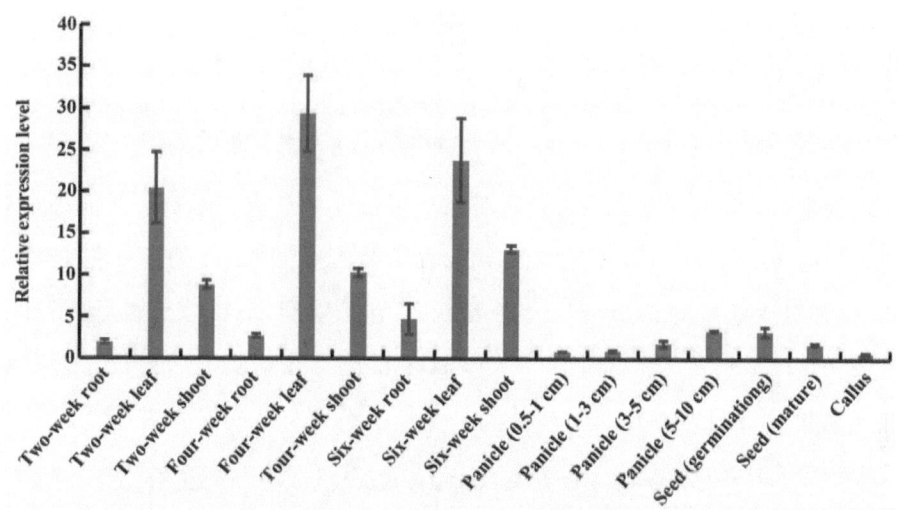

图 4-18　*OsSAMS1* 的时空表达模式

注：利用 qRT-PCR 对生长 2 周、4 周和 6 周水稻的根、茎、叶，0.5～1 cm、1～3 cm、3～5 cm 和 5～10 cm 的小穗，萌发和成熟的种子及愈伤组织中 *OsSAMS1* 的表达水平进行分析。误差线表示从 3 个独立的样本获得数值的标准偏差（SD）。

## 三、*OsSAMS1* 突变体主要农艺性状

在前期研究中发现，*OsSAMS1* 基因在受到稻瘟病菌侵染后表达水平上调。为了进一步验证 *OsSAMS1* 在水稻抗病中的功能，本研究利用 CRISPR/Cas9 技术对水稻 ZH11 中的 *OsSAMS1* 基因进行了双靶点敲除。在 *OsSAMS1* 基因中选择了 2 个不同的 20 nt 序列作为 Cas9 切割的靶位点，获得敲除株系后，利

用检测引物对靶位点进行测序分析（表 4-7 和图 4-19）。结果表明，敲除系 *ossams1-1* 靶位点有 4 个碱基的缺失，敲除系 *ossams1-2* 靶位点有 1 个碱基的插入（图 4-19）。

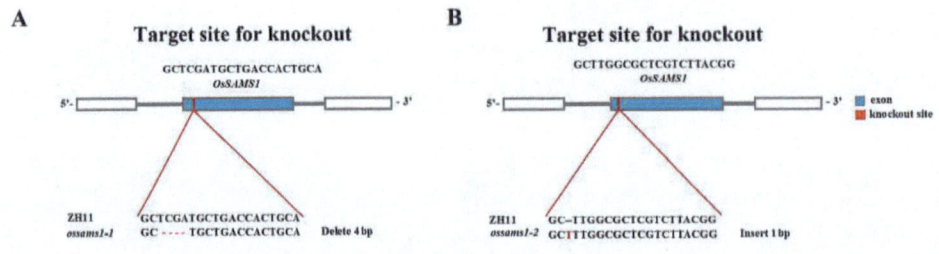

图 4-19　*ossams1-1*（A）和 *ossams1-2*（B）敲除突变体的鉴定

为了明确 OsSMAS1 功能缺失后对水稻生长发育造成的影响，我们通过对灌浆期 2 个等位突变体 *ossams1-1* 和 *ossams1-2* 及野生型 ZH11 进行拍照观察（图 4-20），并对成熟期的 *ossams1-1*、*ossams1-2* 和野生型 ZH11 农艺性状进行调查，结果表明，*ossams1-1* 和 *ossams1-2* 与 ZH11 相比，在结实率、粒长、粒宽和千粒重等性状没有明显差异，而在株高、穗长、有效穗和每穗颖花数等性状具有明显差异（表 4-8）。

表 4-8　野生型与 2 个基因敲除系水稻在主要农艺性状比较

| 农艺性状 | ZH11 | *ossams1-1* | *ossams1-2* |
| --- | --- | --- | --- |
| 株高 /cm | 99.82±1.86 | 85.94±1.76** | 86.12±1.92** |
| 穗长 /cm | 23.15±1.32 | 18.85±1.41* | 18.96±1.31* |
| 有效穗数 | 9.20±1.04 | 7.84±1.02* | 8.11±1.01* |
| 每穗颖花数 | 144.46±4.26 | 122.26±5.16* | 120.16±5.06* |
| 结实率 /% | 95.32±1.16 | 96.12±1.06 | 96.02±1.32 |
| 千粒重 /g | 26.62±0.46 | 26.22±0.52 | 26.82±0.51 |
| 粒长 /mm | 7.92±0.11 | 7.89±0.12 | 7.88±0.11 |

续表

| 农艺性状 | ZH11 | ossams1-1 | ossams1-2 |
|---|---|---|---|
| 粒宽/mm | 3.62±0.08 | 3.68±0.09 | 3.60±0.06 |

注：*表示ZH11和 ossams1 突变体之间显著差异（*：$P<0.05$，**：$P<0.01$）。数据用平均值±SD表示。

ZH11  ossams1-1  ossams1-2

图4-20　ZH11、ossams1-1 和 ossams1-2 的生长发育表型

## 四、OsSAMS1 在水稻免疫反应中的功能

利用稻瘟病菌菌株 Guy11 对两个等位突变体（ossams1-1 和 ossams1-2）和野生型 ZH11 进行喷雾接菌，3 d 后调查发病情况。结果显示，ossams1 突变体比野生型 ZH11 更加感病（图4-21A）。为了进一步证实上述结果，我们再次对 ossams1 突变体和 ZH11 进行喷雾接菌，在接菌 3 d 后，检测接菌后叶片上的真菌生物量，将均匀感染的叶片等量混合后，提取总的 DNA，并对 DNA 进行

qRT-PCR 分析。结果表明，ossams1 突变体叶片表面的真菌生物量均明显高于野生型 ZH11（图 4-21B）。综上表明 OsSAMS1 正调控水稻的抗病反应。

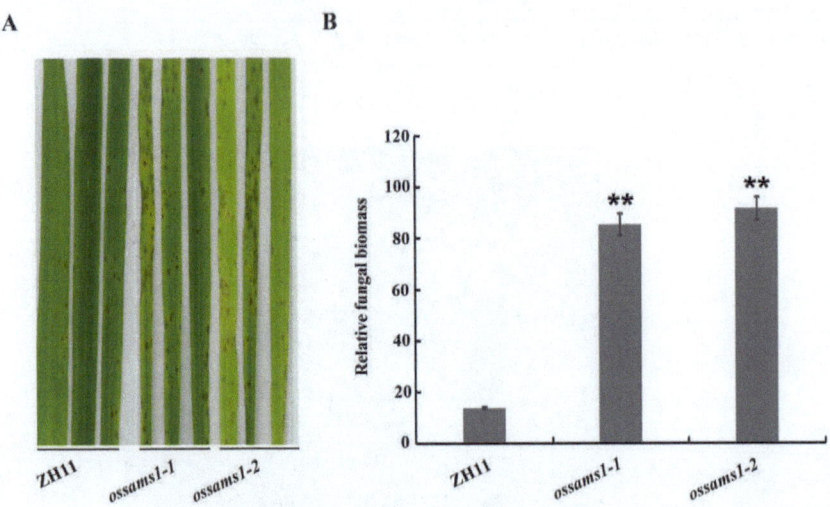

图 4-21　ossams1-1 和 ossams1-2 与野生型 ZH11 相比更感稻瘟病菌

注：（A）喷雾接种 Guy11 后的病斑表现。（B）发病叶片中的真菌生物量分析，星号代表显著差异（*：$P < 0.05$，**：$P < 0.01$，采用 $t$ 检验）。

一般情况下，植物病程相关基因的表达常常在植物受到病原菌侵染后被激活。为了进一步分析 OsSAMS1 基因能否通过激活细胞内 PR 基因的表达来调控稻瘟病抗性，我们对 ossams1-1、ossams1-2 和野生型 ZH11 进行接种稻瘟病菌 Guy11，利用 qRT-PCR 对接菌 0 h 和接菌后 24 h、48 h 和 72 h 样品中的 PR1a、PR5、PR6 和 PR10 等 PR 基因的表达模式变化进行分析。结果表明，在接种 Guy11 后，野生型 ZH11 和 ossams1 突变体均能激活 PR1a、PR5、PR6 和 PR10 基因的表达，但 ossams1 突变体在接菌 48 h 时，PR1a、PR5、PR6 和 PR10 基因的表达水平明显低于野生型 ZH11，而在 72 h 时，差异达到了极显著水平（图 4-22）。上述结果进一步证明了 OsSAMS1 参与了水稻抗病反应，并且正调控水稻稻瘟病抗性。

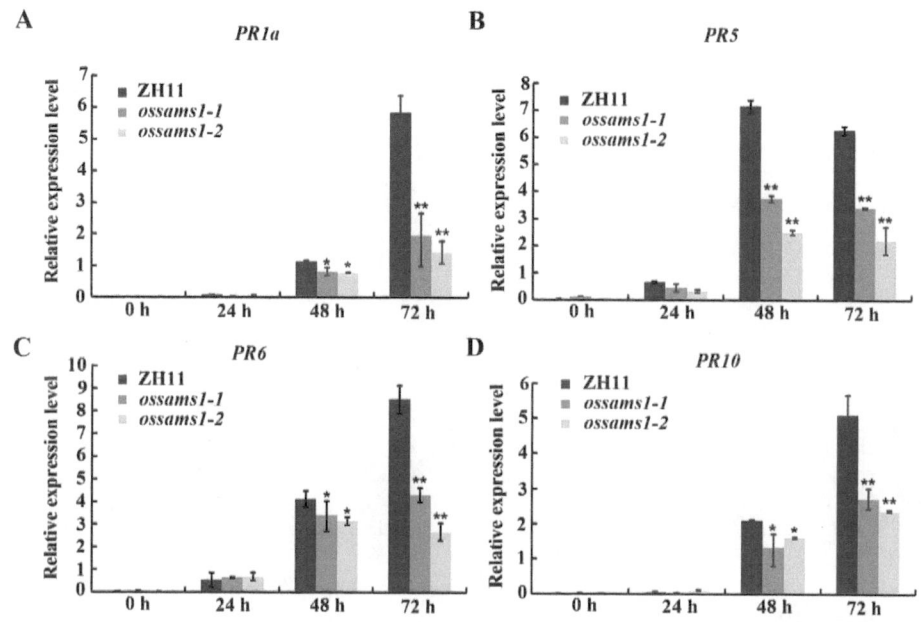

图 4-22 ossams1-1、ossams1-2 和 ZH11 中病程相关基因的表达分析

注：图中 A、B、C、D 分别表示利用 qRT-PCR 检测接种稻瘟病菌 Guy11 后，ossams1-1、ossams1-2 和 ZH11 中病程基因 PR1a、PR5、PR6 和 PR10 转录本的积累情况（*：$P < 0.05$，**：$P < 0.01$，采用 t 检验）。

## 五、OsSAMS1 突变后乙烯合成相关基因表达情况

研究表明，OsSAMS1 与乙烯的生物合成途径密切相关（Chen et al., 2013）。而乙烯是植物免疫信号传递链中非常重要的一类防御激素（Schwessinger et al., 2012; Yang et al., 2017）。那么，OsSAMS1 是否通过乙烯相关途径参与植物的免疫反应呢？基于此，我们分析了突变体 ossams1 和野生型 ZH11 在接菌前后 ACC 合成酶（ACC synthase，ACS）基因的表达情况。ACS 是植物乙烯生物合成途径中重要的限速酶，水稻 ACS 基因属于多基因型组成的家族（Chen et al., 2013）。结果表明，与未处理对照相比，突变体 ossams1 和野生型 ZH11 中乙

烯合成相关基因 *OsACS1*、*OsACS2*、*OsACS4* 和 *OsACS6* 的表达水平在接菌后均受到诱导表达，在 48 h 时达到最高，之后呈现降低趋势（图 4-23）。然而，它们在突变体 *ossams1* 中的表达水平均显著低于在野生型 ZH11 中的表达水平。这些结果表明，OsSAMS1 可能通过调控乙烯合成相关基因如 *OsACS* 等的表达，从而影响水稻的稻瘟病抗性（图 4-23）。

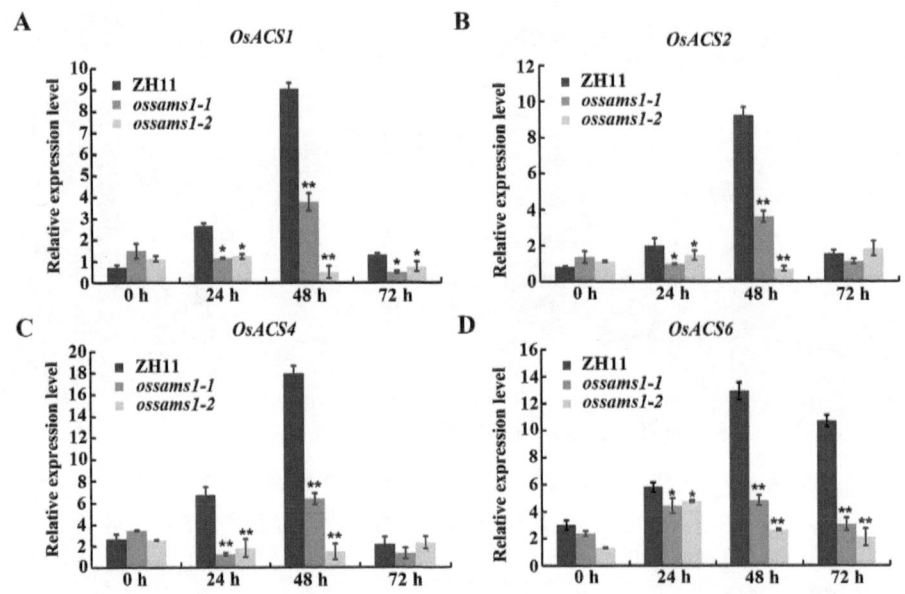

图 4-23　接菌前后 *ossams1* 突变体与野生型 ZH11 中乙烯合成相关基因的表达分析

注：图中 A、B、C、D 分别代表 *OsACS1*、*OsACS2*、*OsACS4* 和 *OsACS6* 在稻瘟病菌诱导前后 *ossams1* 突变体与野生型 ZH11 中的表达变化情况（\*：$P < 0.05$，\*\*：$P < 0.01$，采用 $t$ 检验）。

## 六、OsSAMS1 的亚细胞定位

*OsSAMS1* 能够正调控水稻稻瘟病抗性，但它如何发挥抗病功能呢？我们通过构建 35S：OsSAMS1：eGFP 载体，并转化农杆菌菌株 GV3101，注射烟草 2 d 后，利用激光共聚焦显微镜技术，在烟草叶片中观察 OsSAMS1 的细胞定位情况。结果表明，OsSAMS1 在细胞内的定位不特异，在细胞膜、细胞质和细胞核内都有表达（图 4-24），与拟南芥中 OsSMAS1 的同源蛋白 AtSAM1

和 AtSAM2 定位结果相似（Mao et al., 2015），这与 SAMS 类蛋白能够通过与不同的蛋白在不同的细胞场所发生相互作用，从而发挥不同的生物功能相一致（Chen et al., 2013；Mao et al., 2015，Ji et al., 2020）。

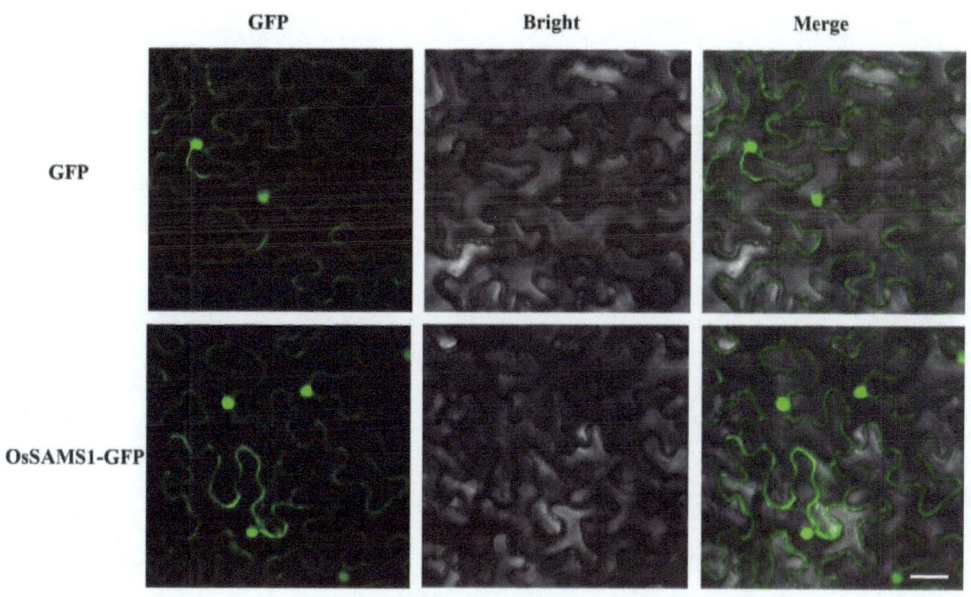

图 4-24　OsSAMS1 的亚细胞定位

注：利用激光共聚焦显微镜观察 OsSAMS1-GFP 在烟草细胞中的表达部位，结果表明 OsSAMS1-GFP 在细胞核、细胞质和细胞膜内均有表达，比例尺为 20 μm。

## 七、OsSAMS1 在植物中的同源进化情况

为了对 OsSAMS1 在不同植物中的同源性进行分析，我们以水稻 OsSAMS1 的氨基酸序列为参考序列，通过 BLAST 在水稻基因组中获得 *LOC_Os01g18860* 和 *LOC_Os01g22010* 基因编码的 2 个同源蛋白，在拟南芥中获得 2 个同源蛋白 AtSAM1 和 AtSAM2，在玉米中获得一个同源蛋白 ZmSAMS1，在高粱中获得一个同源蛋白 SbSAMS1，在黍稷中获得一个同源蛋白 PmSAMS1，在小米中获得一个同源蛋白 SiSAMS1（图 4-25），系统发育分析结果表明，OsSAMS1 及其同源蛋白在上述高等植物中是非常保守的。

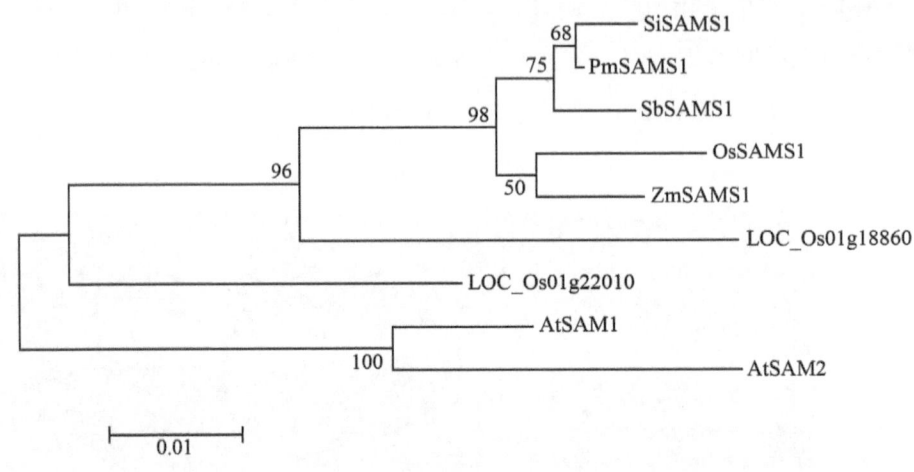

图 4-25 OsSAMS1 在植物中的进化树分析

注：利用 BLAST 分析在 NCBI、RGAP 和 TAIR 蛋白数据库中对 OsSAMS1 进行同源蛋白搜索，获得 *LOC_Os01g18860* 和 *LOC_Os01g22010* 基因编码的 2 个同源蛋白，拟南芥中 2 个同源蛋白 AtSAM1 和 AtSAM2，以及玉米、高粱、黍稷和小米中的 SAMS1 蛋白，然后利用 MEGA7.0 软件进行进化树分析。

研究者发现，水稻的 OsSAMS1 通过参与水稻 DNA 和组蛋白甲基化改变来调控水稻种子的萌发（Ji et al., 2020），进一步研究发现 F-box 蛋白 OsFBK12 通过与 OSK1 互作参与了 26S 蛋白酶途径，并识别底物 OsSAMS1 促其降解（Chen et al., 2013）。本研究利用 qRT-PCR 技术，进一步确定了 *OsSAMS1* 被稻瘟病菌诱导后表达显著提高；并对敲除突变体 *ossams1-1*、*ossams1-2* 的稻瘟病抗性进行鉴定和分析，结果表明敲除突变体比野生型更加感病；同时，对突变体 *ossams1-1* 和 *ossams1-2* 接菌后 PR 基因的表达进行分析，结果表明，*PR1a*、*PR5*、*PR6* 和 *PR10* 表达水平明显低于野生型 ZH11。上述结果证明，*OsSAMS1* 除了参与水稻种子的萌发，还参与了水稻的免疫反应，并且正调控水稻稻瘟病抗性。

研究者前期利用 RNA 干扰技术，对水稻中 *OsSAMS1* 基因进行干扰，结果表明 OsSAMS1-RNAi 株系中的乙烯表达显著降低（Chen et al., 2013）。我们分析发现，*OsSAMS1* 在水稻中还存在 *LOC_Os01g18860* 和 *LOC_Os01g22010*

2个同源基因，同时由于 RNA 干扰的局限性，*OsSAMS1* 与这 2 个同源是否存在功能冗余还不能确定。本研究利用 CRISPR/Cas9 技术对 *OsSAMS1* 基因进行特异性敲除，结果表明接菌后敲除系中乙烯合成相关基因 *OsACS1*、*OsACS2*、*OsACS4* 和 *OsACS6* 的表达明显被抑制，表达均显著降低，进一步确定了 *OsSAMS1* 正向参与水稻中乙烯的表达。进化树分析表明，OsSAMS1 在拟南芥中有 2 个同源蛋白，分别是 AtSAM1（SAM1）和 AtSAM2（SAM2）。研究者发现，拟南芥受体激酶 FER 能够与 SAM1 和 SAM2 一起互作，从而减少 SAM 的合成，降低植物中乙烯的表达（Li et al., 2011）。这些发现说明了 *SAMS* 基因家族广泛参与了植物乙烯表达的调控。

本研究表明，在稻瘟病菌诱导条件下，*OsSAMS1* 敲除系中乙烯合成相关基因的表达受到明显抑制，同时敲除系的稻瘟病抗性明显降低。近年来，研究发现乙烯参与植物的抗病反应，植物在感知到病原菌 PAMP 因子之后，体内能快速合成乙烯（Iwai et al., 2006），同时乙烯还能与内源多肽联合起作用，将植物 PTI 反应信号放大，引起植物持久的抗性（Tintor et al., 2013）。在水稻中，乙烯同样被证明在抗病方面发挥着十分重要的作用（Singh et al., 2004；Seo et al., 2011；Helliwell et al., 2013；Yang et al., 2017），如将编码乙烯合成的关键酶基因 *OsACS2* 过表达后，水稻稻瘟病抗性明显增强（Helliwell et al., 2013），水稻中乙烯含量的增加能提高稻瘟病抗性（Singh et al., 2004），将乙烯合成基因的中心传递者 *OsEIN2b* 沉默后，稻瘟病抗性明显降低（Sco et al., 2011）。以上结果表明，乙烯在调控植物抗病中发挥非常重要的作用，尤其在调控水稻稻瘟病抗性方面也具有重要作用。因此，我们推测本研究中 *ossams1* 突变体稻瘟病抗性的减弱，可能与 *OsSAMS1* 功能丧失，并导致植株体内乙烯合成相关基因的表达降低有关。

## 第五节　稻瘟病抗性相关基因 *OsRPR10b* 鉴定与功能分析

水稻是世界上主要的粮食作物之一，由稻瘟病菌引起的稻瘟病是一种世界性病害（Zhang et al., 2016）。研究人员使用不同的方法，在水稻中发现了 70 多种与稻瘟病抗性相关的调节因子（Li et al., 2019）。通过对这些基因功能的深入研究，初步确定了与免疫应答相关的信号通路。例如，水稻免疫受体 OsCEBiP 可以特异性识别并结合外质体中的 PAMP 组分 CHITIN 并进行同源二聚化，然后招募共受体 OsCERK1（CHITIN ELICITOR RECEPTOR KINASE1）形成异源三聚体（Hayafune et al., 2014）。当被激活时，OsCERK1 直接磷酸化细胞激酶样激酶 OsRLCK185，随后通过由 OsMAPKKKε/ osmapkk18、osmapk4 /5 和 OsMAPK3/6 组成的级联持续激活向下游传递抗病信号，诱导水稻 PTI 防御反应（Yamada et al., 2017）。

Mcgee 等（2001）通过逆转录—聚合酶链反应获得 OsRPR10a 的 cDNA，序列分析显示，*OsRPR10a* 和 *OsRPR10b* 编码的预测蛋白分别为 158 和 160 个氨基酸，氨基酸同源性为 71%。进一步分析显示，*OsRPR10b* 转录本也被稻瘟病菌增强，但直到接种后 48 h 才明显可见。

### 一、稻瘟病菌诱导后 *OsRPR10b* 表达变化及表达模式分析

本研究利用稻瘟病菌 Guy11 在 0 h、12 h、24 h 和 48 h 的不同时间点诱导 ZH11，并进行转录组测序和分析。结果显示，经稻瘟病菌侵染后，*OsRPR10b* 的表达量显著增加（图 4-26A）。为了验证测序结果的准确性，对生长约两周的水稻品种 ZH11 喷施了稻瘟病菌 Guy11，并喷施水作为对照。分别于接种后 0 h、12 h、24 h、48 h 和 72 h 取样品，定量测定不同时间点水稻中 *OsRPR10b* 基因的表达情况。结果表明，与水处理对照相比，*OsRPR10b* 在接种后 24 h 在水稻中表达量显著上调，在接种后 48 h 达到最高水平，且差异更为显著。虽然 *OsRPR10b* 的表达在接种后 72 h 开始下降，但仍高于对照（图 4-26B）。这些结果表明 *OsRPR10b* 可能参与水稻的免疫应答。

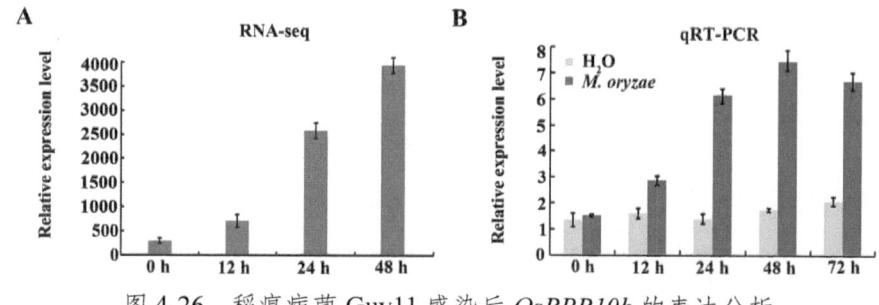

图 4-26　稻瘟病菌 Guy11 感染后 *OsRPR10b* 的表达分析

注：（A）水稻感染稻瘟病菌前、感染后 12 h、24 h、36 h 和 48 h 的转录组测序分析表明，感染稻瘟病菌诱导了 *OsRPR10b* 的表达水平。（B）对水稻侵染稻瘟病菌前和侵染后 12 h、24 h、48 h 和 72 h 的 qRT-PCR 分析显示，与对照相比，*OsRPR10b* 在侵染后 48 h 表达量增加，达到最高水平。

为了确定 *OsRPR10b* 在水稻不同组织中的时空表达规律，我们取野生型 ZH11 不同发育阶段的组织，提取 RNA，通过 qRT-PCR 技术分析 *OsRPR10b* 基因的表达水平。结果表明，*OsRPR10b* 在水稻愈伤组织、生长 2 周、4 周、6 周、抽穗期和成熟期的不同组织中均有表达，而 *OsRPR10b* 在愈伤组织中的表达量最高（图 4-27）。

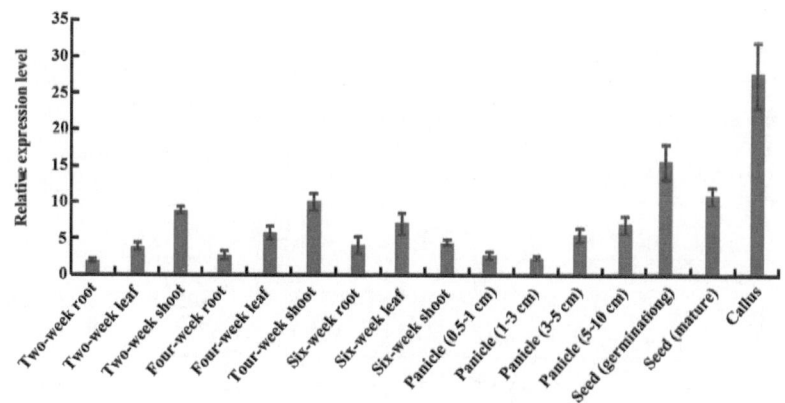

图 4-27　*OsRPR10b* 表达谱的测定

注：采用 qRT-PCR 分析了 2 周龄、4 周龄和 6 周龄幼苗的根、茎、叶，0.5～1 cm、1～3 cm、3～5 cm 和 5～10 cm 的小穗，萌发和成熟种子及愈伤组织中 *OsRPR10b* 的表达水平，发现 *OsRPR10b* 在愈伤组织中的表达水平最高。误差条表示从 3 个独立的生物样本中获得的值的标准差（SD）。

## 二、OsRPR10b 基因功能的鉴定

在之前的研究中发现，OsRPR10b 基因在稻瘟病菌侵染后表达水平上调。为了进一步验证 OsRPR10b 在水稻抗病性中的作用，本研究利用 CRISPR/Cas9 技术在水稻 ZH11 中双靶 OsRPR10b 基因。选择 OsRPR10b 基因中两个不同的 20 nt 序列作为 Cas9 切割的靶位点。获得敲除菌株后，使用检测引物对靶位点进行测序（图 4-28）。结果显示，敲除系 OsRPR10b-1 的靶位点插入 1 个碱基，敲除系 OsRPR10b-2 的靶位点缺失 2 个碱基（图 4-28）。

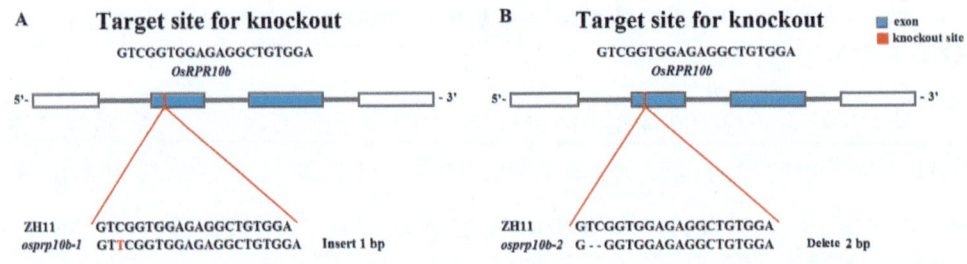

图 4-28  osrpr10b-1（A）和 osrpr10b-2（B）敲除转基因系的测定

注：基因敲除系（命名为 osrpr10b-1）靶位点插入 1 bp，另一个基因敲除系（命名为 osrpr10b-2）靶位点缺失 2 bp。

为了进一步研究 OsRPR10b 基因敲除系是否影响相关农艺性状。osrpr10b 基因敲除系与 ZH11 野生型的表型比较见表 4-9。结果表明，在株高、穗长、结实率、每穗颖花数、结实率、千粒重、粒长、粒宽等性状上均无显著差异（表 4-9）。

表 4-9  野生型 ZH11 与 2 个基因敲除系主要农艺性状比较

| 农艺性状 | ZH11 | osrpr10b-1 | osrpr10b-2 |
| --- | --- | --- | --- |
| 株高 /cm | 101.76 ± 1.87 | 100.12 ± 1.67 | 99.02 ± 1.89 |
| 穗长 /cm | 23.86 ± 1.23 | 24.01 ± 1.32 | 22.96 ± 1.24 |
| 有效穗数 | 9.86 ± 1.16 | 9.34 ± 1.12 | 9.76 ± 1.21 |
| 每穗颖花数 | 146.25 ± 4.13 | 147.21 ± 4.65 | 145.14 ± 4.98 |

续表

| 农艺性状 | ZH11 | osrpr10b-1 | osrpr10b-2 |
|---|---|---|---|
| 结实率 /% | 92.12±1.36 | 90.98±1.21 | 91.28±1.32 |
| 千粒重 /g | 25.26±0.38 | 26.14±0.29 | 26.02±0.32 |
| 粒长 /mm | 7.82±0.11 | 7.91±0.12 | 7.88±0.13 |
| 粒宽 /mm | 3.71±0.07 | 3.66±0.08 | 3.69±0.07 |

注：数据用平均值 ±SD 表示。

为了进一步验证 OsRPR10b 在水稻抗稻瘟病中的作用，本研究以 Guy11 室内喷雾接种了两个等位突变体（osrpr10b-1 和 osrpr10b-2）和野生型 ZH11。结果显示，osrpr10b-1 和 osrpr10b-2 比野生型 ZH11 更感稻瘟病（图 4-29）。

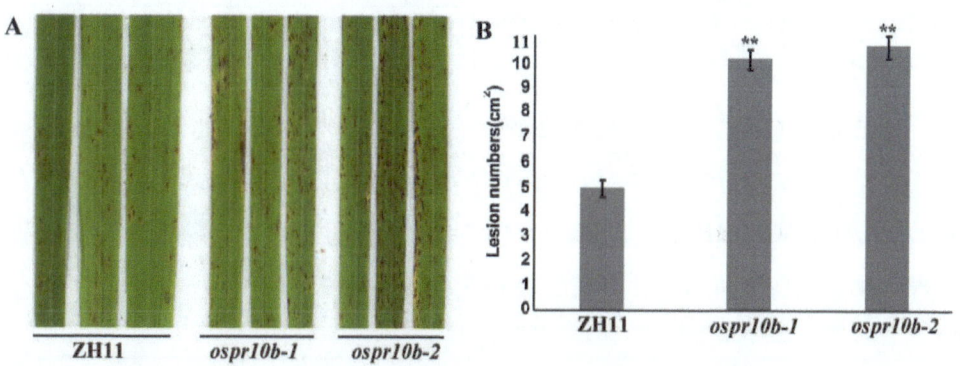

图 4-29　OsRPR10b 基因敲除系对稻瘟病的抗性分析

注：（A）喷施 Guy11 接种后的病斑表现。（B）稻瘟病菌接种后水稻叶片上每 $cm^2$ 的损伤数（平均值 ±SD，$n > 10$ 个叶片），** 表示 $P < 0.01$，采用 $t$ 检验。

为了评估 OsRPR10b 对其他病原菌抗性的影响，我们分别用两个等位突变体（osrpr10b-1 和 osrpr10b-2）和野生型 ZH11 接种白叶枯病菌 PXO99。结果表明，接种 14 d 后，野生型 ZH11 的白叶枯病病斑平均长度为 11.32 cm，而突变株 osrpr10b-1 和 osrpr10b-2 的白叶枯病病斑平均长度分别为 14.92 cm 和 15.23 cm（图 4-30A）。纯合子系 osrpr10b-1 和 osrpr10b-2 比 ZH11 更易患病（图 4-30B）。

上述结果表明，OsRPR10b 基因在水稻的免疫应答中起重要作用，敲除

*OsRPR10b* 基因可显著降低水稻对稻瘟病和白叶枯病的抗性。

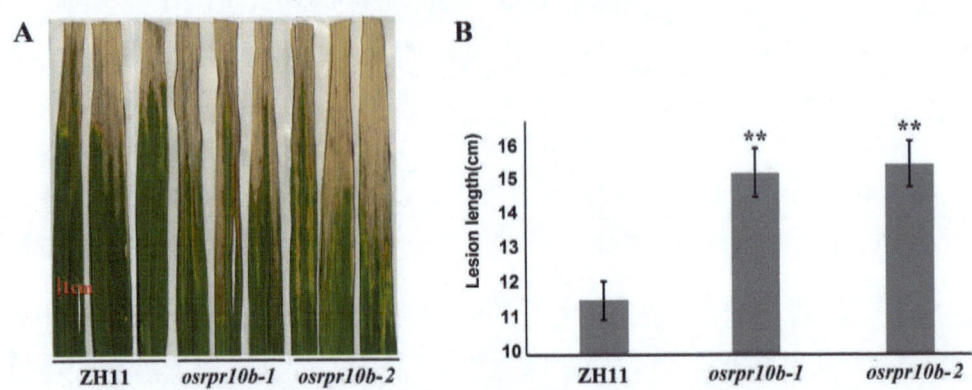

图 4-30　*OsRPR10b* 基因敲除系与野生型 ZH11 对白叶枯病的抗性分析

注：（A）接种白叶枯病菌 PXO99 后的病斑表现。（B）与（A）一样，为接种白叶枯病菌后的病斑长度（平均值±SD，$n > 10$ 个叶片）的统计分析。** 表示 $P < 0.01$，采用 $t$ 检验。

为了分析 *OsRPR10b* 在不同植物中的同源性，本研究以水稻 *OsRPR10b* 的氨基酸序列为参考序列，利用 BLAST 从水稻基因组中获得了两个由 *OsRPR10a* 和 *OsRPR10c* 基因编码的高度同源蛋白。系统发育分析表明，*OsRPR10b* 及其同源蛋白在上述高等植物中具有高度保守性（图 4-31）。

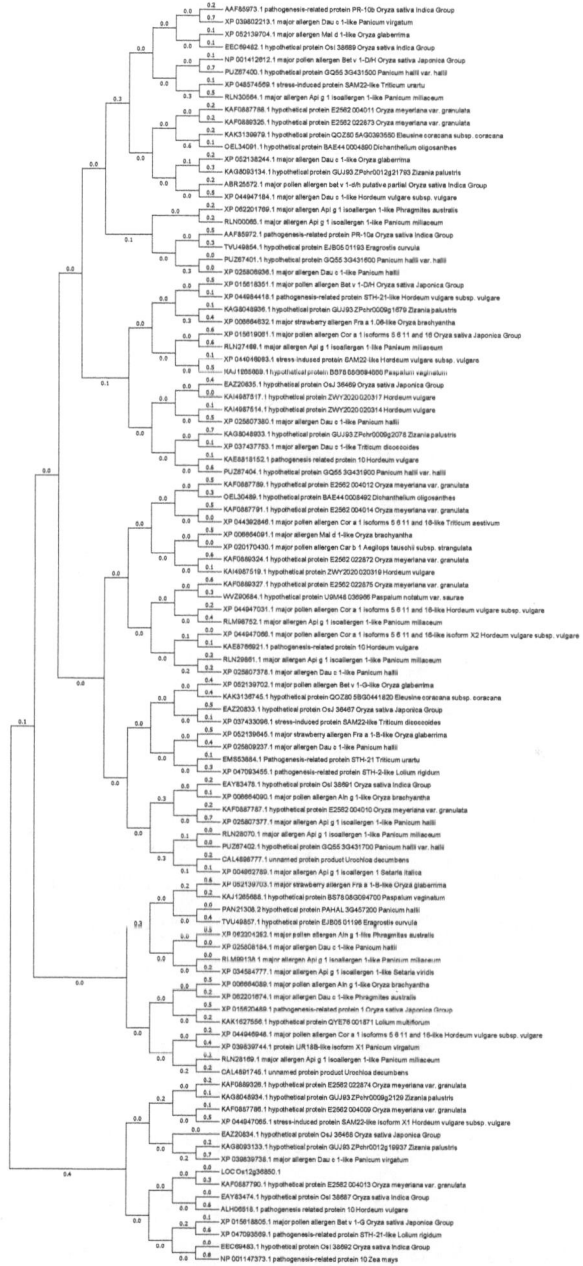

图 4-31 植物中 *OsRPR10b* 的系统发育分析

注：利用 Blast 分析方法在 NCBI、RGAP 和 TAIR 蛋白数据库中寻找 OsRPR10b 的同源蛋白，并用 MEGA7.0 软件进行系统发育分析。

## 第六节 转录组获得的表达差异基因参与水稻免疫反应的探讨

对感病品种 Nip 和抗病品种恢 1586 两个粳稻品种在稻瘟病菌侵染 48 h 内进行了全面的转录组分析与研究。结果表明，在水稻与稻瘟病菌相互作用中，高幅度的转录重编程很快被启动。通过进一步深入分析，我们鉴定了大量的 DEGs，并确定了一组与水稻胁迫反应相关的 321 个核心基因。

### 一、稻瘟病菌侵染后抗病品种与感病品种转录重编程能力变化

经过近几十年的研究，许多抗稻瘟病基因和信号调节因子已经被鉴定和识别（Liu et al., 2013）。然而，完整的调控网络和免疫信号成分还不是很清楚。本研究以水稻亲和（易感品种 Nip）和不亲和（抗性品种恢 1586）两个品种为研究材料，设计了一个全面的 RNA-seq 实验来研究水稻——稻瘟病菌互作的转录谱。我们设置了 4 个不同时间点进行分析，从最早的 12 h 到后来的 48 h，每个时间点之间间隔 12 h。另外，由于昼夜节律钟控制着植物中 30% 的转录组的表达（Harmer et al., 2009），我们就在每个时间点设置以 $H_2O$ 作为对照，以确保鉴别 DEGs 的相对可靠性。同时我们的 RNA-seq 数据分析结果显示，昼夜节律钟是决定转录动力学的主要因素（图 4-2A $H_2O$ 处理）。因此，为了准确鉴定水稻对稻瘟病菌反应过程中的 DEGs，我们将稻瘟病菌处理的数据与 $H_2O$ 数据进行系统的比较。

通过实验，我们在稻瘟病菌处理后的 12 h、24 h、36 h、48 h 这 4 个时间点均鉴定了数千个 DEGs，远远超过了以前的报道（Zhang et al., 2016）。总的来说，稻瘟病菌处理影响了大约 25% 的水稻转录组的表达（图 4-2C、D），表明稻瘟病菌胁迫致使水稻发生了巨大的转录变化。深入分析表明，抗病材料恢 1586 在稻瘟病菌处理后 12 h 的 DEGs 数量最多，共 9703 个，其中上调 6808 个，下调 2895 个。与感病品种 Nip 的 DEGs 基因（其中 4680 个上调基因和 2045 个下调基因）相比，抗性品种比感病品种诱导防御反应的进程更强、更快。值得注意

的是，感病品种 Nip 和抗性品种恢 1586 在各个不同时间点，鉴定的共同差异 DEGs 总和达到 8211 个（超过每个品种 70% 的 DEGs）（图 4-2D），表明植物和稻瘟病菌之间亲和与不亲和的转录变化高度相似。从概念上看，抗病品种主要激活 ETI 反应，并导致不亲和的相互作用，而感病品种则主要激活 PTI 反应。然而，最近的研究表明，PTI 和 ETI 是紧密联系的，并相互增强，提供了强大的抗病能力，PTI 是病原菌感染过程中 ETI 反应不可缺少的组成部分。我们对稻瘟病菌的转录组分析表明，抗病品种恢 1586 的转录组中包含抗病及其相关基因，其转录重编程能力强于感病品种 Nip。利用丁香假单胞菌诱导拟南芥的免疫反应中，转录组分析表明感病材料与抗病材料的转录组反应几乎相同，但会延迟数小时（Mine et al., 2018）。因此，在双子叶和单子叶植物中，感病和抗病宿主诱导的 DEGs 相似，但模式不同。

有研究表明，24 h 是水稻稻瘟病菌入侵的关键时间点（Talbot et al., 2003）。然而，我们的研究表明，在 24 h 时，抗病品种恢 1586 的 DEGs 数量下降到 2849（2224 个上调，625 个下调），约为 12 h 时 DEGs 数量的 1/3。这表明，在 24 h 之前已经发生很强的转录重编程，稻瘟病菌入侵的关键时间可能在 12 h 以内。为进一步确定水稻 - 稻瘟病菌入侵的临界时间点，还需要进行更多时间点的 RNA-seq 数据分析，来证明稻瘟病菌入侵的关键时间点是早于 12 h。

## 二、稻瘟病菌侵染后蛋白质翻译相关基因的变化情况

除了转录的重编程，蛋白质翻译重编程已被证明是植物免疫的另一个重要的调控因素，植物中，R-motif 存在于大量的信使 RNA，调节翻译响应 PTI 诱导的免疫反应（Xu et al., 2017）。最新的研究表明，植物通过破坏整体蛋白质合成和限制病毒复制和传播来保护干细胞免受病毒感染（Wu et al., 2020）。在转录组分析中，我们研究发现 Nip 和恢 1586 在 12 h 普遍上调的 DEGs 中，编码核糖体相关基因在 KEGG 分析中富集最显著，编码"翻译"相关的基因在 GO 分析中富集最显著（图 4-5C）。这些结果表明，在水稻与稻瘟病菌的相互反应过程中，蛋白质翻译机制受到了调控。与我们的研究结果一致的是，前期研

究者对水稻 Pi21 沉默的植株进行的转录组研究表明，与 Nip 相比，编码"核糖体"蛋白相关的基因富集排名第三（Zhang et al., 2016）。另外一方面，我们研究发现编码"核糖体"相关的基因只在 12 h 富集，而没有在 24 h、36 h 和 48 h 富集，这表明水稻对稻瘟病菌诱导的蛋白质合成调控是短暂的，蛋白质合成是活细胞的高能量消耗过程。有研究表明，其消耗的能量大约是一个快速生长的大肠杆菌细胞所产生能量的 2/3（Jewett et al., 2009）。植物防御过程中对能源和能量的需求也很大，对植物的生长产生了负面影响（Huot et al., 2014）。防御的激活会通过减少光合作用和减少能量储备的方式。在植物快速激活免疫过程中对能量的需求可能会降低核糖体（蛋白质翻译工厂）的能量，从而减缓植物整体范围内的翻译水平，作为负反馈，核糖体相关基因的转录随之上调。这些推测需要进一步的生物化学实验来验证在水稻免疫激活过程中，整体蛋白翻译是否被瞬时抑制。然而，与这一假说相一致的是，有研究表明，蛋白合成抑制剂环己酰亚胺处理拟南芥可以诱导类似于病原体处理后的转录重编程（Navarro et al., 2004）。

在稻瘟病菌处理后的 12 h、24 h、36 h、48 h 这 4 个不同时间点鉴定出 10000 多个 DEGs 中，Nip 和恢 1586 在 4 个时间点的共同 DEGs 分别仅为 1464 个和 578 个，表明水稻对稻瘟病菌侵染反应的转录组发生明显的动态变化（图 4-7）。

### 三、321 个"核心"基因可能参与的防御途径

Nip 和恢 1586 在所有时间点上共享一组 DEGs，这些共同的 DEGs 可能对激发植物整体免疫转录重编程非常重要。事实上，只有防御相关的和代谢通路相关的基因在共同的 DEGs 组中被富集，这些基因被认为是稻瘟病菌诱导的转录重编程的"核心"基因。大多数核心基因的表达也受到其他病原菌的诱导，如稻曲病菌和白叶枯病菌（图 4-10A）。在干旱胁迫下，核心基因大量被抑制（图 4-10B）。因此，核心基因可能是水稻抗病和非生物胁迫反应中的常见基因。例如，核心基因中含有 14 个转录因子，其中 5 个被鉴定为重要的抗病调控因子，2 个被报道参与水稻温度胁迫。我们推测这些核心基因代表植物生物和非生物胁迫

信号通路中的共同反应趋势。

综上所述，本研究为水稻稻瘟病菌提供了一个高质量、系统的 RNA-seq 数据集，通过对水稻与稻瘟病菌相互作用的深入分析，进一步了解稻瘟病菌在水稻免疫应答中的转录网络，揭示可能在水稻抗病性和非生物胁迫耐受中发挥重要作用的候选基因。

# 第五章 稻瘟病抗病 R 基因的鉴定与功能研究

每年因稻瘟病造成的产量损失足以养活世界上 6000 万的人口（Deng et al., 2017; Li et al., 2019）。福建省主要以水稻为粮食作物，同时也是全国杂交水稻制种的第一大省。然而，福建省特有的高温高湿的气候条件导致福建省成为稻瘟病多发重发的区域，严重影响当地水稻的稳产高产。尽管采用多次高浓度喷洒农药的方式可在一定程度上防治稻瘟病，但这不仅造成严重的环境污染，而且对食品安全和农民的身体健康也造成严重威胁。因此，鉴定和分离更多广谱抗稻瘟病新基因对水稻抗病育种具有重要意义。

## 第一节　水稻稻瘟病抗病基因 *Pizp* 鉴定

利用遗传背景高度一致的染色体片段置换系（CSSL）或近等基因系群体，来分离水稻功能基因具有很大优势（Jiang et al., 2003; Fu et al., 2019; Ma et al., 2019）。本研究前期构建了以漳浦野生稻为供体、东南恢 810 为受体的漳浦野生稻全基因组染色体片段置换系，筛选获得与供体亲本漳浦野生稻稻瘟病抗性一致的替换系 CSSL131、CSSL132，该置换系连续两年在福建省上杭县国家稻瘟病抗性鉴定中心鉴定表现抗病。利用从福建省各地、湖北省宜昌市、安徽省黄山市等稻瘟病高发地区分离的 68 个稻瘟病菌株及引进的 28 个稻瘟病菌株进行室内接种，结果显示 CSSL131 和 CSSL132 对其中的 95 个稻瘟病菌株表现抗病，仅对 1 个稻瘟病菌株感病，表现出很广的抗谱，并且 CSSL131 和 CSSL132 没有出现不利的农艺性状。通过与受体材料 CSSL131 在株高、穗长、每穗颖花数、千粒重和单株产量等主要农艺性状方面进行比较，结果表明 *Pizp* 并不影响其主要农艺性状，很可能具有很好的育种价值。

### 一、稻瘟病抗性材料 CSSL131 和 CSSL132 鉴定

本研究前期以福建省漳浦野生稻为供体，以选育的骨干亲本东南恢 810 为受体，利用 149 对多态性标记，构建覆盖漳浦野生稻全基因组染色体片段置换

群体（CSSL），在获得 146 个株系中，其中 145 个株系，每个株系均含有 1 个纯合片段，只有 1 个株系含有 2 个纯合片段，这 146 个株系所含的供体片段覆盖漳浦野生稻整个基因组（图 5-1）（Yang et al., 2016）。

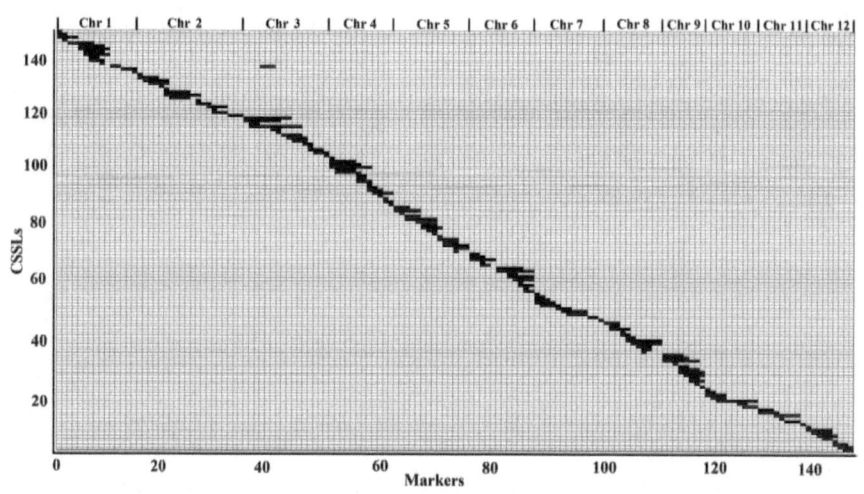

图 5-1　CSSL 群体中置换片段在水稻染色体上的分布

本研究以前期构建的 146 个覆盖漳浦野生稻全基因组染色体片段置换系群体为研究材料，对这 146 株系和两个亲本分别接种稻瘟病菌株 Guy11（该菌为来自法属圭亚那的野生稻菌株，具有较强的致病力，目前已经完成全基因组的测序），结果表明这 146 个株系中 CSSL131 和 CSSL132 对 Guy11 表现抗病，而余下 144 个株系对其表现感病，受体东南恢 810 对其表现感病，供体漳浦野生稻表现抗病（图 5-2 A）。

## 二、稻瘟病抗性材料 CSSL131 和 CSSL132 田间自然鉴定

2018 年 5 月和 2019 年 5 月将 CSSL131 和 CSSL132、东南恢 810 和对照品种 CO39 分别种植在福建省上杭县国家稻瘟病抗性鉴定中心进行鉴定，结果显示，CSSL131 和 CSSL132 连续两年均表现抗病，而东南恢 810 和对照品种 CO39 均表现感病（图 5-2 B）。

图 5-2　CSSL131、CSSL132、东南恢 810 和漳浦野生稻稻瘟病抗性表现

注：（A）室内接种鉴定结果。（B）田间自然鉴定结果。

## 三、稻瘟病抗性材料 CSSL131 和 CSSL132 抗谱分析

利用从福建省各地、湖北省宜昌市、安徽省黄山市等稻瘟病高发地区分离的 68 个稻瘟病菌，以及从福建农林大学植物免疫中心和福建农林大学植物保护学院引进的 Guy11、Y34、KJ201、501-3、FJ2011、9508、Zhong10-8-14、MH86-1、MH86-3、FJ2012、FJ2013、FJ2015 和 FJ2016 等 28 个稻瘟菌株对实验材料进行室内接种，结果显示，CSSL131 和 CSSL132 对 95 个稻瘟病菌株表现抗病，只对 Zhong10-8-14 感病。东南恢 810 对 18 个稻瘟病菌株表现抗病，对 78 个稻瘟病菌株（包括 Zhong10-8-14）表现感病，对照品种 CO39 对 96 个菌株均感病，而 Pigm 转 CO39 单基因系对这 96 个菌株均抗病，表明该 R 基因是一个广谱抗稻瘟病基因，同时与抗病基因 Pigm 的抗谱可能不相同。

## 四、稻瘟病抗性材料 CSSL131 和 CSSL132 中 R 基因遗传特性

将 CSSL131 和 CSSL132 分别与受体亲本东南恢 810 杂交，其 $F_1$ 代株系表现抗稻瘟病。将 $F_1$ 自交种子全部种下，苗期接种后调查 $F_2$ 代分离比，经卡平方检验 $\chi^2_c < \chi^2_{0.05} = 3.85$，即抗病与感病的分离符合孟德尔遗传 3∶1 比例（表

5-1）。这一结果表明该抗病性是由一对显性基因控制的。

表 5-1　稻瘟病 R 基因的遗传分析

| 组合 | $F_1$ 表型 | $F_2$ 群体 | | | $\chi^2(3:1)$ | P |
| --- | --- | --- | --- | --- | --- | --- |
| | | 抗病单株 | 感病单株 | 总数 | | |
| CSSL131 × 东南恢 810 | 抗病 | 178 | 60 | 238 | 0.29* | > 0.9 |
| CSSL132 × 东南恢 810 | 抗病 | 233 | 78 | 311 | 0.31* | 0.5 ~ 0.75 |

注：* 表示抗病植物与感病植物的分离率在 0.05 显著水平上符合 3：1。

## 五、稻瘟病抗病基因 Pizp 候选基因的确定

我们将来源于供体亲本漳浦野生稻的抗性等位基因，命名为 Pizp。利用代换作图方法，将 CSSL131 和 CSSL132 材料中 R 基因 Pizp，定位于水稻第 12 染色体分子标记 Ind12-5 和 Ind12-12 之间，遗传距离约 38 cM（图 5-3A），利用构建的次级分离群体，并利用分离群体中 2969 个隐性单株，将该抗病基因定位在物理距离约 140 kb 区域内之后（图 5-3B、C）。通过进一步开发多态性标记，最终将该基因定位在物理距离约 30 kb 区域内（图 5-3D），水稻基因组研究项目（RGP）网站（http://rgp.dna.affrc.go.jp）对该区域的预测显示区间内存在 3 个基因，而只有 1 个抗病相关的基因，编码典型的 NBS-LRR 抗病蛋白，包含 CC、NBS 和 LRR 结构域，该抗病基因来源于漳浦野生稻，命名为 Pizp。测序分析发现 Pizp 序列与对应的日本晴序列在 LRR 结构域存在较大差异，Pizp 对应的日本晴序列所编码的蛋白结构仅含有 2 个 LRR 结构，而 Pizp 含有较为完整的 LRR 结构域（图 5-4A）。进一步查阅相关文献，该基因功能还未被报道，推测为新的稻瘟病抗病基因，具有进一步深入研究的价值。

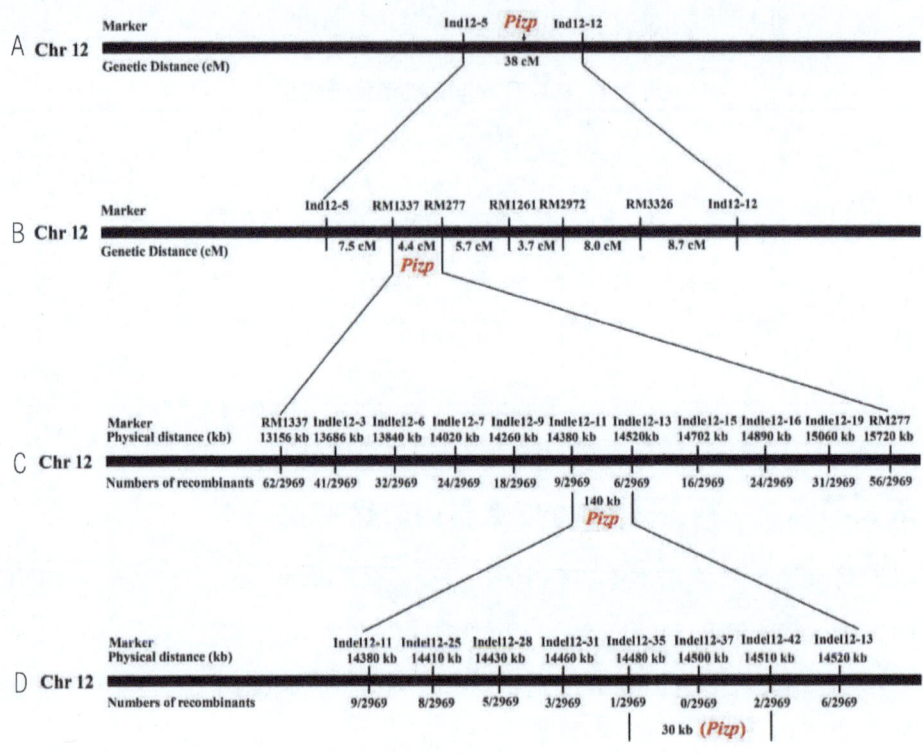

图 5-3 *Pizp* 基因的精细定位

注：（A）*Pizp* 基因定位在标记 Ind12-12 之间。（B）*Pizp* 基因定位在标记 RM1337 和 RM277 之间。（C）*Pizp* 基因定位在 Indel12-11 和 Indel12-13 之间。（D）*Pizp* 基因定位在标记 Indel12-35 和 Indel12-42 之间的 30kb 区域。

## 六、稻瘟病抗病基因 *Pizp* 功能验证

为了进一步确定候选基因，编码 NBS-LRR 蛋白的抗病基因是否为 CSSL131 和 CSSL132 材料中 R 基因 *Pizp*，我们利用 CRISPR/Cas9 基因编辑技术，在株系 CSSL131 中对这个候选基因进行敲除。对两个不同形式的纯合突变体 CSSL131 KO#1 和 CSSL131 KO#2（图 5-4A）分别接种稻瘟病菌株 Guy11，结果表明，两个纯合突变体均表现感病（图 5-4B），同时对 CSSL131 KO#1、CSSL131 KO#2 与 CSSL131 在株高、穗长、每穗颖花数、千粒重和单株产

量等主要农艺性状进行比较，结果表明 CSSL131 KO#1、CSSL131 KO#2 与 CSSL131 之间的主要农艺性状没有明显差异（图 5-4C、D、E、F、G），推测 *Pizp* 主要在抗稻瘟病中起作用，可能不影响水稻的其他农艺性状。

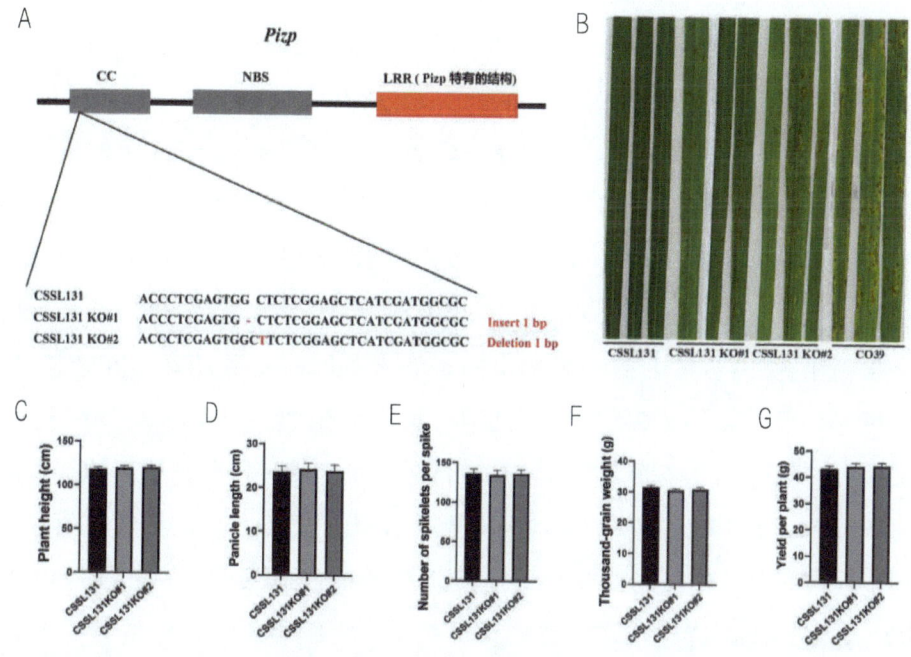

图 5-4 Pizp 蛋白结构分析、两个敲除系（CSSL131 KO#1 和 CSSL131 KO#2）稻瘟病抗性鉴定及农艺性状鉴定分析

注：（A）Pizp 蛋白结构及基因敲除位点。（B）*Pizp* 基因敲除系稻瘟病表型。（C）*Pizp* 基因两个敲除系株高性状比较。（D）*Pizp* 基因两个敲除系穗长比较。（E）*Pizp* 基因两个敲除系有效穗比较。（F）*Pizp* 基因两个敲除系千粒重比较。（F）*Pizp* 基因两个敲除系单株产量比较。

## 第二节　稻瘟病菌抗病基因 *Pita-Fuhui2663* 克隆与功能研究

水稻稻瘟病是水稻重要病害之一（Madden et al., 2003；Deng et al., 2017），通过深入研究抗病的分子机制，可提高水稻的抗病性（Das et al.,

2012）。目前，已鉴定出100多个抗稻瘟病基因，其中37个基因已被克隆（Wang et al., 2017）。它们中的大多数基因是显性的，如 *Pita*、*Pi-1*、*Pi25*、*Pigm* 和 *Pia*。编码抗性蛋白可以专门识别效应因子并触发一系列防御反应来抑制病原体的生长，称为效应因子触发免疫（ETI）（Qu et al., 2006；Chen et al., 2011；Hua et al., 2012；Hutin et al., 2016；Deng et al., 2017； ）。然而也有不编码 NBS-LRR 的抗病基因。例如，位于第6染色体上并编码受体样激酶的 *Pid2* 是一种组成型表达的单拷贝显性基因（Chen et al., 2006），它是一种具有5个富含脯氨酸区域的蛋白质，其抗性依赖于蛋白质功能性失活（Fukuoka et al., 2009）。而 *Ptr* 编码的是一种非典型广谱抗性蛋白，包含4个 Armadillo 重复区，可能是一种新的 E3 连接酶（Zhao et al., 2018）。

水稻第12染色体上的一组稻瘟病抗病 *R* 基因，包括 *Pita*、*Pita2* 和 *Ptr*，已在世界范围内被有效地用于水稻抗稻瘟病品种的选育（Jia et al., 2004；Jia Y, 2009），表明这些 *R* 基因之间可能存在信号识别和转导机制，从而触发水稻免疫（Orbach et al., 2000）。*Pita* 基因克隆于水稻第12染色体的着丝粒附近，其编码是含有 NBS-LRR 结构域的928个氨基酸的细胞质膜受体蛋白（Bryan et al., 2000）。*AVR-Pita* 是与 *Pita* 对应的无毒基因，它编码是一种中性锌金属蛋白酶（Orbach et al., 2000）。*Pita* 是第一个证实通过其 LRR 结构域直接与病原菌的无毒蛋白相互作用并产生抗性反应的稻瘟病抗性蛋白（Jia et al., 2000）。与 *Pita* 相比，*Pita2* 表现出更高水平和更广泛的抗病能力。研究资料表明，所有含有 *Pita2* 的水稻品种也含有 *Pita*（Kiyosawa et al., 1971；Kiyosawa et al., 1986；Jia et al., 2000）。*Ptr* 是近期发现的一种广谱水稻稻瘟病抗病基因，它位于稻瘟病区染色体上离稻瘟病区较近的位置。*Ptr* 可能特异性参与了 *Pita*/*Pita2* 介导的对稻瘟病抗性并在 *Pita* 介导的信号识别中发挥作用（Jia et al., 2000）。进一步的研究表明，*Ptr* 是 *Pita* 的功能需要，*Pita* 和 *Pita2* 介导的抗性被 *Ptr* 的缺失所根除，这表明 *Ptr* 基因产物的完整性是病原体信号转导的关键。*Ptr* 对 *Pita* 基因复合体的广谱抗性有显著影响。此外，*Ptr* 突变体未能识别 *AVR-Pita* 和 *Pita2* 的

特异性 *AVR* 基因，所有携带 *Pita2* 的水稻品种都含有相同的 *Ptr* 单倍型。初步推断 *Ptr* 和 *Pita2* 可能是同一基因，*Ptr* 位于 *Pita* 上游约 210 kb。近期研究表明，*Ptr* 和 *Pita2* 是等位基因，*Pita2* 而非 *Pita* 功能的丧失消除了对某些含 *Avr-Pita* 分离物的特异性（Meng et al., 2020）。

*Pita* 是在水稻中克隆的第二个抗稻瘟病基因。由于与其他抗病基因的密切联系，含 *Pita* 的品种往往具有广泛的抗稻瘟病谱。因此在世界范围内得到良好的栽培和推广（Bryan et al., 2000；Jia et al., 2004；MaChenShi et al., 2009）。AVR-Pita$_{176}$ 蛋白直接与植物细胞内的 Pita LRD 区域结合从而启动 Pita 介导的防御反应（Chen et al., 2006；Meng et al., 2020）。有趣的是，该蛋白质在 Pita 抗性蛋白的 918 位（A918S）上包含一个氨基酸从丙氨酸到丝氨酸的替代（Bryan et al., 2000；Jia et al., 2003）是一个自然存在易被代替的等位基因编码。通过酵母系统和体外结合实验，该残基的突变已被证明会破坏 *Pita* 与其无毒蛋白之间的相互作用，这表明 918 位 Ala 对 *Pita*（Jia et al., 2004）的功能很重要。

本研究从抗稻瘟病菌的籼稻品种福恢 2663（Fuhui2663）中鉴定出一个抗稻瘟病基因，并基于核苷酸多态性将其命名为 *Pita-Fuhui2663*。与 Pita-S 蛋白序列相比，*Pita-Fuhui2663* 编码一个含有氨基酸变化 A918S 的 NBS-LRR 蛋白并利用 CRISPR/Cas9 基因组编辑技术，敲除了福恢 2663 中的 *Pita-Fuhui2663*，发现敲除突变体失去了抗性，这表明 *Pita-Fuhui2663* 具有稻瘟病抗性。此外，敲除系分析表明，*Pita-Fuhui2663* 基因对水稻主要农艺性状没有影响。我们还开发了一个功能性分子标记，*Pita-Fuhui2663*- dCAPS，用于 *Pita-Fuhui2663*。上述结果表明，*Pita-Fuhui2663* 在水稻抗稻瘟病育种中具有良好的应用前景。

## 一、福恢 2663 抗病基因的遗传特性

为了对福恢 2663 的抗病性进行实验室分析，在温室内生长的 2 周龄植株上接种了稻瘟病菌 KJ201 分离株。以易感水稻 CO39 和 LTH 为对照，发现福恢 2663 对稻瘟病菌 KJ201 具有较强的抗性（图 5-5）。

图 5-5 福恢 2663、CO39、LTH 对稻瘟病菌 KJ201 的抗性比较

注：将福恢 2663 和 CO39 在 3～4 叶期的植株转移到高湿度下的接种室中。将接种的植物转移到覆盖有湿海绵的塑料箱中，在暗室（95%～100% RH，25℃）中培养 24 h，然后转移到 25～28℃ 的温室中培养 6 d，然后拍照。

将抗性供体福恢 2663 与易感亲本 CO39 和丽江新团黑谷（LTH）杂交进行遗传分析。36 个 $F_1$ 个体（福恢 2663×CO39 和福恢 2663×LTH）对稻瘟病菌 KJ201 表现出抗性表型。$F_2$ 群体中抗性（R）和易感（S）后代的分离符合 3∶1 的比例（福恢 2663×CO39 $F_2$ 群体，412 R∶139 S，$\chi^2=0.305$；福恢 2663×LTH $F_2$ 群体，382 R∶124 S，$\chi^2=0.34$，表 5-2）。R/S 比表明福恢 2663 为显性单基因控制的。

表 5-2 福恢 2663 及其杂交后代对水稻的稻瘟病菌 KJ201 的抗性表现

| 组合 | $F_1$ 表型 | $F_2$ 群体 | | | $\chi^2$（3∶1） | $P$ |
| --- | --- | --- | --- | --- | --- | --- |
| | | 抗病单株 | 感病单株 | 总数 | | |
| 福恢 2663×CO39 | 抗病 | 412 | 139 | 551 | 0.305* | 0.5～0.75 |
| 福恢 2663×LTH | 抗病 | 382 | 124 | 506 | 0.34* | ＞0.9 |

注：*表示抗病植物与感病植物的分离率在 0.05 显著水平上符合 3∶1。

## 二、福恢 2663 抗病基因鉴定与分离

为了进一步确定福恢 2663 抗性的基因，从水稻分子图谱中获得 506 个 SSP 标记，其中 317 对引物标记在福恢 2663 与 CO39 之间存在多态性。利用

这 317 对引物标记对 F2 群体福恢 2663×LTH）20 个抗性植株和 20 个易感植株的 DNA 库进行连锁分析。每对引物分别检测 4 份 DNA 样本（福恢 2663、CO39、20 株抗病单株和 20 株感病单株）。以 Indel-12-4 和 Indel-12-7 为引物，检测结果显示，福恢 2663 的 PCR 产物的大小与 20 株抗性单株 DNA 的大小相同，CO39 与 20 株感病单株 DNA 的大小相同。因此，我们推测 Indel-12-4 和 Indel-12-7 标记可能与抗病基因有关。

为了初步定位该抗病基因，利用 45 个易感单株进行进一步验证，结果表明 Indel-12-4 和 lndel-12-7 与该抗性位点连锁。因此，抗病基因位于第 12 染色体上的 Indel-12-4 和 Indel-12-7 标记之间，估计物理距离约为 8.9 Mb（图 5-6A）。

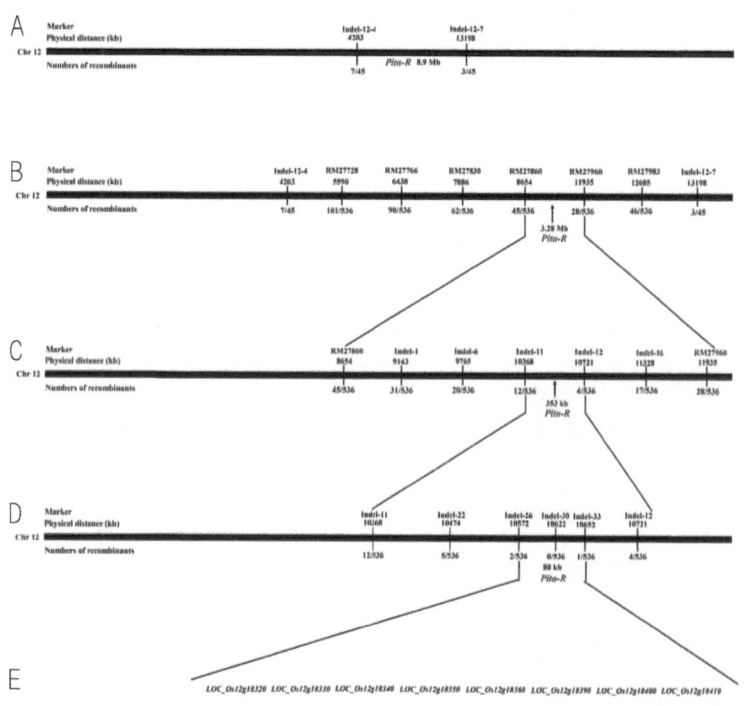

图 5-6 *Pita-Fuhui2663* 抗病基因的遗传图谱和物理图谱

注：（A）*Pita-Fuhui2663* 基因定位在标记 Indel-12-4 和 Indel-12-7 之间。（B）*Pita-Fuhui2663* 基因定位在标记 RM27860 和 RM27960 之间。（C）*Pita-Fuhui2663* 基因定位在 Indel-11 和 Indel-12 之间。（D）*Pita-Fuhui2663* 基因定位在标记 Indel-26 和 Indel-33 之间的 80 kb 区域。（E）在 80 kb 的区域中有 8 个候选基因。

为了将抗病基因定位到更小的区域，从 $F_2$ 群体（福恢 2663×LTH）中鉴定出 536 株易感植株。利用已发表的标记（http://archive.gramene.org/markers/）进一步定位，从 Indel-12-4 和 Indel-12-7 之间的 18 个标记中筛选出 6 个 SSR 多态性（RM27728、RM27766、RM27830、RM27860、RM27960 和 RM27983）。利用这 6 个标记，发现抗病基因位于分子标记 RM27860 和 RM27960 之间，物理距离 3.28 Mb（图 5-6B 和表 5-3）。

为了进一步定位该抗病基因，从 RM27860 和 RM27960 之间的 20 个新标记中选择了 5 个 Indel 多态性。Indel 标记的开发是指在相关物种或同一物种的不同个体之间，在基因组的同一位点插入或缺失不同大小的核苷酸片段。Indel 标记是在已发表的水稻基因组序列的基础上设计的，并通过比较 Nipponbare 的序列预测了福恢 2663 和 CO39 之间的多态性（http://rgp.dna.affrc.go.jp/）和 93-11（http://rice.genomics.org.cn/）。发现抗病基因位于第 12 染色体上的分子标记 Indel-11 和 Indel-12 之间，两个标记之间的物理距离为 353 kb（图 5-6C 和表 5-3）。

为了进一步精细定位，从 15 个新的 Indel 标记中选择了 4 个多态性 Indel（表 5-3）。使用 6 种标记物（Indel-11、Indel-22、Indel-26、Indel-30、Indel-33 和 Indel-12）进行重组筛选，分别检测到 12、5、2、0、1 和 4 种重组植物。因此，抗病基因精确定位在 Indel-26 和 Indel-33 之间估计的 80 kb 区域（图 5-6D）。

根据现有序列注释数据库（http://rice.plantbiology.msu.edu/; http://www.tigr.org/），在已鉴定的 80 kb 区域中有 8 个候选基因（图 5-6E），并且所有基因都具有相应的全长 cDNA。*LOC_Os12g18320*、*LOC_Os12g18330*、*LOC_Os12g18340*、*LOC_Os12g18350* 和 *LOC_Os12G 18400* 编码逆转录转座子蛋白；*LOC_Os12g18360* 编码 NBS-LRR 蛋白；*LOC_Os12g18390* 编码着丝粒特异性蛋白；*LOC_Os12g18400* 编码线粒体铁调节蛋白；*LOC_Os12g18410* 编码逆转录转座子蛋白及 MIR 蛋白。

表 5-3 利用 Indel 和 SSR 分子标记对 *Pita-R* 基因进行精细定位的引物

| 标记 | 正向引物 | 反向引物 | 物理距离/kb |
|---|---|---|---|
| Indel-12-4 | ATCATTTCAGCCTGTGCC | AGCTTAATAGGGGGGACG | 4203 |
| RM27728 | CCTCCATACTCACAAAGGAAGTCG | TCCCTCCGTACTTATAAAGGAAGTCG | 5590 |
| RM27766 | ATGGTGCCCGAGTACAATGG | TGAGGTGCATGTGAACCTTGG | 6438 |
| RM27830 | CTGTCCTGTGCCTCCTGTGC | GGTACGTCATCCGTGTATGAGTCG | 7886 |
| RM27860 | AACCTTGGAGCAATATCACC | TGAATCACTAGCCGATAACC | 8654 |
| Indel-1 | AGCATCCTAAGCACTTTAGC | TTGAGCATGTTGATCCTGT | 9143 |
| Indel-6 | AACCAACTAGTCGCATATTA | TTCTTCCTTAACTCGTCGAA | 9765 |
| Indel-11 | ACAACCAAGTTTGATCACTG | ATGCTACACACACGACTACG | 10368 |
| Indel-22 | TGGGCAACTGAATCTAACCA | GGAGATGATGATGCGGTGAT | 10474 |
| Indel-26 | CCCAAAGTCAGCTGAGAGTA | AGCCATACGACTGTAGGAAA | 10572 |
| Indel-30 | TAGGAGGGGTATAATCGTCA | TTAGGGTAACATTGGCATTT | 10622 |
| Indel-33 | TAACCTTCAGGCGTACTTTC | TTTTGCAAATTTTGATGTTG | 10652 |
| Indel-12 | ATCCATTCCATTTGTACGAG | ATAGTTTTCACCACTTCCCA | 10721 |
| Indel-16 | AAGCATGGATACAAACCATT | GCAAAAACAACCGTAAGAAG | 11328 |
| RM27960 | CGGCCCGAACCTGTATAACC | AGGAGTATCCTTTCTCGCAATCG | 11935 |

续表

| 标记 | 正向引物 | 反向引物 | 物理距离/kb |
|---|---|---|---|
| RM27983 | GCAAGCGTGGGATTCTCTCC | CTATGCCAGATGGTGCTTACTCG | 12685 |
| Indel-12-7 | CAACTAAAACCAACACAAAATCCA | TGTCTAGTTGCATGTCTGAGTGTC | 13198 |
| Indel-12-4 | ATCATTTCAGCCTGTGCC | AGCTTAATAGGGGGGACG | 4203 |

### 三、福恢 2663 抗病基因的序列及结构分析

进一步分析显示，编码 NBS-LRR 蛋白的 *LOC_Os12g18360* 是该位点的 *Pita* 基因。为了进一步分析 *Pita* 是否参与抗性表型，我们接下来对福恢 2663 和 CO39 中的 *Pita* 进行了测序。测序显示碱基替换导致氨基酸 918 从丙氨酸（A）突变为丝氨酸（S）（图 5-7），我们推测该突变可能导致抗性丧失，推测该抗病基因极有可能是 *Pita* 的等位基因。因此，我们将该基因命名为 *Pita-Fuhui2663*。根据 *Ptr* 的位置，*Ptr* 位于 *Pita-Fuhui2663* 和 *Pita* 上游约 210 kb 处（图 5-8）。

图 5-7 *Pita-Fuhui2663* 和 *Pita-S* 的结构比较

注：DNA 序列分析表明，*Pita-Fuhui2663* 与 *Pita-S* 之间只有一个氨基酸取代（A918S）

图 5-8 *Ptr*、*Pita* 和 *Pita-Fuhui2663* 位置比较

注：*Ptr* 位于 *Pita-Fuhui2663* 和 *Pita* 上游约 210 kb 处。

因为丙氨酸是一种非极性氨基酸，丝氨酸是一种极性氨基酸。这种取代可以改变 Pita-S 蛋白的结构。通过模拟 Pita-Fuhui2663 和 Pita-S 的空间结构，我们观察到 Pita-Fuhui2633 和 Pita-S 蛋白在 LRR 结构域中的结构变化（图 5-9），推测 Ala918 是 Pita-Fuhui2663 的重要位点，Ser918 的突变可能部分影响 Pita-S 蛋白的功能。

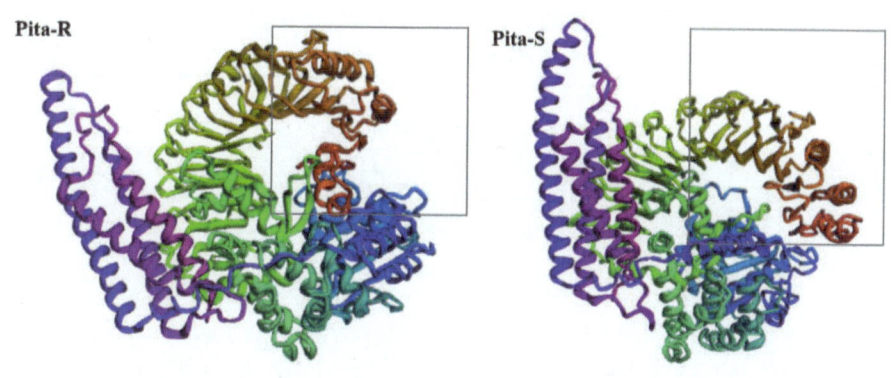

图 5-9　Pita-Fuhui2663 和 Pita-S 蛋白的空间结构

注：LRR 结构域发生了显著的结构变化，第 918 个氨基酸从丙氨酸（Pita-Fuhui2663）取代为丝氨酸（Pita-S），这可能会影响 Pita-S 蛋白的功能。灰色正方形表示结构变化的位置。

## 四、抗病基因 *Pita-Fuhui2663* 功能鉴定

为了证实 *Pita-Fuhui2663* 与稻瘟病抗性有关，我们在抗性品种福恢 2663 中敲除 *Pita-Fuhui2663* 基因是否会导致感病表型。为此，利用 CRISPR/Cas9 基因编辑系统设计了 *Pita-Fuhui2663* 第二外显子的序列特异性引导 RNA（sequence-specific guide RNA，gRNA）（表 5-4）。两株植物（Pita-Fuhui2663-KO-1 和 Pita-Fuhui2663-KO-2）从两个独立的事件中获得，根据测序发现在目标位点有 1 bp 的插入或缺失（图 5-10 A，表 5-5），进一步分析发现，突变位点影响了它们的氨基酸序列变化（图 5-11）。

表 5-4　用于合成 gRNA 靶标和分析基因编辑突变体的引物

| 引物名称 | 序列 5'→3' | 目的 |
| --- | --- | --- |
| gRNAs1-*Pita-Fuhui2663* | GTGTGGGATATTGTTAGCCG | CRISPR/CAS9 |
| *Pita-R*-F | TGGCCAACAACTCCACTGAA | Screening of lines |
| *Pita-R-Fuhui2663* | TCAGCATGCTATCCCACGTA | Screening of lines |
| *Pita-Fuhui2663-dCAPS*-F | ATCACGGGTATGGATTTTTCA | Restriction enzyme |
| *Pita-Fuhui2663-dCAPS*-R | GTGCATCTTCAACCTGACTTGATGATTGTTTGA | Restriction enzyme |

表 5-5　两个目标突变系的突变位点

| 株系 | 靶标类型 | 突变位点 |
| --- | --- | --- |
| *Pita-Fuhui2663-KO-1* | gRNAs 1 | TATGGGCTTCATCAATGCTGGGATATTGTTAGCCGTGGTTTGCC（1 bp insertion） |
| *Pita-Fuhui2663-KO-2* | gRNAs 1 | TATGGGCTTCATCAATG-GGGATATTGTTAGCCGTGGTTTGCC（1 bp deletion） |

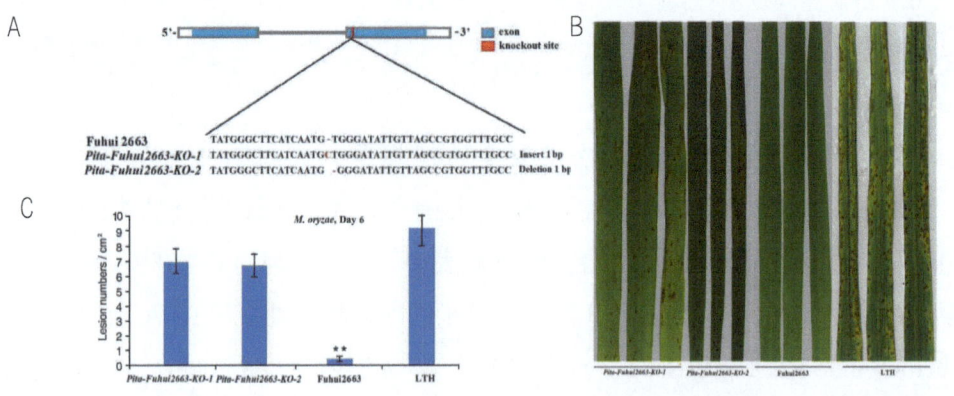

图 5-10　*Pita-Fuhui2663* 敲除系对 KJ201 的抗性分析

（A）使用 CRISPR/Cas9 系统产生两个独立的品系（命名为 *Pita-Fuhui2663-KO-1* 和 *Pita-Fu hui2663-KO-2*），并通过测序进行验证。（B）接种稻瘟病菌后结果表明，CRISPR/Cas9 产生的两个敲除系对 KJ201 感病，而其亲本福恢 2663 对 KJ201 具有抗性。（C）如（B）所示，接种稻瘟病菌后，水稻叶片上每 $cm^2$ 的损伤数量（平均值 ±SD，$n > 6$ 片叶片）** 表示 $P < 0.01$。

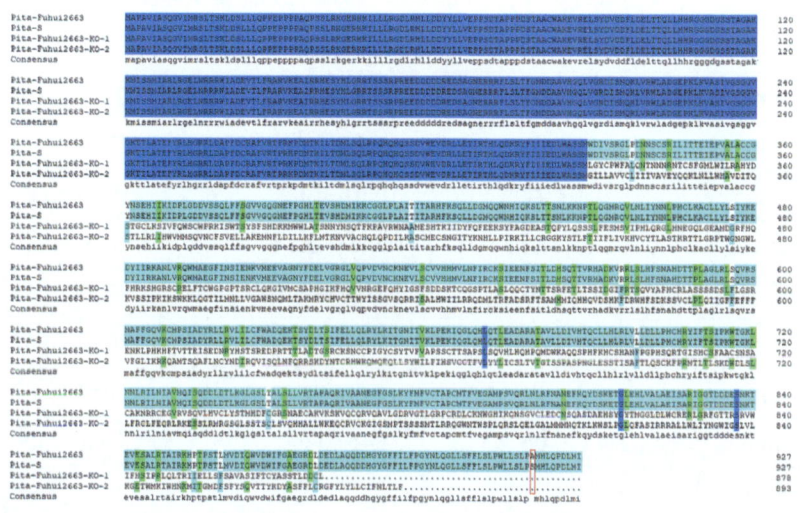

图 5-11 敲除系 Pita-Fuhui2663-KO-1、Pita-Fuhui2663-KO-1、Pita-Fuhui2663 和 Pita-S 的氨基酸序列比较

我们将这两个纯合突变体接种 KJ201，两系都对 KJ201 完全感病（图 5-10B、C）。因此，我们推测在抗病品种福恢 2663 中，Pita-Fuhui2663 的靶向突变导致了突变体对 KJ201 的易感性，这表明 Pita-Fuhui2663 是福恢 2663 主效抗稻瘟病基因。

为了进一步分析福恢 2663 及 2 个基因敲除系的主要农艺性状变化情况。接下来，我们对 Fuhui2663 和两个敲除系（*Pita-Fuhui2663-KO-1* 和 *Pita-Fuhui2663-KO-2*）的几个主要农艺性状进行了调查，以评估它们在水稻育种中的应用潜力。我们比较了产量相关性状，包括株高、穗长、有效穗数、每穗颖花数、结实率、千粒重、粒长和粒宽。结果表明，Fuhui2663 与两个敲除系在这些主要农艺性状上均无显著差异（表 5-6），说明 *Pita-Fuhui2663* 主要在水稻抗稻瘟病方面发挥作用，不影响其他农艺性状，具有良好的育种价值和潜力。

表 5-6　福恢 2663 和 *Pita-Fuhui2663* 基因敲除系主要农艺性状比较

| 农艺性状 | 福恢 2663 | *Pita-Fuhui2663-KO-1* | *Pita-Fuhui2663-KO-2* |
|---|---|---|---|
| 株高 /cm | 122.32±2.86 | 121.65±3.02 | 122.12±3.13 |
| 穗长 /cm | 24.06±1.22 | 23.96±1.34 | 23.88±1.62 |
| 单株有效穗 | 9.98±1.12 | 10.01±1.02 | 10.12±1.04 |
| 每穗颖花数 | 168.68±4.32 | 169.68±5.14 | 168.68±4.88 |
| 结实率 /% | 94.12±1.36 | 92.18±2.12 | 92.38±2.14 |
| 千粒重 /g | 26.46±0.58 | 27.12±0.61 | 26.88±0.52 |
| 粒长 /mm | 11.42±0.13 | 11.60±0.19 | 11.66±0.22 |
| 粒宽 /mm | 2.42±0.06 | 2.45±0.07 | 2.41±0.09 |

注：数据用平均值 ±SD 表示。

*Pita-Fuhui2663* 基因功能标记的开发。考虑到 *Pita-Fuhui2663* 基因的重要性和现有标记的不足，我们利用克隆的 *Pita-Fuhui2663* cDNA 序列构建了 *Pita-Fuhui2663-dCAPS* 分子标记，进行高效的标记辅助选择（表 5-12）。在 *Pita-Fuhui2663* 和 *Pita-S* 之间存在单碱基置换。根据这一差异，我们找到了一个 EcoP15I 酶解位点。感病基因 *Pita-S* 可以被 EcoP15I 特异识别，扩增出 98 bp 的片段，Lane 2 显示了来自 *Pita-S* 的 98 bp 的扩增目标片段，而抗病基因 *Pita-Fuhui2663* 不能，只能扩增到 123 bp 的片段，Lane 1 显示了来自 *Pita-Fuhui2663* 的 123 bp 扩增目标片段（图 5-12）。

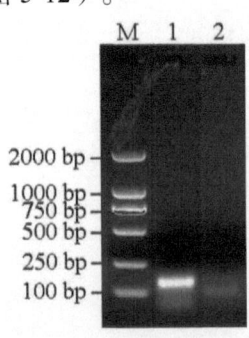

图 5-12　Pita-Fuhui2663-dCAPS 分子标记的检测与分析

注：M 为 DNA 大小标记；Lane 1 为来自 *Pita-Fuhui2663* 的 123 bp 的扩增目标片段；Lane 2 显示了从 *Pita-S* 中扩增的 98 bp 的目标片段。

### 五、抗病基因 *Pita-Fuhui2663* 育种利用研究

尽管 *Pita* 已经被克隆，但是如何促成 *Pita* 和 AvrPita 之间的联系尚不清楚。在这里，我们模拟了 *Pita-Fuhui2663* 及其易感变基因 *Pita-S*（A918S）的空间结构，发现 *Pita-Fuhui2633* 和 *Pita-S* 之间的 LRR 结构域发生了结构变化。此外，两个敲除突变体也表现出不同的蛋白质结构变化。考虑到这两种氨基酸之间的极性差异，*Pita-S* 可能表现出 Ala 提供的疏水环境的变化，阻碍了蛋白质的相互作用。同时，丰富的稻瘟病抗性 *R* 基因不仅存在于物种内部，也存在于物种之间。在同一个快速进化的基因家族中，*R* 基因可以表现出效应反应，对快速进化的真菌病原体产生耐药性。这包括在一种被称为"限制分化"的独特机制中，在该机制中，*R* 基因和病原体效应物只能遵循有限的进化路径来提高适应性。然而，还需要进行进一步的研究来揭示分子机制。

福恢 2633 是我们团队选育的一个新的水稻恢复系，具有叶型优良、结实率高、抗稻瘟病能力强等特点。在本研究中，我们使用图位克隆的方法确定了 *Pita-Fuhui2663* 为赋予福恢 2633 抗性的单显性基因，并通过 CRISPR/Cas9 系统对该基因进行了功能鉴定。此前，研究者收集了美国的一部分水稻核心材料，以评估稻瘟病抗性水平和产量相关成分之间的关系，揭示了具有 *Pita* 的水稻基因组与较轻的种子重量相关。最近的研究表明，*Pita* 对水稻产量有重要影响，不同的 *Pita* 等位基因突变体对水稻产量的影响不同。然而，我们的数据显示，*Pita-Fuhui2663* 除了在稻瘟病中发挥作用外，以福恢 2663 为基础的两个 *Pita-Fuhui2663* 敲除系在其他农艺性状（包括千粒重）上没有显著差异。表明 *Pita-Fuhui2663* 基因对福恢 2663 的生长发育影响不大。我们推测，一种或多种未知因子可能在福恢 2663 的基因组中特异性表达，以平衡其防御和生长。这种协同机制已在其他一些抗稻瘟病蛋白中得到证实。例如，抗药性的 *PigmR* 二聚化被其同源物 *PigmS* 竞争性减弱，导致免疫反应的抑制和产量成本的提高。因此，阐明 *Pita-Fuhui2663* 诱导的免疫与福恢 2633 生产之间的关系值得进一步研究。

为了进一步分析 *Pita-Fuhui2663* 的分布，我们对 CNCGB 和 CAAS 数据库

33 中的 3000 个已测序水稻基因组进行了 SNP（单核苷酸多态性）调用和单倍型（haplotype，Hap）分析，发现 *Pita-Fuhui2633* 基因有 25 个 Hap，包括 15 多种水稻资源材料中的 9 个 Hap（表 5-7）。进一步分析发现，Hap 1 和 Hap 9 共有 703 个材料含有 *Pita-Fuhui2663*，而其他 Hap 与 *Pita-Fuhui2663* 不同。因此，在 3000 个已测序的水稻基因组中，含有 *Pita-Fuhui2663* 的 Hap 相对较少。

表 5-7  稻瘟病抗病基因 *Pita-Fuhui*2663 单倍型分析

| 单倍型 | SNP | 样品数 | 分类 | 株高性状对应株数 | 对应株数株高/cm |
|---|---|---|---|---|---|
| Hap1 | TCCACTGCCCCA | 680 | Aus: 2；Bas: 12；GJ: 13；XI: 645；admix: 8 | 617 of 680 | 96.408 |
| Hap2 | TACACTGCGCCC | 651 | Aus: 82；Bas: 15；GJ: 37；XI: 504；admix: 13 | 584 of 651 | 96.731 |
| Hap3 | CACTCTGCGTCC | 359 | Aus: 5；GJ: 203；XI: 137；admix: 13；na: 1 | 333 of 359 | 99.700 |
| Hap4 | TACACTGCGCCA | 349 | Aus: 106；Bas: 29；GJ: 5；XI: 195；admix: 14 | 338 of 349 | 90.322 |
| Hap5 | TACACACGGCCC | 299 | Bas: 6；GJ: 282；XI: 3；admix: 8 | 279 of 299 | 99.315 |
| Hap6 | TATACACGGCCC | 254 | GJ: 239；XI: 8；admix: 7 | 246 of 254 | 85.077 |
| Hap7 | TACAATGCGCCC | 158 | Bas: 6；XI: 147；admix: 5 | 149 of 158 | 92.970 |
| Hap8 | TACACACGGCAC | 31 | GJ: 20；XI: 11 | 31 of 31 | 100.935 |
| Hap9 | TMCACTGCSCCM | 23 | XI: 19；admix: 4 | 20 of 23 | 94.950 |
| Hap10 | YMCWCTGCSYCM | 8 | XI: 7；admix: 1 | 8 of 8 | 97.938 |
| Hap11 | TAYACACGGCCC | 7 | GJ: 7 | 6 of 7 | 87.000 |
| Hap12 | TMCACTGCCCCA | 7 | XI: 7 | 6 of 7 | 87.333 |
| Hap13 | TACACWSSGCCC | 6 | XI: 3；admix: 3 | 4 of 6 | 98.500 |
| Hap14 | TACAMTGCGCCC | 6 | XI: 6 | 6 of 6 | 99.000 |

续表

| 单倍型 | SNP | 样品数 | 分类 | 株高性状对应株数 | 对应株数株高/cm |
|---|---|---|---|---|---|
| Hap15 | TACACTGCGCCM | 6 | Aus: 1；Bas: 1；XI: 3；admix: 1 | 4 of 6 | 89.250 |
| Hap16 | TAYACWSSGCCC | 5 | GJ: 1；XI: 2；admix: 2 | 5 of 5 | 95.200 |
| Hap17 | TMCAMTGCSCCM | 4 | XI: 4 | 4 of 4 | 110.750 |
| Hap18 | TMCACTGCSCCA | 4 | XI: 4 | 4 of 4 | 89.250 |
| Hap19 | YACWCTGCGYCM | 4 | admix: 4 | 4 of 4 | 95.500 |
| Hap20 | YACWCWSSGYCC | 4 | GJ: 4 | 4 of 4 | 110.625 |
| Hap21 | TMCACWSSSCCM | 3 | GJ: 1；XI: 1；admix: 1 | 2 of 3 | 102.500 |
| Hap22 | TACACASSGCCC | 3 | Bas: 1；GJ: 1；admix: 1 | 3 of 3 | 105.667 |
| Hap23 | TACACWSSGCCM | 3 | XI: 1；admix: 2 | 3 of 3 | 90.667 |
| Hap24 | YACWMTGCGYCC | 3 | XI: 1；admix: 2 | 2 of 3 | 86.000 |
| Hap25 | TMCACTGCGCCM | 3 | XI: 2；admix: 1 | 3 of 3 | 97.167 |

注：其中 Aus、Bas、GJ、XI 和 admix 表示收集的不同类型水稻种质资源。

MAS 技术是提高水稻抗性育种效率的重要方法（Xu et al., 2008）。Jia 等（2002）最初分析了 Pita 基因座的自然变异，并基于 PCR 方法开发了一组显性标记。之后，Wang 等（2004）根据内含子中的多态位点（GCC 到 CTAT），进一步将 Pita 标记系统优化为两对显性标记，这在水稻育种中已得到广泛应用。在这里，我们使用 dCAPS 方法使用限制性内切酶 EcoP15I 开发了 *Pita-Fuhui2663* 功能标记。该标记依赖于 *Pita-Fuhui2663* 第二外显子的关键多态位点（蛋白质中的 A918S）。因此，在我们的研究中，开发的 *Pita-Fuhui2663* 功能标记用于鉴定 *Pita-Fuhui2663* 抗病基因座，作为 *Pita-Fuhui2633* 标记系统的补充。因此，育种人员可以利用 MAS 技术将 *Pita-Fuhui2663* 转入恢复系和不育系中，培育出杂交水稻新品种。综上所述，Fuhui2663 具有优良的综合性状，含有 *Pita-Fuhui2663* 抗病基因，相信该品种在未来的科研和育种应用中具有巨大的潜力。

## 第三节　稻瘟病菌抗病基因 *Pigm-1* 克隆与功能分析

水稻（*Oryza sativa*）是植物科学中一个活跃的研究领域。水稻病害威胁着全球粮食安全和可持续农业，最有效的防治策略是开发具有持久和广谱抗性的作物品种（Dangl et al., 2013；Deng et al., 2017）。稻瘟病是由真菌病原体稻瘟病菌（*Pyricaria oryzae*）引起的，是最具破坏性的水稻病害，经常导致水稻严重减产（Zhang et al., 2016）。稻瘟病菌能够通过激活转座因子快速发生遗传变化，从而规避寄主防御，导致稻瘟病的发生（Dean et al., 2005）。迄今为止，已鉴定出 100 多个主要稻瘟病抗性（R）基因，其中 30 个已被分子克隆（Wang et al., 2017）。几乎所有克隆的母细胞 *R* 基因编码细胞内核苷酸结合（NBS）富亮氨酸重复（LRR）结构域受体（NLRs）蛋白，这些蛋白直接或间接识别真菌效应物并触发效应物触发免疫（ETI）（Dangl et al., 2013）。

值得注意的是，自 1991 年以来，水稻的第 6 染色体（*Piz* 位点）上的一组稻瘟病 *R* 基因在世界范围内被用来有效地减少籼稻种质中的稻瘟病（Yu et al., 1991）。在 *Piz* 位点，许多等位基因已被鉴定或克隆，如 *Pi2*、*Pi9*、*Pi40*（*t*）、*Pi50*、*Pizt* 和 *Pigm*（Deng et al., 2006；Qu et al., 2006；Zhou et al., 2006；Jeung et al., 2007；Su et al., 2015；Deng et al., 2017），Piz 家族成员数目在不同水稻品种中存在差异，从 2 到 13 个拷贝不等（Dai et al., 2010；Deng et al.,2017）。

*Pigm* 基因已被成功克隆,其中包含 13 个 NLR 基因拷贝。在这些 NLR 基因中，*PigmR* 赋予广谱抗性，而 *PigmS* 竞争性地减弱 *PigmR* 的同二聚体以抑制抗性。*PigmS* 增加以抵消 *PigmR*（Deng et al., 2017）诱导的产量成本。最近的研究表明，*PIBP1*（PigmR-interacting and BLAST RESISTANCE PROTEIN 1）是一种 RRM（RNA 识别基序）蛋白，它能特异性地与 *PigmR* 和其他类似的 NLRs 相互作用，从而触发 BLAST 抗性（Zhai et al., 2019）。进一步的研究发现，RRM 转录因子可以直接与 *PigmR* 的 NLRs 和其他类似的 NLRs 相互作用，激活植物防御，

从而在免疫应答的转录激活和 NLR 介导的病原体感知（Zhai et al., 2019）之间建立直接联系。基因等位基因突变或变异对提高遗传多样性和作物遗传改良具有重要意义。然而迄今为止，还没有发现 *Pigm* 基因的等位基因变异。

本研究从稻瘟病菌高抗性水稻品种双抗 77009 中鉴定出抗稻瘟病基因，并根据后续分析将该基因命名为 *Pigm-1*。与 Pigm 蛋白序列相比，Pigm-1 编码一个含有氨基酸变化的 NLR 蛋白 S860Y。利用 CRISPR/Cas9 基因组编辑技术，我们敲除了双抗 77009 中的 *Pigm-1*，并观察到敲除突变体失去了抗性，这表明 Pigm-1 是一种功能性 NLR 蛋白，赋予水稻稻瘟病抗性。此外，利用开发的 *Pigm-1* 连锁分子标记，将 *Pigm-1* 基因转入应用广泛的优良恢复系明恢 86 中，获得了 11 个农艺性状优良、抗稻瘟病能力强的稳定纯合子系，这对抗病水稻的选育具有重要意义。

## 一、双抗 77009 稻瘟病抗性鉴定

双抗 77009 保存于福建省农业科学院水稻研究所种质资源室，1978 年开始对稻瘟病表现出高抗性（Zhang et al.,1987）。为在实验室条件下分析双抗 77009 对稻瘟病的抗性，利用稻瘟病菌 Guy11 对其进行接种鉴定，并以感病水稻品种 CO39 为对照，观察到双抗 77009 表现出较强的稻瘟病抗性（图 5-13）。

图 5-13　双抗 77009 和 CO39 在室内条件下对 Guy11 的抗性比较

注：将处于 3～4 叶期的双抗 77009 和 CO39 植株移至高湿度的接种室中，用连接到空气压缩机的喷漆喷枪喷洒植物来隔离 Guy11。将接种的植物转移到覆盖湿海绵的塑料盒中，在暗室（95%～100% RH，25℃）中放置 24 h。然后将接种的植物转移到 25～28℃ 的温室中 6 d。

为了进一步测试双抗77009在自然田间条件下的稻瘟病抗性，我们将双抗77009和CO39种植在中国稻瘟病高发的4个地点，分别是福建省上杭县、安徽省黄山市、江西省井冈山市和湖北省宜昌市。我们发现双抗77009在所有4个试验地点都表现出较强的稻瘟病抗性（图5-14）。

图5-14 双抗77009和CO39在田间自然条件下对稻瘟病的抗性比较

## 二、双抗77009抗性基因的遗传特性

以抗稻瘟病供体双抗77009为材料，以感病亲本CO39和LTH为亲本，进行抗稻瘟病遗传分析。用Guy11菌株接种双抗77009的$F_2$代，分析其抗病基因的遗传规律。$F_2$群体中抗性（R）和感病（S）后代的分离符合3∶1的比例（303 R∶102 S，$\chi^2=0.31$；153 R∶45 S，$\chi^2=0.33$，表5-8）。R/S分离比表明，双抗77009含有一对主效显性抗病基因。

表5-8 双抗77009及其杂交后代对稻瘟病分离株Guy11的抗性

| 组合 | F1表型 | F2群体 | | | $\chi^2$（3∶1） | P |
|---|---|---|---|---|---|---|
| | | 抗病单株 | 感病单株 | 总数 | | |
| 双抗77009×CO39 | 抗病 | 303 | 102 | 405 | 0.310* | ＞0.9 |
| 双抗77009×LTH | 抗病 | 153 | 45 | 198 | 0.33* | 0.5～0.75 |

注：*表示抗性植物与感病植物的分离率在0.05显著水平上符合3∶1。

## 三、双抗 77009 稻瘟病抗性基因的鉴定与定位

为了确定哪一个基因使得双抗 77009 具有抗性表型，我们首先定位了双抗 77009 稻瘟病抗性的抗性位点。首先，从水稻分子图谱中共选择了 506 个 SSR 标记进行双抗 77009 和 LTH 之间的多态性调查（Mc Couch et al., 2002），其中 285 对表现出多态性。基于这 285 对引物，利用 $F_2$ 群体中的 15 株抗性植株和 15 株感病植株进行标记与该位点之间的连锁分析。其中 3 个 SSR 标记 RM585、RM276 和 RM1161 位于第 6 染色体短臂末端区域，并发现与 193 个 $F_2$ 个体的抗性位点连锁。因此，将抗病基因定位到第 6 染色体上 SSR 标记 RM276 和 RM1161 侧翼的 31.5 cM 区域内（图 5-15A）。

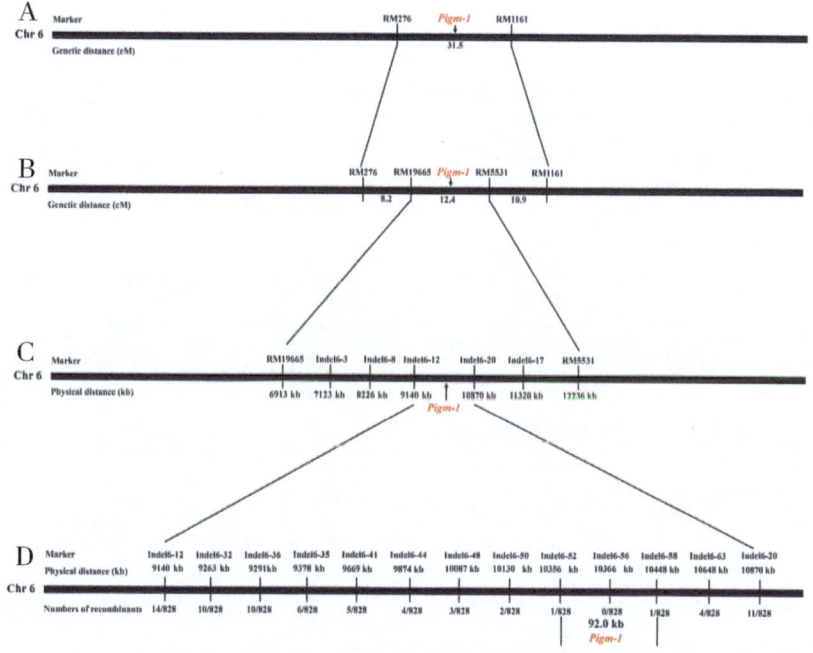

图 5-15　*Pigm-1* 的遗传图谱和物理图谱构建

注：（A）*Pigm-1* 基因定位在标记 RM276 和 RM1161 之间。（B）*Pigm-1* 基因定位在标记 RM19665 和 RM5531 之间。（C）*Pigm-1* 基因定位在标记 Indel6-12 和 Indel6-21 之间。（D）*Pigm-1* 基因定位在 92.0 kb 区域。

为了将该基因定位到更小的区域，从 $F_2$ 中鉴定出 828 个双抗 77009×LTH 易感植株。使用 RM276 和 RM1161 之间区域的已发表标记构建了更高精度的图谱（表 5-9）。使用上述间隔区域内的 9 个多态性标记对所有重组进行基因分型。利用 MAPMAKER/EXP 30 软件进行连锁分析发现，该抗病基因位于第 6 染色体 RM19665-RM5531 之间，距离为 12.4 cM（图 5-15B）。

进一步定位抗病基因，从 22 个新 Indel 中选择了 5 个多态性 Indel（表 5-9）。Indel 标记是根据公开的水稻基因组序列设计的。并通过比较 Nipponbare 与籼稻品种 93-11 的序列，预测双抗 77009×LTH 之间检测多态性的可能性。利用 3 个多态性标记对所有重组体进行基因分型。结果表明，抗病基因位于第 6 染色体上的分子标记 Indel6-12 和 Indel6-20 之间，两个标记之间的物理距离为 1730kb（图 5-15C 和表 5-9）。

表 5-9 利用 Indel 和 SSR 分子标记对 *Pigm-1* 基因进行精细定位

| 标记 | 正向引物 | 反向引物 |
| --- | --- | --- |
| RM19665 | CGATGTCTTCGAGTCCCTTAACAGG | ACGGTTGGTGATGCTCTTAGGC |
| RM5531 | TTTGTGTTGGTAAGTTGCTTC | TTAAGGAGAGTGTTTTCTTTTCTC |
| Indel6-3 | CGTCTCCAAATCATCATCTC | AGCAGGAAGAGGTCTGCT |
| Indel6-8 | AACGACCGGTTAGATATCAG | TACCTCGCAAGTATCACCTT |
| Indel6-12 | GAAGGGGAATTGTCTGAAGT | ACAGAGTGGAGCAATAGAGG |
| Indel6-20 | GAGCAATCAGCATTCATTTA | TACGTAGTATCCTGTCCCGT |
| Indel6-17 | GCTTGTAATGCATGTTCTGA | GCAATTTCAGCATTTAGAAT |
| Indel6-32 | GGTACAAATCCTGAGTGGAG | ATCCTACCGGATCCTCTCT |

续表

| 标记 | 正向引物 | 反向引物 |
|---|---|---|
| Indel6-36 | CCTACGGGAAGCTGAAGA | CTCGTCGTGAACTGCCTC |
| Indel6-35 | AAAATCACCAGGAAAATTGA | TTTTGCCACTTTGGTTAGAT |
| Indel6-41 | GGTGAGGTTATGAAGGGTAT | CTACACATTTGCTAGGGGAG |
| Indel6-44 | TCGTCAAGCGGAGGATAC | CAGCAGCTTTGTCGTGAG |
| Indel6-48 | GTGCTAAAACGACAGCTTTT | CTCTCATGTTCCACAAAGGT |
| Indel6-50 | GTGACCGTCCGTCTTATTTA | TGTCCAACGATTAAATGTCC |
| Indel6-52 | ATAGAGTTATTGGCACCAGC | CTGGTGGACTCTTTGTATCC |
| Indel6-56 | TCTGAATTATTGTGGTCGTG | CCGTTCACATCAGTTTTCT |
| Indel6-58 | GGTACCAAGTGGTAAAACCA | CATCTCTTCAGCTGTCATCA |
| Indel6-63 | TCCGATATGACGTGTACTGA | GAAATGTCCTTTTGTCAGTT |

最后精细定位抗病基因,从42个新Indel中筛选出11个多态性Indel(表5-9)。重组筛选结果表明,11个标记Indel6-32、Indel6-36、Indel6-35、Indel6-41、Indel6-44、Indel6-48、Indel6-50、Indel6-52、Indel6-56、Indel6-58和Indel6-63与抗性位点较近。最终,在Indel6-52和Indel6-58之间的92.0 kb区域精确定位了抗病基因(图5-15D)。

### 四、双抗77009抗性候选基因的序列分析

根据现有的序列标注数据库(http://rice.plantbiology.msu.edu/;http://www.tigr.org/),在92.0 kb区域有10个被注释的基因(图5-15D),并且都有相应

的全长 cDNA。其中，*LOC_Os06g17870* 编码硝酸盐诱导的 NOI 蛋白；*LOC_Os06g17860*、*LOC_Os06g17960* 和 *LOC_Os06g17890* 编码假想蛋白；*LOC_Os06g17900*、*LOC_Os06g17910*、*LOC_Os06g17920*、*LOC_Os06g17930*、*LOC_Os06g17950* 和 *LOC_Os06g17970* 编码 NLR 蛋白。

进一步的分析显示，编码 NLR 蛋白的 *Pigm* 基因位于该位点（Deng et al., 2017）。为了研究哪个基因负责抗性表型，我们接下来对两个 *Pigm* 基因 *PigmR* 和 *PigmS* 进行测序。测序结果显示，*PigmS* 基因座中没有差异，而 PigmR 中存在 3 个碱基取代（C_T、C_T 和 C_A）（图 5-16），这导致一个氨基酸取代，S860 Y（图 5-17）。这些结果表明，双抗 77009 中的这一抗病基因很可能与 *PigmR* 等位。由于 PigmR 赋予稻瘟病抗性，并且一个氨基酸的改变可能不影响其功能，我们推测该 Pigm 变体可能解释了双抗 77009 的稻瘟病抗性。因此，我们将该基因命名为 *Pigm-1*。

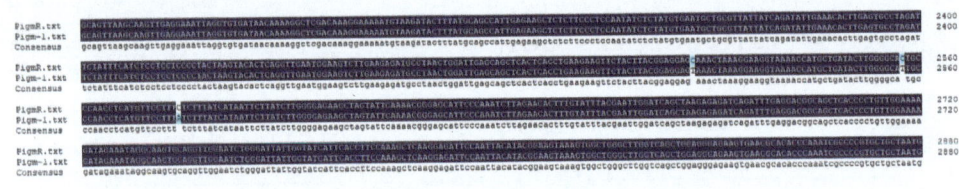

图 5-16　PigmR 与 Pigm-1 的序列比较

注：不同的碱基以浅蓝色突出显示。

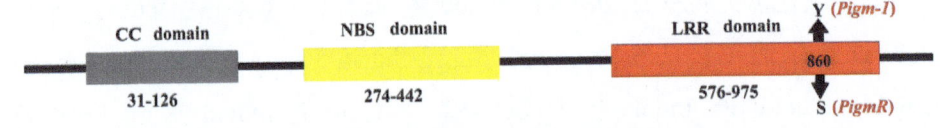

图 5-17　PigmR 与 Pigm-1 的结构比较

注：PigmR 和 Pigm-1 有 3 个相同的结构域（CC 结构域、NBS 结构域和 LRR 结构域），并且 PigmR 和 Pigm-1 之间只有一个氨基酸替换（S860 Y）。

与 Pigm 相比，Pigm-1 中丝氨酸 860 变为酪氨酸。由于丝氨酸是亲水性氨基酸，而酪氨酸是芳香族的疏水性氨基酸，因此预期这种取代将改变 Pigm-1 蛋白的结构。通过基于 Swiss model 程序模拟 Pigm-1 和 PigmR 的空间结构，我们观察到 Pigm-1 和 PigmR 蛋白之间 LRR 结构域的结构变化（图 5-18），表明 Ser-860 是 PigmR 的关键位点，Pigm-1 中的突变 Tyr 860 可能部分影响 Pigm-1 蛋白的功能，例如其特异性。

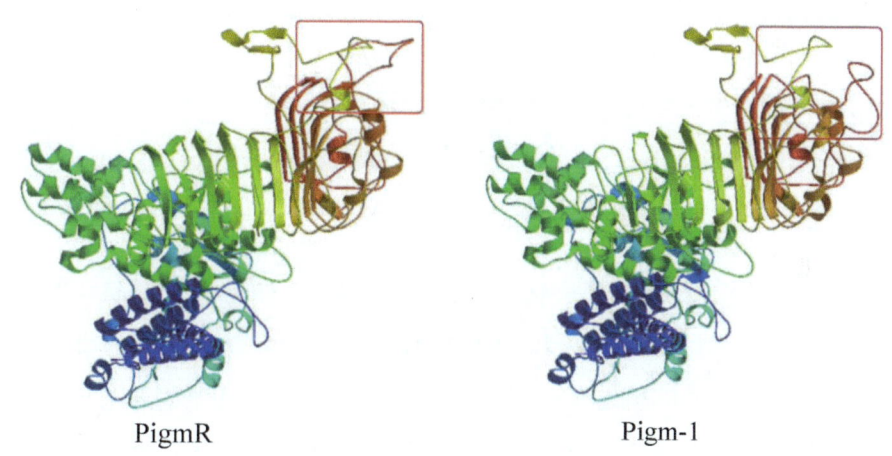

图 5-18  PigmR 蛋白和 Pigm-1 蛋白的三维结构

注：基于 Swiss 模型程序，Pigm-1 蛋白的 LRR 结构域发生了显著的结构变化，其第 860 位氨基酸由丝氨酸（S）替换为酪氨酸（Y），结构发生了显著变化。红色方块表示第 860 个氨基酸的变化位点。

### 五、双抗 77009 稻瘟病抗性基因 *Pigm-1* 的验证

双抗 77009 的 *Pigm-1* 基因第三外显子上有两个 gRNA 间隔区，分别为 2416 bp 和 2488 bp。使用 CRISPR-植物数据库和网站设计高度特异性的 gRNA 间隔区序列（表 5-10）（Xie et al., 2014）。分析再生植物中靶基因的基因组编辑突变。通过 PCR 检测染色体缺失和插入，引物侧翼的两个靶位点的基因。对来自转基因 CRISPR 编辑系的选择的 PCR 产物进行测序以确定特定突变。采用简并序列解码方法解析双峰（Ma et al., 2015）。CRISPR/Cas9 研究的引物列于表 5-10。

表 5-10  用于 gRNA 靶标序列和基因编辑突变体基因型分型的引物序列

| 引物名称 | 序列 5'→3' | 目的 |
| --- | --- | --- |
| gRNAs1-*pigm-1* | CCTGAGTGTACTTAGTAGGGGAG | CRISPR/CAS9 |
| gRNAs2-*pigm-1* | ACCTGAAGAAGTTCTACTTACGG | CRISPR/CAS9 |
| *Pigm*-1-F1 | CCAATATCTCTATGTGAATGCTGC | Screening of lines |
| *Pigm*-1-R1 | CCAAGATAAGAATTATGATAAAGA | Screening of lines |
| *Pigm*-1-F2 | TTGAATGGAAGTCTTGAAGAGAT | Screening of lines |
| *Pigm*-1-R2 | CCAAGATAAGAATTATGATAAAGA | Screening of lines |

为了证实 Pigm-1 赋予稻瘟病抗性，我们检测了在抗性品种双抗 77009 中敲除 Pigm-1 是否会导致感病表型。本研究通过 CRISPR/Cas9 基因编辑系统，设计了两个序列特异性的引导 RNA（gRNAs），靶向 Pigm-1 基因的第三外显子。从 6 个独立事件中获得总共 6 株植物，并通过测序证实其在两个靶位点之间携带大部分插入或 86 bp 的缺失（表 5-11）。

表 5-11  6 个双抗 77009 敲除系中突变位点

| 株系 | 靶标类型 | 突变位点 |
| --- | --- | --- |
| Line1 | gRNAs 2 | TTAGTTTGCTCCTCCGTAAG---AACTTCTTCAGGTGA<br>（deletion 3 bp） |
| Line2 | gRNAs 2 | TTAGTTTGCTCCTCCGTAAGT--AACTTCTTCAGGTGA<br>（deletion 2 bp） |
| Line3 | gRNAs 2 | TTAGTTTGCTCCTCCGTAAGTATGAACTTCTTCAGGTGA<br>（insert 1 bp） |
| Line4 | gRNAs 2 | TTTAGTTTGCTCCTCCGTAA……TGTACTTAGTAGGGG<br>（deletion 86 bp） |
| Line5 | gRNAs 1 | TCCATTCAACCTGAGT--ACTTAGTAGGGGAGGA<br>（deletion 2 bp） |
| Line6 | gRNAs 1 | TCCATTCAACCTGAGT----TTAGTAGGGGAGGA<br>（deletion 4 bp） |

接下来我们用 Guy11 接种这 6 个纯合突变株系，所有 6 个株系都对 Guy11 完全易感（图 5-19）。因此，*Pigm-1* 基因在双抗 77009 抗稻瘟病中的靶向突变导致了双抗 77009 对 Guy11 的感病性，表明 *Pigm-1* 基因是双抗 77009 抗稻瘟病的主要基因。

图 5-19　*Pigm-1* 敲除突变体对 Guy11 的抗性比较

## 六、*Pigm-1* 的功能标记开发及育种利用

考虑到 *Pigm-1* 基因的重要性和现有标记的不足，我们开发了共显性基因衍生的标记，利用克隆的 *Pigm-1* 基因的 DNA 序列进行高效的标记辅助选择。*Pigm-1* 基因的分子标记（Pigm-1F：TTATTTCGTTTGCTATGC；Pigm-1R：GGACTATGTGATCGGTTA）。含有 *Pigm-1* 基因的水稻材料经基因扩增产生 163 bp 和 133 bp 的条带。

利用具有持久和广谱抗性的基因来抵抗不同的稻瘟病病原体，仍然是水稻抗性育种的重点。在考虑的多种稻瘟病抗性优势基因中，*PigmR* 基因在世界不同水稻产区均表现出广谱、持久的稻瘟病抗性。Pigm-1 在实验室和现场条件下也表现出广谱抗稻瘟病能力（图 5-14）。

为进一步培育新的抗性恢复系，以应用广泛的优良恢复系明恢 86 为受体，双抗 77009 为供体。以明恢 86 为母本、双抗 77009 为父本的 $F_1$ 植株与明恢 86 回交，获得 $BC_1F_1$ 代。这些 $BC_1F_1$ 植株经自交产生 828 个 $BC_2F_2$ 系。利用所建立的分子标记在苗期对这些品系进行检测，得到 128 个含有目的基因的品系。在成熟期，我们对 128 个具有不同农艺性状（株高、株型、粒型和结实率）的品系进行了评价，最终选出了 11 个具有理想农艺性状和 *Pigm-1* 基因相关标记的品系。

为了检验标记辅助育种的效率和准确性，我们用 Guy11 侵染了 11 个优良品系的稻瘟病抗性。结果表明，11 个品系均对稻瘟病具有抗性（图 5-20），表明该方法具有较好的选择效率和准确性。

图 5-20　对双抗 77009、明恢 86 和 11 个优良品系对桂稻 11 号的抗瘟性进行了研究

注：稻瘟病菌接种试验表明，11 个品系和双抗 77009 均抗 Guy 11，明恢 86 对 Guy 11 感病。

虽然 *Pigm* 基因在 2017 年被成功克隆（Deng et al., 2017），但它自 1992 年以来一直用于生产（Lie et al., 1992）。例如，含有 *Pigm* 基因的细胞质雄性不育（cytoplasmic male sterility，CMS）系谷丰 A 于 2002 年被福建省批准使用。该不育系在生产上应用近 20 年，至今仍具有较好的抗稻瘟病性。在 Pigm 中产生了一些位点特异性的人工突变，不同稻瘟病分离物的接种实验表明，PigmR 的 LRR 结构域中的 4 个氨基酸的每个突变，包括 F858 V，S860 Y，E909 Q 和

D961 Y，都改变了抗性谱（Deng et al., 2017）。有趣的是，PigmR 中的人工突变之一是 S860 Y，产生了本研究中鉴定的 Pigm-1 蛋白，这是 PigmR 的天然等位基因变体。先前的研究表明，具有 *Pigm-1* 基因的水稻植株仅对 CH 172 中度易感，而对其他菌株仍具有抗性（Deng et al., 2017）。一个有趣的问题是，一个氨基酸的变化是否会导致抗性的差异。NLR 蛋白直接或间接检测真菌效应因子以触发抗病性（Dangl et al., 2013）。基于模拟的 Pigm-1 蛋白的 3-D 结构显示，这种氨基酸变化显著改变了 NLR 蛋白结构（图 5-18）。我们推测，这种变化可能会极大地影响 Pigm-1 蛋白的特异性功能，例如 Pigm-1 蛋白与病原体效应物或宿主效应物靶标的结合活性。

Pi 2/9 区域中的 Pigm 基因座含有编码对真菌 M 的持久抗性所需的 NLR 蛋白的基因簇。PigmR 具有广谱抗性，而 PigmS 竞争性地减弱 PigmR 同源二聚化以抑制抗性（Deng et al., 2017）。Pigm-1 在 4 个不同的试验地点也对稻瘟病具有抗性（图 5-14）。含有 *Pigm-1* 基因的双抗 77009 自 1978 年以来对稻瘟病表现出高抗性（Zhang et al., 1987）。为了利用 *Pigm-1* 基因在水稻抗病育种中的应用，通过 MAS 技术，将 *Pigm-1* 基因导入明恢 86，获得了 11 个农艺性状优良、抗稻瘟病的稳定纯合株系（图 5-20）。更重要的是，我们的遗传分析表明，Pigm-1 具有广谱抗稻瘟病性，在培育抗稻瘟病品种上具有很好的利用价值。

当一个抗性品种在大面积种植数年后，由于高选择压力，这个特定品种中的抗病基因可能会崩溃。例如，优良恢复系明恢 86 对稻瘟病具有较好的抗性，但随着种子结构的调整和病原真菌的生理变化，近年来已变得对稻瘟病易感。此外，*PigmR* 基因具有较强的抗性（Deng et al., 2017），但近年来，一些含有 *PigmR* 基因的品种在江苏省的一些地区也发生了病害。稻瘟病病原体显然进化得非常快。因此，加强水稻抗稻瘟病育种工作显得尤为重要和迫切。在水稻抗病育种中，为了充分开发新的抗原，应将不同类型的 *R* 基因整合到同一品种中，利用不同品种以保证抗原的多样性，并合理安排含有不同功能 *R* 基因的品种。

# 第六章 稻瘟病抗病 R 基因分子标记开发

水稻稻瘟病不仅影响水稻的产量与品质，而且严重时甚至导致颗粒无收（Deng et al., 2017; Li et al., 2019）。植物抗病防御系统主要有两个层次：一个是寄主植物通过细胞质膜上的模式识别受体识别病原菌的偶联分子模式，即PTI反应；另一个是通过抗病基因（resistance gene，R）编码的蛋白感知病原分泌的效应蛋白，即ETI（effector-triggered immunity）反应，也称专化性抗性（张杰等，2019）。由于R基因介导的抗性高效且可操作性强，因此选育和推广携带R基因的抗病品种成为目前生产实践中防治稻瘟病最为经济、有效且根本的一种方法。

近年来，国内外研究者利用不同的群体与方法，已经鉴定了500多个稻瘟病抗性相关基因或QTL，其中30多个R基因被成功克隆，包括Pi1、Pi9、Pigm等重要基因已被使用于生产实践中（杨德卫等，2019a）。传统的抗稻瘟病育种方法主要是通过病圃自然诱发或人工接种的方式，对植株进行表型抗性鉴定。其需要投入较大的人力物力，且鉴定结果往往受外界因素影响，需要多次重复验证，因此准确性和实际效率均偏低。分子标记是一类能在DNA水平上反映生物个体或种群间遗传多态性的标记。而分子标记辅助选择（marker-assisted selection，MAS）是利用与目的基因紧密连锁或基因内设计的分子标记，进行辅助选择育种的一项技术，由于它不受其他基因效应和环境条件的影响，且允许在早代进行大范围、高强度的选择，缩短了育种年限，因此是提高抗稻瘟病水稻育种效率的有效途径（王军等，2018b）。本文就目前分子标记的发展、特征，稻瘟病抗病基因的克隆，抗病基因分子标记的开发以及在水稻稻瘟病抗性育种中的利用进行整理和简要概述。

## 第一节　DNA 分子标记的类型与特点

DNA分子标记的开发应用主要经历了三个阶段的发展，分别为早期以随机扩增多态性DNA（random amplified polymorphism DNA，RAPD）和限制性片段长度多态性（restriction fragment length polymorphism，RFLP）等为代表的一代分子标记技术，以现阶段广泛应用的扩增片段长度多态性（amplified fragment length polymorphism，AFLP）和简单序列重复长度多态性（simple sequence repeat，SSR）等为代表的二代分子标记技术，以及目前快速发展的以单核苷酸多态性（single nucleotide polymorphism，SNP）等为代表的三代分子标记技术（罗冉等，2010）。

RFLP是最早开发的一类分子标记技术，其是根据同一限制性内切酶识别位点在不同基因组间存在的碱基差异，利用已知参考序列设计的目标引物和PCR（polymerase chain reaction）技术对目的片段进行扩增，获得的产物通过相应的内切酶切割，以及聚丙烯酰胺凝胶电泳（polyacrylamide gel electrophoresis，PAGE）分离后，来检测标记位点的多态性（贺淹才，2008）。RFLP标记具有共显性的优点，能同时反映出等位基因的基因型和合子型，且现多种作物已建成相应的RFLP分子遗传图谱，可靠性强。但RFLP标记发展至今也仍存在包括DNA用量大、纯度要求高、实验操作较烦琐、检测周期长，以及成本费用较高等诸多缺陷，从而限制了其在实际中的应用。

RAPD是利用随机引物（长度为8~10 bp）和PCR技术对目的基因组进行非定点扩增，获得的DNA片段经电泳分离和差异分析后，可以反映出基因组相应片段由于碱基发生缺失、插入、替换或重排等遗传变异所引发的DNA多态性信息（Grover and Sharma，2016）。RAPD标记相比RFLP具有DNA用量少、检测速度快、成本低等特性；但其并不能区分纯合还是杂合基因型，且稳定性和重复性较差，因此并不适合于生产应用。

AFLP的基本PAGE分离检测和多态性分析（Grover and Sharma，2016）。AFLP标记结合了RFLP与RAPD的优点，稳定性好、效率高，且多态性丰富，但检测需要同位素，且技术费用较高，因此逐渐方法是在内切酶酶切片段两端分别加上与特定引物互补的双链接头，经PCR扩增后，进行为后来开发的分子标记技术所取代。

SSR 是利用作物基因组中存在的大量简单重复序列，通过对其两端相对保守的单拷贝序列分别设计一段互补寡聚核苷酸引物，并进行 PCR 扩增的一项分子标记技术。由于其不同等位基因间的重复单位次数往往不同，可根据凝胶电泳检测分离片段的大小，来鉴别基因型并计算等位基因频率（罗冉等，2010）。SSR 标记具有共显性好、多态性高的特征，尽管其设计开发需要预先知道重复序列两端的碱基信息，但随着多个主要作物基因组测序工作的完成，该标记目前在分子育种中已得到了十分广泛的应用。

SNP 是一类广泛存在于作物基因组中的 DNA 序列差异，其由单个碱基发生转换或颠换而引起点突变，稳定而可靠，通过对单个核苷酸的多态性检测，可区分不同个体间的差异（邹喻苹和葛颂，2003）。常用的检测方法包括两类：一类是以凝胶电泳为基础的经典检测方法，如酶切扩增多态序列（cleaved amplified polymorphic sequence）、变性梯度凝胶电泳（denaturing gradient gel electrophoresis）、单链构象多态性（single-strand conformation polymorphism）、等位基因特异性 PCR（allele-specific PCR）等，它们对设备要求不高，且成本低，但速度慢，难以实现高通量的 SNP 检测；另一类是具有高通量、自动化程度较高特性的检测方法，包括直接测序、基因芯片、质谱检测技术、变性高效液相色谱（denaturing high-performance liquid chromatography）、高分辨率熔解曲线分析技术（high resolution melting）等，它们可以实现 SNP 高通量、自动化检测，但对设备和技术要求高，成本较高（许家磊等，2015）。

## 第二节　稻瘟病抗病 $R$ 基因的克隆

近年来，国内外研究者利用不同的遗传群体和定位方法在水稻中鉴定了大量的 $R$ 基因，其中与稻瘟病抗性相关的 $R$ 基因或 QTL 就达到 500 多个，这些基因分布于水稻 12 条不同的染色体上（杨德卫等，2019）。通过正向或反向遗传学等方法，目前水稻中已被克隆和描述的稻瘟病抗性相关的 *R* 基因共 39 个，包括 *Pb1*、*Pi-1*、*Pit*、*Pi2*、*Pi9*、*Pib*、*Pid-3*、*Pigm*、*Piz-t* 和 *Pita* 等重要基因（表 6-1）。

表 6-1  已克隆的稻瘟病相关抗病基因

| 基因 | 染色体 | 供体品种 | 编码蛋白 |
| --- | --- | --- | --- |
| *Pi37* | 1 | St. No. 1 | NBS-LRR |
| *Pish* | 1 | 日本晴 | NBS-LRR |
| *Pit* | 1 | K59 | NBS-LRR |
| *Pi35* | 1 | Hokkai 188 | NBS-LRR |
| *Pi64* | 1 | 羊毛谷 | NBS-LRR |
| *Pib* | 2 | IR24, BL1 | NBS-LRR |
| *Bsrd-1* | 3 | 地谷 | MYB 转录因子 |
| *pi-21* | 4 | Owarihatamochi | 富含脯氨酸蛋白 |
| *Pi-63* | 4 | Kahei | NBS-LRR |
| *Pi-2* | 6 | Jefferson | NBS-LRR |
| *Pi-9* | 6 | 75-1-127 | NBS-LRR |
| *Pizt* | 6 | Zenith | NBS-LRR |
| *Pid-2* | 6 | 地谷 | B 凝集素类受体激酶 |
| *Pid-3* | 6 | 地谷 | NBS-LRR |
| *Pi25* | 6 | 谷梅 2 号 | NBS-LRR |
| *Pid3-A4* | 6 | A4（*O. rufipogon*） | NBS-LRR |
| *Pi50* | 6 | 二八占 | NBS-LRR |
| *Pid4* | 6 | 地谷 | NBS-LRR |
| *Pigm* | 6 | 谷梅 4 号 | NBS-LRR |
| *Pigm-1* | 6 | 双抗 77009 | NBS-LRR |
| *Pizh* | 6 | 中花 11 | NBS-LRR |
| *Pi-36* | 8 | Q61 | NBS-LRR |

续表

| 基因 | 染色体 | 供体品种 | 编码蛋白 |
| --- | --- | --- | --- |
| *Pi-5/Pi-3/Pii* | 9 | Tetep | NBS-LRR |
| *Pi56* | 9 | 三黄占2号 | NBS-LRR |
| *Pii* | 9 | Hitomebore | NBS-LRR |
| *Pikh/Pi-54* | 11 | K3 | NBS-LRR |
| *Pik-m* | 11 | Tsuyuake | NBS-LRR |
| *Pb1* | 11 | Modan | NBS-LRR |
| *Pik* | 11 | Kusabue | NBS-LRR |
| *Pik-p* | 11 | K60 | NBS-LRR |
| *Pia* | 11 | Aichi Asahi | NBS-LRR |
| *Pi-1* | 11 | LAC | NBS-LRR |
| *Pi54rh* | 11 | nrcpb002（*O. rhizomatis*） | NBS-LRR |
| *Pi-CO39* | 11 | CO39 | NBS-LRR |
| *Pi54of* | 11 | nrcpb004（*O. officinalis*） | NBS-LRR |
| *PiK-h* | 11 | K3 | NBS-LRR |
| *Pike* | 11 | 籼早143 | NBS-LRR |
| *Piks* | 11 | Unknown | NBS-LRR |
| *Pita* | 12 | Yashiro-mochi | NBS-LRR |
| *Ptr* | 12 | M2353 | 犰狳重复蛋白 |

这些已经克隆的 *R* 基因中，多数是成簇排列或互为等位的，例如第 6 染色体 *Pi9* 位点上互相等位的 *Pi-2*、*Pi-9*、*Pigm* 与 *Pizt* 等（Deng et al., 2017），以及位于第 11 染色体 *Pik* 位点互为等位的 *Pi-1*、*Pikh/Pi-54*、*Pikp*、*Pikm* 与 *Pik* 等（Zhai et al., 2011）。有些基因是表现部分抗性或水平抗性的，例如 *pi21*（Fukuoka et al., 2009）、*Pi34*（Xie et al., 2019）、*Pi35*（Fukuoka et al., 2014）、*Pb1*（Hayashi et al., 2010）、*Bsr-d1*（Li et al., 2017）等，它们往往以一种亲和的方式与病原菌互作，表现抗谱广、抗性弱的特性，在广谱持久抗病品种的培育中具有重要

的应用价值。其他 R 基因则表现完全抗性或垂直抗性，其中大部分编码 NBS-LRR（nucleotide binding site, leucine rich repeat）类蛋白（杨德卫等，2019）。例如，R 基因 Pid4 的编码产物为典型的 CC（coiled-coil）–NBS–LRR 结构，其在植株不同生长发育阶段均有组成型的表达（Chen et al., 2018）；Pi2 与 Piz-t 编码的蛋白产物仅在其中 3 个 LRR 区域中存在 8 个氨基酸的差异，而其他部分的序列完全相同（Zhou et al., 2006）。

## 第三节 抗病 R 基因分子标记的开发

分子标记技术的不断开发完善，对解决其在实际应用中出现的问题，以及提高分子标记在水稻抗性育种中的利用效率具有极其重大的意义。有些稻瘟病 R 基因在基因组中是成簇分布的，开发的分子标记会存在一定的分离概率，从而在后期标记选择过程中，可能存在不良性状的连锁累赘或丢失目标基因等问题（潘存红等，2015）。而近年来，功能标记的出现及发展则显著提高了分子育种的选择效率。所谓功能标记，是指基于基因内部差异序列开发的一类分子标记，其与目的基因本身完全分离，故能有效解决传统连锁标记带来的问题。

近年来，研究者利用不同的方法已开发设计了大量的稻瘟病抗性 R 基因的分子标记，如表 6-2 所示。其中，Pi37、Pit、Pi35 等共 31 个 R 基因开发了单分子标记。为了进一步提高对稻瘟病 R 基因选择的特异性，有些 R 基因也开发了双分子标记。例如，高利军等（2010）开发的 M-Pid2 标记使用两条正向引物加一条公用反向引物在同一体系中反应，若扩增大小分别为 629 bp 和 1009 bp，则含有 Pid-2 功能抗病基因；若产物大小仅为 1009 bp，则该位点为等位感病基因。杨远柱等（2019）设计的 Pi36 标记利用了四引物扩增受阻突变体系 PCR（PCR with confronting two-pair primers，PCR-CTPP），扩增产物若只表现一条 345 bp 大小的条带，则样本为纯合的 Pi36 抗病基因；若含有 345 bp 和 433 bp 两条带，则样本为杂合基因型，若只含有 433 bp 一条带，则为等位的感病基因。王芳权等（2019）研发的 GMRA 标记也采用了 PCR-CTPP 的方法，其中携带功能性 *R* 基因 *PigmR* 的样品能同时显现大小分别为 146 bp 和 98 bp 的两条目的条带，而不携带 *PigmR* 的样品仅能扩增出 146 bp 大小的一条带。

有些 *R* 基因还开发了多个不同类型的分子标记，如 *Pid-2*、*Piz-t*、*Pigm*、*Pib* 和 *Pi2* 等，这可能与这类基因同其他 *R* 基因的同源性较高或者开发的标记易受遗传背景的影响有关。不同种类的分子标记有利于育种学家们在开展抗病分子育种的过程中拥有更多的应用选项，同时提高了水稻育种的选择效率和准确性。

表 6-2　稻瘟病相关抗病基因的分子标记开发

| 基因 | 标记 | 正向引物（5′–3′） | 反向引物（5′–3′） | 大小（bp） |
| --- | --- | --- | --- | --- |
| *Pi37* | FPSM1 | TTGAACATGATCCACCCCAC | ATTCCCGTAGCCGTAGAGTC | 177 |
| *Pit* | t256 | GGATAGCAGAAGAACTTGAGACTA | CATGTCTTTCAACATAAGAAGTTCTC | 322 |
| *Pi35* | Pi35-dCAPS | GCCGTCCTCCCTCCAGCATATATGTATACG | GGTGTCTGCAAAACAAAGGAAACGTGAAG | 241 |
| *Pib* | b213 | GCATTAGATAGTGATGAAAGCCGG | TGTTCATCCAGGCAATTGGC | 218 |
| | Pibdom | GAACAATGCCCAAACTTGAGA | GGGTCCACATGTCAGTGAGC | 365 |
| | Pib-InDel | TATGAGACTGCCTGGGAGGAA | TCCATTATAATATAGGATAGT | 286 |
| *Bard-1* | Bard-1 | AGTCTAGCATCCACCGTTCCAC | CTTTCGCTTATACTTATATTTATCAAC | 241 |
| *pi21t* | pi21-2 | GGAGATCCTCATCGTCGACGT | CGGAGCCACCGAAGGAGCC | 350 |
| *Pi64* | YRT4 | CGCGTGCCCTGCAATACAAACG | CTCCATGGTCCCAAGGGCGGTA | 421 |
| *Pi2* | Pi2-InDel | GCAGCGGCTAGGGTTTATC | CACCCAGCAACTGATTTGTCA | 110 |

续表

| 基因 | 标记 | 正向引物（5′-3′） | 反向引物（5′-3′） | 大小（bp） |
|---|---|---|---|---|
| Pi9 | Pi9SNP | CGCCGGTTGATAAGTAAAAGCT | CAAGAACTAATATCTACCCATGG | 108 |
| Piz | z565962 | AAGAAATAATATTTTTGAAACATGGCAAAG | CCATGGTGGTAACTGGTATGTG | 267 |
| Piz-t | PiztPA | ATGTGGATGCTGTGTTAT | TAGTTTGCTGCTCAATAAGTA | 176 |
| Piz-t | zt56591 | TTGCTGAGCCATTGTTAAACA | ATCTCTTCATATATATGAAGGCCAC | 257 |
| Pid-2 | M-Pid2 | TGTGAAGCAAATGATCACCA | GGCAGTCGTATTGCTGTGAA | 1009 |
| Pid-2 | M-Pid2 | GCGTCGAAGATGTCCTGAAGCTCA | GGCAGTCGTATTGCTGTGAA | 629 |
| Pid-3 | Pdg-C | GCCATCCATCTTTGCTCCAC | GCAAACGGCTTATCGGATAATC | 274 |
| Pi-25 | Pi-25 | GGGATCTAGGCAGACAGT | CAGAGCAGGAACTTCAGTTG | 383 |
| Pi-25 | Pi-25 | AGCTGTGGCAAGCCTAACAG | GATGCAGGATAAAGAATGAA | 612 |
| Pid3-A4 | PA4-C | CACATGTGCTAATGGTGGATTAA | AGCCGTGTAATTAGGTAGGTCA | 212 |
| Pi40 | 3F | TGCACCTGAAGAAGATCTACT | CCCCCAGGTCGTGATACCTTC | 550 |
| Pi50 | Pi50N4S | CTTTGAATGTAATTAGATCTGCC | CTACCCCACAATTACAATCAG | 120 |
| Pigm | DG-3 | CAGAGCAGTAACAAACCCTA | TCCGCAAGATCAACATTC | 750 |
| Pigm | T-Pigm | TAAGAATTGAGGTGGTTAGTTGAACGGAGA | TTGCATGGCTCCACTACCCACTATAAG | 295 |
| Pigm | T-Pigm | TGAAAATAAAAATGGTATGATGGTTACG | TAGGGATGAAACGGCTCGAAAACGATCG | 684 |

续表

| 基因 | 标记 | 正向引物（5′–3′） | 反向引物（5′–3′） | 大小（bp） |
|---|---|---|---|---|
| PigmR | GMRA | AGTTCTACTTACGGAGGAGC | AGAATTATGATAAAGAGAAAGGAA | 146 |
| | | ACAAAGTTTTCAACCGGCCTA | CTGGTACCCTCATCAGGCATC | 98 |
| Pi-36 | Pi36 | CCCATTGTTATTCCCACTCA | GCCTATCAAAGGTAAAATGTCC | 433 |
| | | TCGCTGTAAGGCACTTTGTG | GGGTTTCCATGTCCTGCTATC | 345 |
| Pi5 | Pi5InDel | GTTTCGAGATAGTGCTAA | GAATGACAGTAATAGAAA | 93 |
| Pii | Pii-F2 | GGCATTCTCAGTACTGAATCATTTG | TCACATGTTTGGAGTTCACTCCCT | 704 |
| Pi56 | CRG4-1 | TCTACGAGCTGGAGGATCTG | CTGCAGCAAGCCAAGTTTCC | 2000 |
| Pikh | PIKH | GCTTCAATCACTGCCAGACCT | ATTTTGGGCACTGAATGATGA | 545 |
| Pi-h/pi-54 | Pi54 MAS | CAATCTCCAAAGTTTTCAGG | GCTTCAATCACTGCTAGACC | 216 |
| Pik-m | k6441 | TGTAAAATACTTTCTATGCGCAGGC | GTTTATGGAGAGAGTAGTCGCTG | 404 |
| Pbl | M1 | ATCAACGCTACCTTCCC | GTGCCATCACAATTTCTTC | 160 |
| Pik | Pik-InDel | ATGCAACAAAATAACTTATGGG | TTTTGAGACAAGGCTGAC | 100 |
| | k6415 | CTAATGGAATTAAACGGTTGAGCTA | ATCCCGATGTCATCGATCAC | 140 |
| Pik-p | Pik-pInDel | TGGTTAAATAGGACTCCCTC | CATTCGCAGACTCGTTGA | 359 |
| | k39575 | GGTGTTTGGGAACCTGAACCCTA | TTTCTGTTCGTCGGATGCTC | 158 |

续表

| 基因 | 标记 | 正向引物（5′–3′） | 反向引物（5′–3′） | 大小（bp） |
|---|---|---|---|---|
| Pia | Pia-1FNP | CTTTTGAGCTTGATTGGTCTGC | CTATTGCACCAGAGGACCAG | 116 |
| | Pia-2FNP | GCGCCGCCACAAGGTTG | CGTCACCAAGCTGGTACCTCTAG | 123 |
| Pi-1 | M-Pi1 | GTGCTGCTGTGGCTAGTTTG | AGTCCCCGCTCAATTTTTCT | 460 |
| Pi54 | Pi54 | CAATCTCCAAAGTTTTCAGG | GCTTCAATCACTGCTAGACC | 216 |
| Pita | Pita | GCAGGTTATAAGCTAGCTAT | GCCAAATAGCCAATTCATA | 104 |
| | | CAAGAGAGAGTATTTGCTTAGGAGT | CCTATATCTCTTTAAAATATGTTGGC | 240 |
| Pita | ta5 | CAGCGAACTCCTTCGCATACGCA | CGAAAGGTGTATGCACTATAGTATCC | 515 |
| Ptr | Z12 | TGCAGATTTGACTGCTCGGT | GGGATCTTCCTCGCCCAAA | 200 |

## 第四节 抗病 R 基因分子标记的育种利用概况与策略

### 一、抗病 R 基因分子标记的育种利用概况

利用 R 基因进行的抗性育种改良是田间作物管控病害的一种经济高效，且环保的方式（Li et al., 2020）。在水稻的抗性育种中，过去利用诸如系谱法等常规方法培育一个新品种往往要耗费长达 10~15 年的时间，且其过程依赖抗病表型鉴定，结果易受周围环境和人为因素的干扰，从而降低了抗性品种的选择效率（Miah et al., 2012；华丽霞等，2015）。分子标记在育种中的一个主要应用——MAS，是通过对与 R 基因紧密连锁或基因内开发的分子标记进行基因分型，来间接筛选目标性状的一项技术。它由于不受其他基因效应和环境条件的影响，

且允许在早代进行大范围、高强度的选择，故能大大提高常规回交转育的准确性，缩短育种年限，同时实现多个基因的精确累加（裴庆利等，2011）。随着水稻基因组测序工作的完成，以及分子标记和生物技术的不断开发应用，MAS 已然成为现代分子设计育种的一个重要手段（Wing et al., 2018）。

MAS 技术在水稻抗稻瘟病育种中主要用于单基因渗入和多基因聚合育种两个方面。基因渗入主要是利用分子标记将连锁的单个主效 $R$ 基因从供体亲本定向导入到轮回亲本中，并可经过前景（目标基因）和背景（全基因组）选择，确保在提高轮回亲本抗瘟能力的同时，减少对原有优良农艺性状的影响（Xu et al., 2012）。这方面目前已经有大量报道。例如，毛大梅等（2017）通过回交育种，辅以连锁标记 MRG4766、RM206 和 FP1＋FP2＋RP 进行选择，将 $R$ 基因 $Pi1$、$Pi-kh$ 和 $Pi9$ 从供体材料金恢 1059 分别导入到了恢复系 N175 中，利用选取的 SSR 标记对子代进行遗传背景分析后，最终获得了多个保持 N175 优良农艺性状的抗病近等基因系。Miah 等（2017）利用连锁标记 RM6836 和 RM8225 辅助选择回交子代，将抗原材料 Pongsu Seribu 1 的 $R$ 基因 $Piz$、$Pi2$ 和 $Pi9$ 分别导入品种 MR219 后，经 SSR 标记进行背景选择，在保持原有优良农艺性状的同时，成功改良了 MR219 的抗瘟性。

但并非所有品种都兼具多种 $R$ 基因。由于田间条件下生理小种的多样性分布及高度变异，含单一 $R$ 基因的水稻品种往往在推广数年后其抗瘟性就会逐渐丧失（Li et al., 2019）。而基于 MAS 技术的基因聚合育种是将不同抗原种质的多个 $R$ 基因聚合到一个品种中，能够有效地拓宽植株的抗谱，提高抗病等级，因此成为近年来育种学家们的优先选择（李玉营等，2016）。例如，白玉路等（2019）通过多代回交结合 MAS 技术，将品种五山丝苗的 $R$ 基因 $Pi2$ 导入骨干恢复系川恢 907（携带 $R$ 基因 $Pik$ 和 $Pita$），经 SSR 引物指纹图谱鉴定后育成三基因聚合材料新川恢 907，其在保持原有优良特性的同时，稻瘟病抗性也得到了显著提高。最近，马作斌等（2021）分别利用 $R$ 基因 $Pib$ 和 $Pita$ 的显性标记对辽粳 9234（携带 $Pib$）和铁粳 7 号（携带 $Pita$）的杂交后代进行辅助选育，筛选鉴定到了一个同时携带这两个 R 基因的纯系，命名为铁粳 16。离体接种实验表明铁粳 16 的稻瘟病抗谱宽，抗性高，且表现较好的农艺性状，为 R 基因的聚合育种实践提供了材料和参考。

值得注意的是，许多育种实践表明，R 基因的聚合育种并非简单的效应叠加过程（Yasuda N et al., 2015；Xiao et al., 2017；Wu et al., 2019）。不同基因间除了加性效应外还有更复杂的遗传互作方式，加之不同稻作区优势小种所含的毒性基因间存在很大的差异性和复杂性等，需要综合考量受体亲本背景、目标基因，以及基因聚合的抗性效应等诸多因素（杜雪树等，2019）。因此，分子标记在抗性育种中的另一应用——鉴定 R 基因在种质资源中的分布情况，就显得格外重要。它有利于育种学家们了解赋予植株持久抗性的遗传结构，选择理想的基因组合，并能为不同稻作区抗性育种的改良提供指导方向。例如，Wu 等（2015）利用分子标记结合抗性鉴定对来自中国 277 份骨干亲本材料的共 18 个 R 基因分别进行了基因型鉴定和回归分析，发现籼粳型品种间赋予植株抗瘟性的主效基因分布频率有明显的不同，并进一步归类出了多个适用不同遗传背景抗病的基因组合。周雷等（2016）利用 PCR-CTPP 的方法开发了一套基于 R 基因 *Pi25* 的功能性分子标记，利用该标记对中国栽培稻微核心种质（Mini Core Collection）进行鉴定，发现 *Pi25* 基因在中国水稻种质中的分布频率较低，应用潜力巨大。王生轩等（2017）利用特异引物分别对河南省沿黄河区 21 个粳型品种进行基因检测，发现广谱抗瘟 R 基因 *Pi9* 和 *Piz-t* 在河南水稻抗瘟育种中利用较为广泛，而 *Pita* 利用较少，从而提出应合理布局和轮换使用抗瘟品种，强调了聚合育种的重要性。

## 二、抗病 R 基因分子标记的育种利用策略

MAS 技术在水稻抗病育种中发挥极其重要的作用，它能实现多个目标 R 基因的精确聚合，是培育水稻抗病品种最有效的途径之一。尽管目前克隆的稻瘟病相关 R 基因数量已达 30 多个，但其中在水稻抗病育种中能得到较好应用的并不多，笔者认为有如下几个原因：①虽然水稻中已鉴定和克隆了多个稻瘟病 R

基因，但绝大部分抗谱较窄，这可能是它们在实际的水稻抗病育种实践中应用价值较低的最根本原因（Deng et al., 2017）。例如，R 基因 *Pi-CO39* 高感稻瘟病，其在抗病育种中的应用价值已经不大。江南等（2012）利用 35 个不同来源的稻瘟病菌对携带 R 基因 *Pizt* 的水稻材料进行抗谱鉴定，结果表明 *Pizt* 的抗谱较窄。阮宏椿等（2017）利用 347 个从福建省各地分离的稻瘟病菌对不同抗病单基因系进行抗谱分析，结果表明，*Pi-ks*、*Pi12（t）*、*Pi-sh*、*Pi-z*、*Pi-a*、*Pi-3*、*Piz-t* 和 *Pi-19（t）* 等 8 个基因在福建省的抗谱较窄。②虽然稻瘟病 R 基因在水稻遗传改良中的应用取得了一些进展，但却经常以牺牲产量为代价（Nelson et al., 2018），使得产量与抗病性不可兼得（Wang et al., 2018）。其主要原因是有些 R 基因与不良农艺性状连锁，携带 R 基因的供体往往在其他农艺性状上表现得不理想，如分蘖少、产量低、品质差、株高和抽穗期不合理等。当以这些材料为抗原进行杂交或者回交时，其他不利性状往往也会一并导入受体亲本中，从而出现不良性状连锁累赘的现象。例如，向小娇等（2016）研究表明 *pi21* 可能与水稻产量性状之间存在连锁累赘。Zhou 等（2018）研究表明 *Pi2* 与水稻抽穗期 *Hd1* 紧密连锁，导入 *Pi2* 后水稻抽穗期将推迟。Patroti 等（2019）研究表明 *Pi1*、*Pi2* 和 *Pi54* 与不良性状的连锁阻力在 0.2 Mb 到 2 Mb 之间。③由于田间稻瘟病菌的易变性和复杂性，长期使用单一类别的 R 基因会给稻瘟病菌造成较大的选择压力，并促使产生新的优势生理小种，从而导致抗病品种种植多年后抗性丧失，成为感病品种（杨德卫等，2019）。例如，大面积推广应用的恢复系明恢 86，在 1996 年选育成功早期具有很强的稻瘟病抗性，然而，随着外界稻瘟病菌优势小种的变异，2016 年明恢 86 在福建省上杭县抗性鉴定中心的鉴定试验中已表现感病。

基于上述问题，笔者提出以下几个解决方案：①针对 R 基因抗谱较窄的问题，可以从两个方面开展相关研究。一方面，要加大广谱抗稻瘟病基因的挖掘与研究，包括一些等位基因的挖掘鉴定，如目前生产上具有广谱抗性的 *Pigm*、*Pi2*、*Piz-5* 和 *Pi1* 等，它们各自对应的等位基因可能抗谱不同，或者有的抗谱更广。最近，笔者所在实验室利用图位克隆技术克隆了一个与 *Pigm* 等位的基因 *Pigm-1*，其蛋白产物在 LRR 域存在着部分氨基酸的差异，暗示它们的抗谱间可能存在着一定差异（Yang et al., 2020）。另一方面，要加强聚合育种的研究，通过分子标记技术，将不同抗谱的基因聚合到同一个亲本中，使得材料表现更广的抗谱。②针对 *R* 基因与不良农艺性状连锁的问题，其主要原因包括两个，即 *R* 基因本身可能影响某些农艺性状的表达，以及选择的抗性标记与目标基因存在一定遗传距离。因此，应从以下两个方面进行。对于 *R* 基因本身会影响产生不利农艺性状的，应选择具有广谱抗性的其他 *R* 基因；对于抗性标记与目标基因还有一定距离的，应通过开发目标基因的功能标记，包括不同类型的标记、不同序列差异的标记，多种标记具有更好的选择效果，能减小受遗传背景和环境条件的影响。③针对 *R* 基因的抗性易丧失问题，其直接原因是病原菌本身进化的结果，而实际上植物本身的 *R* 基因还是存在的。显然，只能通过导入新的 *R* 基因，才能抵抗病原菌的入侵。因此，我们需要鉴定和克隆更多抗性相关的基因，并开发一些功能性标记，并利用分子标记技术将 *R* 基因转入或聚合到感病材料中。

# 第七章 稻瘟病抗病 R 基因育种利用研究

## 第一节 分子标记辅助选择 *Pigm-1* 基因改良恢复系 R20 稻瘟病抗性

由稻瘟病菌引起的水稻稻瘟病是一种世界性病害（Zhang et al., 2016），国内外研究者利用不同的研究方法和不同的遗传定位群体，已鉴定了 500 多个稻瘟病相关基因或 QTL，这些基因或 QTL 分别位于水稻 12 条不同的染色体上（Li et al., 2019）。研究者利用图位克隆等方法，已从水稻中克隆了 *Pit*、*Pi2*、*Pi9*、*Piz-t*、*Pigm*、*Pib* 和 *Pita* 等 25 个稻瘟病抗性 *R* 基因（Li et al., 2019）。

近期何祖华研究团队从起源于我国农家品种的育种材料谷梅 4 号中鉴定了一个广谱持久抗稻瘟病新位点 *Pigm*（Deng et al., 2019）。*Pigm* 是包含多个 NBS-LRR 类抗病基因的基因簇，含有 *PigmR* 和 *PigmS*，*PigmR* 表达导致水稻千粒重降低，产量下降，与 *PigmR* 相反，*PigmS* 受到表观遗传的调控，仅在水稻花粉中特异高表达，可以提高水稻的结实率，抵消 *PigmR* 对产量的影响（Deng et al., 2019）。进一步研究表明新型转录因子 PIBP1 与 PigmR 及其他类似的抗病蛋白 Pizt、Pi9 特异性互作，促进自身细胞核蛋白的累积，从而激活下游防御反应（Zhai et al., 2019）。本研究前期利用图位克隆的方法，从双抗 77009 中克隆了一个广谱抗稻瘟病基因 *Pigm-1*，*Pigm-1* 包含 *Pigm-1R* 和 *Pigm-1S*，*Pigm-1S* 与 *PigmS* 序列完全一样，而 *Pigm-1R* 与 *PigmR* 存在 3 个碱基的差异，是 *Pigm* 新的等位基因，抗性鉴定表明 *Pigm-1* 对来自中国多种稻瘟病菌生理小种具有广谱抗性（Yang et al., 2020）。

目前防治稻瘟病最有效、最经济、最根本的方法是选育和推广抗病品种（Deng et al., 2019），而广谱抗病 *R* 基因介导的抗性高效且可操作性强。利用广谱、抗性持久的抗稻瘟病 *R* 基因，并结合 MAS 技术，是培育抗稻瘟病水稻品种最有效的手段之一。目前已有利用分子标记辅助技术将水稻抗病基因转入水稻材料的报道，如，倪大虎等（2008）利用分子标记技术将抗稻瘟病基因 *Pi9* 和抗白叶枯基因 *Xa21* 和 *Xa23* 同时聚合到了水稻中；Jiang 等（2012）应用 MAS 技术，

育成了同时携带 *Pi1* 和 *Pi2* 的不育系金 23A；赵国超等（2019）利用 MAS 技术，育成了同时携带 *Pi9*、*Pita*、*Pib* 和 *Pigm* 基因的两系不育系 2179S。

水稻三系恢复系 R20 是福建省农业科学院水稻研究所种质创制研究室通过常规杂交技术育成的优质籼型恢复系，但其稻瘟病抗性弱。在满足高产、优质和广适应性等育种目标的基础上，提高水稻品种的稻瘟病抗性水平，已成为广大水稻育种追求的目标。鉴于此，本研究以双抗 77009 为抗病基因 *Pigm-1* 的供体亲本，以感病恢复系 R20 为受体亲本，通过杂交与回交的方法，并利用 *Pigm-1* 基因的功能分子标记，开展 MAS 技术育种实践，定向改良优质水稻恢复系 R20 的稻瘟病抗性，旨在为抗稻瘟病基因 *Pigm-1* 的分子育种研究提供一定参考价值和借鉴意义。

## 一、双亲水稻的稻瘟病抗性表现

本研究利用稻瘟病菌 Guy11 对双抗 77009 和 R20 进行室内稻瘟病接种，结果表明双抗 77009 表现抗病，R20 表现感病（图 7-1）。

图 7-1 双抗 77009 和 R20 室内接种稻瘟病菌 Guy11 抗性表现

## 二、改良恢复系选育过程及稻瘟病抗性表现

为了改良恢复系 R20 稻瘟病抗性，本研究以受体亲本 R20 为母本，以供体亲本双抗 77009 作为父本进行杂交，接着用亲本 R20 为父本进行连续回交，回交过程中跟踪分子标记，选择含有 *Pigm-1* 基因的单株为母本继续回交，直到 $BC_3F_1$，然后再自交得到 $BC_3F_2$，继续跟踪分子标记，并综合农艺性状，获得 8 份含有 *Pigm-1* 基因的单株，这些单株连续种植两代并跟踪分子标记，在综合株高、抽穗期和结实率等相关农艺性状情况下，最终获得 4 份农艺性状优良与 R20 性状相似的稳定材料，分别命名为 R20-1、R20-2、R20-3 和 R20-4，分子标记检测均含有稻瘟病抗病基因 *Pigm-1*。

为了鉴定 R20-1、R20-2、R20-3 和 R20-4 4 份改良系的稻瘟病抗性，对这 4 份材料和受体亲本 R20 在室内接种稻瘟病菌 Guy11，结果表明，4 份改良系均表现抗病（图 7-2A）。为了进一步鉴定改良恢复系在自然条件下稻瘟病的抗性，本研究将 4 份改良系和受体亲本 R20 种植在福建省上杭县国家稻瘟病抗性鉴定中心，通过自然条件进行抗性鉴定，结果表明对照亲本 R20 表现感病，4 份改良系均表现抗病（图 7-2B）。

图 7-2 受体亲本 R20 与 4 个改良系感染稻瘟病后的抗性比较

注：（A）室内接种稻瘟病菌 Guy11 抗性表现。（B）稻瘟病田间抗性鉴定。

### 三、改良恢复系主要农艺性状及遗传背景

为了进一步分析改良系在提高稻瘟病抗性后其他农艺性状的变化情况，本研究对这 4 份改良系和受体亲本 R20 在成熟期进行农艺性状调查。结果表明，受体亲本 R20 与 R20-1、R20-2、R20-3 相比，其株高、穗长、有效穗数、每穗颖花数、结实率、粒长、粒宽和千粒重等性状无显著差异（表 7-1）；R20 与 R20-4 相比，株高、穗长、有效穗数、每穗颖花数、结实率和粒宽等性状无显著差异，而粒长（图 7-3）和千粒重表现出极显著差异（表 7-1）。

表 7-1　受体亲本 R20 与 4 个改良系主要农艺性状比较

| 名称 | 株高/cm | 穗长/cm | 有效穗数 | 每穗颖花数 | 结实率/% | 粒长/mm | 粒宽/mm | 千粒重/g |
|---|---|---|---|---|---|---|---|---|
| R20 | 121.2 | 25.8 | 10.6 | 137.2 | 92.79 | 9.51 | 2.73 | 22.45 |
| R20-1 | 120.2 | 24.6 | 10.9 | 140.7 | 93.74 | 9.62 | 2.66 | 23.31 |
| R20-2 | 121.8 | 26.1 | 10.3 | 141.6 | 91.92 | 9.68 | 2.71 | 22.42 |
| R20-3 | 119.0 | 25.2 | 10.8 | 138.7 | 92.99 | 9.58 | 2.80 | 21.96 |
| R20-4 | 119.0 | 24.8 | 11.2 | 138.7 | 92.21 | 10.78** | 2.82 | 28.82** |

注：** 为 $t$ 测验达极显著差异（$P < 0.01$）。

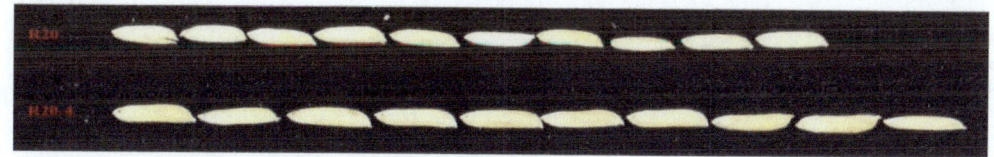

图 7-3　受体亲本 R20 与改良系 R20-4 的粒长差异比较

利用 326 对均匀分布于水稻 12 条染色体上的 SSR 标记对双抗 77009 和 R20 两个亲本进行多态性分析，结果表明，有 89 对 SSR 引物在双亲之间能检测多态性。利用这 89 对 SSR 引物对 R20-1、R20-2、R20-3 和 R20-4 这 4 个稳定的纯合材料进行遗传背景检测，结果如图 7-4 所示。株系 R20-1 在第 1 染色

体上的标记 RM5496 为纯合基因型，在第 6 染色体上的标记 RM3498 为杂合基因型；株系 R20-2 在第 3 染色体上的标记 RM6832 为纯合基因型，在第 8 染色体上的标记 RM3496 为纯合基因型；株系 R20-3 在第 7 染色体上的标记 RM11 为纯合基因型；株系 R20-4 在第 1 染色体上的标记 RM5496 为纯合基因型，在第 12 染色体上的标记 RM17 为纯合基因型。这 4 个株系都基本恢复了受体亲本的背景，其中，有 3 个株系含有供体的 2 个片段，有 1 个株系含有供体的 1 个片段（图 7-4）。

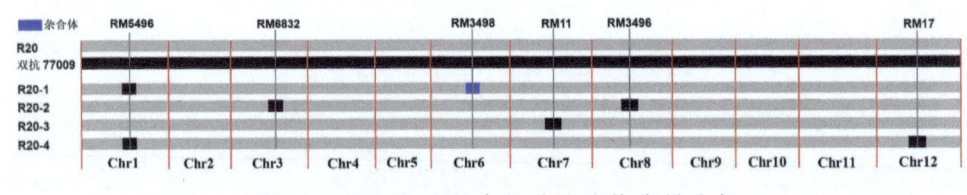

图 7-4　R20 的 4 个改良系的遗传背景分析

### 四、4 个改良系的应用前景

传统水稻抗病育种是通过接种或在发病区进行抗性鉴定等方式，然后通过人工表型选择，再进行抗性鉴定，工作量大、耗时长、同时受外界环境影响大，鉴定不准确，导致抗性选择的效率低。而利用抗病基因的功能标记，再借助于 MAS 技术，可以减少或消除这些不利因素，是培育水稻抗病品种的最有效途径之一（Gouda et al., 2013）。

借助于分子标记技术，稻瘟病抗病基因在水稻遗传改良中虽然取得了一些进展，但却经常以"牺牲"产量为代价（Nelson et al., 2018），使得产量与抗病性不可兼得（Wang et al., 2018）。例如，刘文强等（2008）等研究表明 *Pi25(t)* 与水稻结实率和每穗颖花数等性状之间存在连锁累赘；向小娇等（2016）研究表明 *pi21* 可能与水稻产量性状之间存在连锁累赘；Zhou 等（2018）研究表明 *Pi2* 与水稻抽穗期 *Hd1* 紧密连锁，导入 *Pi2* 后水稻抽穗期将推迟；Patroti 等（2019）研究表明 *Pi1*、*Pi2* 和 *Pi54* 与不良性状的连锁阻力在 0.2 Mb 到 2 Mb 之间。本研究利用前期克隆广谱抗稻瘟病基因 *Pigm-1*（Yang et al., 2020），通过 MAS 技术，获得 4 份稳定的 R20 抗稻瘟病改良系，除了株系 R20-4 外，其余株系农艺性状与受体亲本均没有明显差异。进一步分析发现，改良系 R20-4 除了表现抗稻瘟病外，其粒长和千粒重均高于受体亲本 R20。因此，本研究不仅获得了抗稻瘟病的改良系 R20-1、R20-2 和 R20-3，还获得了抗病和产量均得到提高的改良系 R20-4。显然，稻瘟病抗病基因 *Pigm-1* 在水稻抗稻瘟病育种方面可能具有较好的应用前景。

MAS 技术是作物遗传改良应用最广泛的技术之一，对作物分子育种具有极其重要的作用。然而，在实际育种实践中，尤其在当今新技术、新方法以及种业体制改革和品种审定的多元化条件下，分子标记辅助育种技术可以做适当的调整。分子标记辅助育种最核心的是供体，如果这个供体来源是最原始的材料，例如普通野生稻种和普通栽培稻种等。那利用常规杂交的方法，将野生稻中相应有利基因导入需要改良的水稻品种中，需要较长时间，同时还会存在杂种不育、不利性状基因连锁以及株叶形态不理想等问题。例如，前期水稻优异基因的挖掘和利用课题组通过构建近等基因系，将漳浦野生稻中 *qHD19* 导入到栽培稻中，虽然获得相对理想的水稻新材料，但耗时近 4～5 年（Yang et al., 2016；Yang et al., 2020）。因此，如果克隆的有利基因来源于最原始的水稻材料，可以通过开发这个基因的功能标记，然后通过检测目前生产上应用较广的水稻材料，将含有目的基因的材料作为供体，再与需要改良的材料进行杂交，并结合分子标记技术改良目标性状。*Pigm* 是从谷梅 4 号中克隆的水稻广谱抗稻瘟病基因（Deng et al., 2017），而且谷梅 4 号较为古老，直接利用这个材料相对较难。但是通过分子标记检测发现，谷丰 A 中也含有 *Pigm* 基因（Deng et al., 2019），且谷丰 A 是生产应用最为广泛的三系不育系，因此可以利用谷丰 A 或其对应的保持系谷丰 B 来改良相应的不育系和保持系，从而缩短育种进程，提高育种效率。

## 第二节　含有 *Pigm-1* 恢复系 R20-4 长粒性状基因的鉴定

水稻（*Oryza sativa*）为人类最重要的粮食作物之一，全球一半以上的人口以稻米为主食。据预测，到 2030 年世界人口将达到 80 亿，届时全球对水稻产量的需求将比现在增加约 40%（KHUSH et al., 2005）。随着人民生活水平的提高，水稻粒型已成为当前消费者与育种学家共同关注的热点，提高产量和改良品质已成为现代水稻育种 2 个主要目标（伍豪等，2019）。

水稻粒长是水稻粒型构成因素之一，并直接影响水稻的单产，其中粒长对水稻粒重贡献最大（林荔辉等，2003；Xie et al., 2006）。有研究表明，长粒水稻品种米质相对较好（石春海等，1997）。随着人们生活条件的改善，优质稻米越来越受到人们的喜爱，研究表明，长粒稻米通常表现较好的外观品质（张静等，2021）。粒长是稻米品质的重要指标之一，水稻粒长相关研究已成为当前水稻遗传学家和育种学家研究的热点。

据不完全统计，目前鉴定与粒长相关的 QTL 有 120 多个（http://www.gramene.org/）。由于粒长性状受环境影响大，研究者利用不同的研究方法与材料，鉴定的 QTLs 之间会存在重复性（邢永忠等，2001；Huang et al., 2013）。目前已有 *PGL1*、*GS2* 和 *qTGW3* 等（郑跃滨等，2020）12 个粒长相关基因被克隆。研究发现 *qTGW3* 有 2 个等位基因 *TGW3* 和 *GL3.3*，*qTGW3* 编码一个类 GSK3/SHAGGY 家族成员的激酶蛋白 OsSK41/OsGSK5，能与生长素应答因子 *OsARF4* 互作并将其磷酸化（Hu et al., 2018）。*TGW3* 编码一个类似糖原合酶激酶 GSK3 的激酶，是粒长的负调控因子，能协同改变颖壳中细胞的大小和数量（Ying et al., 2018）。*GL3.3* 与之前发现的 *GS3* 在遗传上有上位互作效应，两者叠加能导致水稻粒型显著增大（Xia et al., 2018）。

目前虽然克隆了一些水稻粒长相关的基因，但有些基因存在与不良性状连锁的现象，从而限制这些基因在生产中的应用范围（郑跃滨等，2020）。研究显示，*APG* 是粒长基因 *PGL1* 拮抗性互作因子，*APG* 是一个负向调节子，其功能受 *PGL1* 的抑制（Heang et al., 2012）。因此，鉴定和分离更多水稻粒长基因对水稻品质遗传改良，以及揭示粒形性状遗传调控机理具有极其重要的意义。

本研究利用前期创制的长粒恢复系材料 R20-4，通过正向遗传学的方法，对该长粒性状进行基因鉴定与定位分析，同时将恢复系 R20-4 分别与三系不育系庆源 A、定源 A、启源 A 和靓香 A 进行测交，并对测交组合的粒长进行分析。本研究可为后期 *GL*12-1 基因的克隆、功能研究，以及育种利用研究提供参考。

## 一、亲本长粒性状比较

为选择定位群体的亲本，本研究对恢复系 R20-4 和 CO39 粒长进行调查分析显示，恢复系 R20-4 粒长为（11.31±0.25）mm，CO39 粒长为（8.25±0.18）mm（图 7-5），分析表明 R20-4 的粒长与 CO39 相比，差异达到极显著水平（$P < 0.01$）。

图 7-5 亲本长粒性状差异比较

## 二、恢复系 R20-4 长粒性状的遗传特性

为了分析 R20-4 长粒性状的遗传特性，本研究将 R20-4 和 CO39 进行正反交。结果显示，$F_1$ 植株均表现长粒的表型。将正反交后的 $F_1$ 再自交收获后种植，成熟后调查 $F_2$ 群体粒长性状分离情况，长粒与短粒单株的分离比经卡平方（$\chi^2$）检验符合孟德尔遗传 3∶1 比例（表 7-2），粒长性状在正反交 $F_2$ 群体中呈现双峰分布（图 7-6）。以上结果说明 R20-4 长粒性状是由 1 对显性性状基因控制的。

表 7-2　恢复系 R20-4 长粒性状的遗传分析

| 杂交组合 | $F_1$ 表型 | $F_2$ 群体 | | | $\chi^2$ (3:1) | $P$ |
| --- | --- | --- | --- | --- | --- | --- |
| | | 长粒/株 | 短粒/株 | 总数/株 | | |
| R20-4×CO39 | 长粒 | 422 | 149 | 571 | 0.305* | >0.9 |
| CO39×R20-4 | 短粒 | 392 | 134 | 429 | 0.34* | >0.9 |

注：*表示长粒植物与短粒植物的分离率在 0.05 显著水平上符合 3:1。

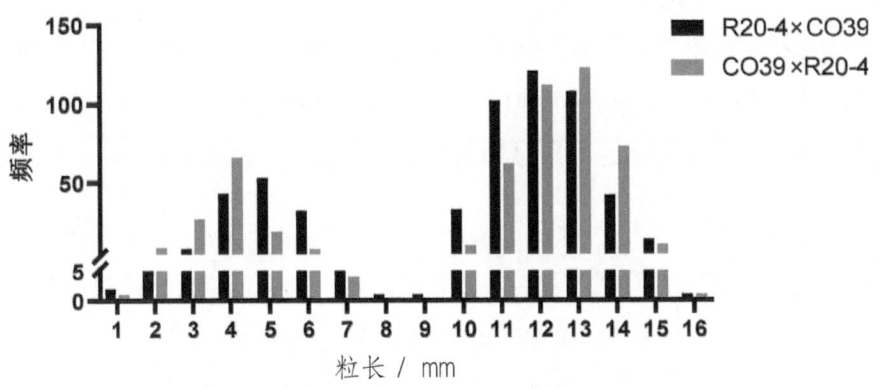

图 7-6　$F_2$ 群体粒长的分布

## 三、R20-4 长粒基因的鉴定

为了定位恢复系 R20-4 长粒基因所在染色体的位置，本研究利用实验室合成的 506 对 SSR 和 Indel 引物标记，对 R20-4 和 CO39 进行多态性筛选，有 96 对引物在两个亲本之间存在多态性。利用这 96 对引物对 $F_2$ 群体中的 20 个极端长粒单株和 20 个极端短粒单株进行连锁分析。发现水稻第 12 染色体长臂上标记 Indel-12-3 和 Indel-12-7 可能与粒长基因存在连锁。对 $F_2$ 群体中 45 个短粒单株进一步分析，发现 Indel-12-3 和 Indel-12-7 与短粒位点存在连锁关系。最终利用 314 个短粒隐性单株，将该长粒基因位点定位于水稻第 12 染色体上标记 Indel-12-3 和 Indel-12-7 之间，物理距离约 4.5 Mb，并命名为 GL12-1（图 7-7A）。

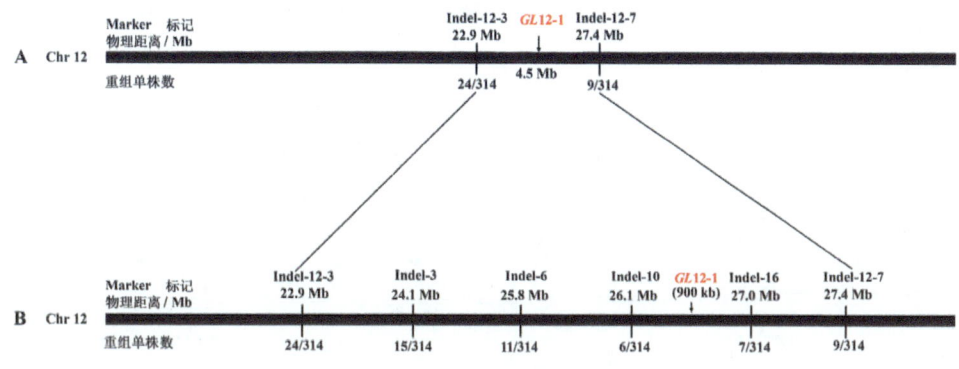

图 7-7 水稻长粒基因 GL12-1 定位

注：（A）GL12-1 基因定位在标记 Indel-12-3 和 Indel-12-7 之间。（B）GL12-1 基因定位在标记 Indel-10 和 Indel-16 之间。

本研究在 Indel-12-3 和 Indel-12-7 之间合成 20 对 Indel 引物，多态性检测显示只有 4 对引物具有多态性（表 7-3），分别为 Indel-3、Indel-6、Indel-10 和 Indel-16，利用这 4 对多态性引物对 314 个短粒隐性单株进行分析，最终将 GL12-1 基因定位在标记 Indel-10 和 Indel-16 之间，物理距离约为 900 kb（图 7-7B）。

表 7-3 Indel 引物

| 标记 | 正向引物 | 反向引物 |
| --- | --- | --- |
| Indel-3 | CGTTATGTGAAAAGTCAACG | GTGAGTGAGTGAGGTTGGAG |
| Indel-6 | GAGATGGAAAAGTGTGTGGT | ATAGCTTCTCACTCACCCAA |
| Indel-10 | TTGGTTAATGTGTGAGCAAA | CAGCAACTCAAAGTATGCAA |
| Indel-16 | GAACAGAAGGAGAGACTTGC | AAAACCACATCTTTCCGAC |

## 四、长粒基因 GL12-1 应用前景

2021 年 7 月分别将 R20-4 及配制的 4 个杂交组合庆源 A×R20-4、定源 A×R20-4、启源 A×R20-4 和靓香 A×R20-4 种植在福建省农业科学院水稻研究所连坂试验农场，待成熟后对其粒长性状进行分析，并对其对应的不育系粒长性状进行分析。结果表明，组合庆源 A×R20-4、定源 A×R20-4、启源 A×R20-4 的

粒长与 R20-4 相比，没有明显差异，但靓香 A×R20-4 的粒长与 R20-4 相比，表现粒长变长，差异达到显著水平（表 7-4）。

表 7-4  恢复系 R20-4 及其配制组合的粒长分析

| 材料 | 粒长 /mm |
| --- | --- |
| R20-4 | 11.31±0.25 |
| 庆源 A | 9.55±0.21 |
| 庆源 A×R20-4 | 11.43±0.21 |
| 定源 A | 9.33±0.22 |
| 定源 A×R20-4 | 11.21±0.15 |
| 启源 A | 8.85±0.18 |
| 启源 A×R20-4 | 11.12±0.22 |
| 靓香 A | 10.06±0.22 |
| 靓香 A×R20-4 | 12.32±0.24* |

注：* 表示粒长与 R20-4 相比，差异达到显著水平（$P < 0.05$）。数据用平均值 ±SD 表示。

$GL$12-1 可能是一个新的长粒基因。目前为止，已发现 120 多个与粒长相关的基因或 QTL（http://www.gramene.org/），分布于水稻不同染色体上，主要位于第 1、2、3、7 和 10 染色体上。本研究利用图位克隆的方法，将 R20-4 长粒主效基因 $GL$12-1 进行了遗传定位，进一步分析发现该区间还没有克隆的粒长相关基因。因此，我们推测 $GL$12-1 可能是一个新的控制粒长相关基因。

$GL$12-1 候选基因区间 900 kb 内包含有 100 多个候选基因，所以目前还无法确定哪个基因为其候选基因。另外，由于 CO39 与 R20-4 均为籼稻材料，他们之间的遗传差异较小，多态性引物少。本研究在进一步定位过程中，合成的 20 对引物仅有 4 对有多态性的。随后，我们在 Indel-10 和 Indel-16 标记之间又合成 8 对 Indel 引物，检测结果显示这 8 对引物均没有多态性。目前我们正在构建遗传差异较大群体，以期完成 $GL$12-1 基因的精细定位及克隆工作。

GL12-1 基因可能具有较好的育种利用价值。水稻粒长性状在不同水稻品种之间存在多样性变化，一般在 6~15 mm。例如，粳稻品种"川 7"的粒长仅有 7.32 mm，而籼稻代表品种"明恢 63"粒长达到 10.2 mm（郑跃滨等，2020）。水稻粒长性状，由于材料遗传背景的影响，其遗传特性也不尽相同，主要受多基因控制及由主效基因加微效基因共同调控的（Liu et al.，2021；Kan et al.，2022）。

从遗传学方面，粒长的遗传基础极为复杂。研究者利用 3 个长粒材料与 3 个短粒材料配制不同的杂交组合，研究表明，粒长性状是多基因控制的数量性状，其加性效应占比较大（石春海等，1995）；周清元等（2000）研究表明，杂种 $F_1$ 的粒长介于两个亲本之间；贾小丽等（2013）利用重组自交系群体（Recombinant inbred lines，RILs）研究发现，粒长性状呈连续分布，且表现出明显超亲分离现象。

从基因功能方面，长粒基因调控遗传机理极为复杂。有的为正调控的，如 GLW7（SI et al.，2016）；有的为负调控的，如 GS3（Mao et al.，2010）；有的由于氨基酸变化，导致粒长变化，如 qGL3（Qi et al.，2012）；有的由于结构变异，导致功能丧失，从而引起粒长变化，如 qTGW3（Ying et al.，2018）；有的由于基因转录提前终止，导致产生不同大小蛋白，从而引起其粒长变化，如 GL3.2（Xu et al.，2015）；有的与某些蛋白或者转录因子互作，引起蛋白表达变化，进而影响粒长变化，如 Gnp4（Tabuchi et al.，2011；Zhang et al.，2011）。

本研究利用长粒材料 R20-4，在配制的 4 个不同不育系杂交组合中，有 3 个组合表现亲本 R20-4 粒长特性，有 1 个组合表现超亲遗传的特点，推测长粒基因 GL12-1 以显性性状遗传为主。在配制杂交组合 R20-4× 靓香 A 表现超亲遗传的现象，原因可能是在 R20-4 与靓香 A 形成杂交组合中，由于有些基因编码蛋白之间存在互作，或者微效基因叠加，从而影响或调控其组合粒长变化。

因此，本研究鉴定的长粒基因 GL12-1 在今后粒型育种可能具有较广的应用价值。尤其在杂交水稻选育过程中，两个亲本只需一个亲本含有 GL12-1，其组合就表现长粒表型。后期我们将通过对 GL12-1 基因进一步克隆，开发功能性分子标记，并结合常规杂交技术，以期快速有效地聚合多个基因的育种目标，这不仅降低了育种成本，同时缩短了育种时间。

最后，随着国家的快速发展和社会的进步，在吃饱的同时人们开始追求吃好、吃健康。长粒水稻品种在外观及口感等方面受到人们的喜爱（Hu et al.，2018；Sun et al.，2018；郑跃滨等，2020）。一方面，在粒型形成遗传学方面取得很大进展，对粒型性状遗传及基因功能方面认识较为明晰（Hu et al.，2018；Sun et al.，2018）。而另一方面，对水稻粒型基因调控机理方面的研究相对较少，如在大面积田间推广长粒品种并达到产量提升的效果更是少之又少。因此，研究者需进一步加大水稻粒长种质创新、遗传规律探索及调控机理等基础方面的研究，这对于加速水稻粒长新品种选育以及解决粮食问题具有重要意义。

本研究通过图位克隆的方法，对长粒基因 $GL$12-1 进行了鉴定，该基因可能是一个新的粒长基因。与不育系测交表明，$GL$12-1 具有显性遗传特性，该基因在今后的水稻粒型育种中可能具有较广的应用价值。

## 第三节 利用分子标记辅助选择聚合水稻抗病基因 *Pigm-1* 和 *Xa23*

福建省主要的粮食作物为水稻，同时福建省也是全国杂交水稻制种第一大省。然而，由于特有的高温高湿气候条件，福建省已成为稻瘟病多发重发区域，严重影响当地水稻的高产稳产。尽管采用喷洒农药的方式可以在一定程度上防止稻瘟病的发生。然而，这不仅会造成环境污染，而且对食品安全和农民身体健康产生威胁。实践证明防治稻瘟病最有效、最经济的方法是选育和推广抗病品种，而将广谱抗稻瘟病基因聚合到水稻品种中，是培育抗病品种的有效措施之一（Zhao et al.，2018）。目前已克隆的稻瘟病抗病基因中，主效抗病基因 *Pigm* 及其等位基因 *Pigm-1* 在我国甚至全世界均表现广谱抗性，目前已被广泛应用于我国水稻育种实践（石春海等，1997；林荔辉等，2003；Deng et al.，2017；张静等，2021）。水稻白叶枯病是由水稻黄单胞杆菌（*Xanthomonas oryzae* pv. *Oryza*,简称 Xoo）引起的，是世界水稻生产重要病害之一，近年来在我国各稻区均有发生，一般会引起水稻减产 10%～30%（Huang et al.，2013）。已克隆了近 10 个水稻白叶枯病抗病基因，其中 *Xa23* 来源于长药野生稻，具有广谱抗性，且表现水稻全生育期完全显性的抗性，能抗国内外 20 种白叶枯病菌株，该基因在水稻白叶枯病抗性育种中具有广阔的应用前景（王春连等，2005；王闵霞等，2021）。

借助 MAS 技术聚合多个抗病基因，不仅能提高水稻抗病性，还能减少因大量施用农药而造成的环境污染。近年来，国内外研究者开展了系列抗性聚合育种研究。在稻瘟病聚合育种方面，利用 MAS 技术，毛大梅等（2017）将 *Pi1*、*Pi-kh* 和 *Pi9* 转入到水稻恢复系 N175 中，Miah 等（2013）将 *Piz*、*Pi2* 和 *Pi9* 分别导入水稻品种 MR219 中，李孝琼等（2022）将 *Pi1* 基因导入恢复系桂恢 1561 中，Jiang 等（2012）将 *Pi1* 和 *Pi2* 转到水稻不育系金 23A 中，赵国超等（2019）将 *Pi9*、*Pita*、*Pib* 和 *Pigm* 基因转到两系不育系 2179S 中，张婷等（2022）将 *Pi9* 基因转到三香 A 中以改良其稻瘟病抗性。在白叶枯病聚合育种方面，伍豪等通过 MAS 技术，将抗病 *Xa7* 基因导入到美 B 中选育出稳定的抗白叶枯病新保持系材料；倪深等（2019）利用分子标记将 *Xa5* 和 *Xa7* 转到华占中。在稻瘟病和白叶枯病聚合育种方面，Narayanan 等（2002）将 *Pi-1*、*Piz-5* 和 *Xa21* 共 3 个基因聚合到水稻品系 CO39 中，将 *Piz-5* 和 *Xa21* 聚合到水稻品系 IR50 中；倪大虎等（2008）将 *Pi9*（*t*）、*Xa21* 和 *Xa23* 共 3 个基因聚合到同一个亲本中；姚姝等（2017）成功将 *Pi-ta*、*Pi-b* 和 *Wx-mq* 基因聚合于南粳 0051 中。虽然研究者开展了系列聚合育种研究，然而将广谱抗病基因 *Pigm-1* 和 *Xa23* 聚合到同一亲本材料的研究还鲜有报道。

象牙香占为感温型常规稻品种（粤审稻 2006044），其米质达国标（部颁标准：GB/T 1354—2018），本课题组前期鉴定发现，象牙香占在福建省南平市建阳区和龙岩市上杭县均表现感稻瘟病,白叶枯病田间鉴定显示高感白叶枯病。因此，为了提高象牙香占稻瘟病和白叶枯病的抗性，本研究以课题组克隆的稻

瘟病广谱抗病基因 *Pigm-1* 与白叶枯病广谱抗病基因 *Xa23* 为供体，利用 MAS 技术，在分离世代对目标基因进行检测，结合田间多代选育和抗性鉴定，选育了多抗、综合性状优良的 5 个稳定株系，分析其农艺性状。然后利用三系不育系靓香 A 分别与 5 个稳定株系进行杂交配组，对杂交组合的农艺性状和品质性状进行分析，并对 5 个稳定株系进行恢复基因的检测。

### 一、抗病改良系的系统选育过程

象牙香占在福建部分地区种植发现，该品种稻瘟病和白叶枯病的抗性相对较弱。为了进一步提高象牙香占的稻瘟病和白叶枯病抗性水平，将稻瘟病抗病基因 *Pigm-1* 和白叶枯病抗病基因 *Xa23* 聚合到象牙香占中，以期提高其抗性水平。本研究以象牙香占为母本，分别以含有 *Pigm-1* 基因的双抗 77009 和携带 *Xa23* 基因的 IRBB23 为父本进行杂交，然后将各自杂交 $F_1$ 再进行杂交。形成复交 $F_1$，混收所有复交 $F_1$ 代种子。通过 MAS 技术，在 485 株 $F_2$ 代群体中，选择同时含有 *Pigm-1* 和 *Xa23* 基因的单株 18 株。通过稻瘟病和白叶枯病抗性鉴定后，在 18 个株系中获得同时含有两个基因且抗病的 12 个株系。综合田间抗性和产量等相关性状，在每个 $F_3$ 家系选择 4 个单株，12 个 $F_3$ 家系共形成 48 个 $F_4$ 株系；种植 48 个小区，每个小区 32 株，选择综合产量与农艺性状优异的 12 个 $F_5$ 株系；种植 12 个小区，每个小区 32 株，其中 5 个小区农艺性状稳定一致，形成 $F_6$ 株系；对 5 个稳定株系再次进行抗性鉴定，获得 5 个稳定 $F_7$ 抗病株系（图 7-8）。

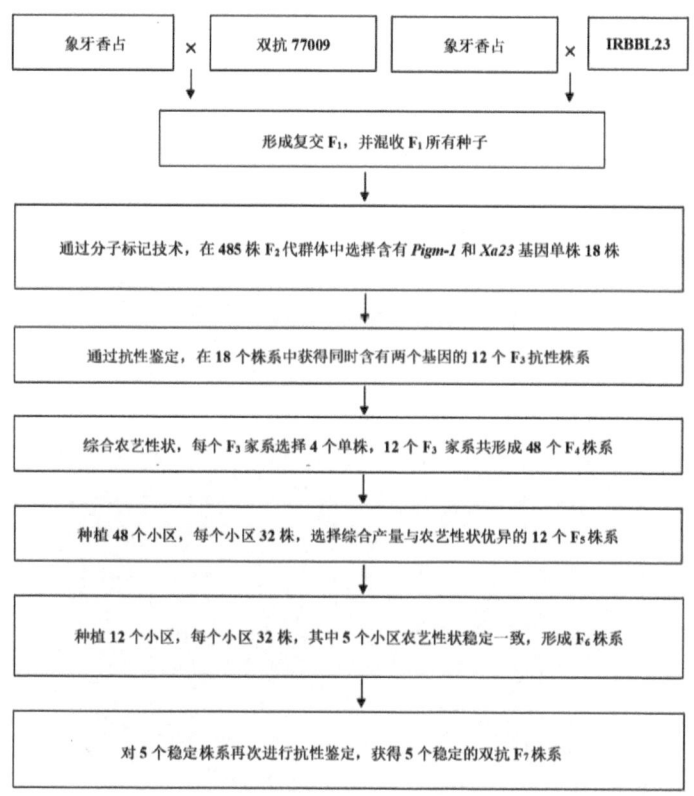

图 7-8 分子标记辅助选择聚合 *Pigm-1* 和 *Xa23* 基因的育种程序

## 二、亲本及改良系抗稻瘟病和白叶枯病抗性表现

前期通过图位克隆的方法对双抗 77009 稻瘟病抗病基因 *Pigm-1* 进行了克隆，田间鉴定显示 *Pigm-1* 在安徽省黄山市、福建省上杭县、江西省井冈山市和湖北省宜昌市均表现较强的稻瘟病抗性；根据 *Pigm-1* 特异性序列设计了其功能标记，含有 *Pigm-1* 基因能同时扩增出 163 和 133 bp 条带，而不含 *Pigm-1* 基因不能同时扩增出这两条带（Yang et al.,2020）。稻瘟病室内抗性鉴定显示，供体亲本双抗 77009 对稻瘟病菌 Guy11 表现抗病，而受体亲本象牙香占则表现感病（图 7-9）。

研究者利用与抗病基因 *Xa23* 紧密连锁的标记 C189，对供体亲本 IRBB23 进行检测显示，含有 *Xa23* 基因的材料能扩增出 750 bp 的条带，而不含该基因材料则不能扩增该目的条带（王春连等，2005）。根据病斑长度将抗性分为6个水平：发病长度 ≤ 1.0 cm 定级为高抗（HR）；发病长度为 1.1~3.0 cm，定级为抗（R）；发病长度为 3.1~5.0 cm 定级为中抗（MR）；发病长度为 5.1~12.0 cm 定级为中感。白叶枯病室内抗性鉴定显示，供体亲本 IRBB23 对白叶枯病专化性菌系 PX099 表现高抗（HR），而受体亲本象牙香占对 PX099 表现感病（S）（图 7-10）。

为了对获得的 5 个稳定的双抗改良系稻瘟病抗性进行鉴定，利用稻瘟病菌 Guy11 对获得的 5 个稳定改良系进行室内苗期抗性鉴定，结果显示 R21-1、R21-2、R21-3、R21-4 和 R21-5 均表现抗病（R）（图 7-9 和表 7-5）。

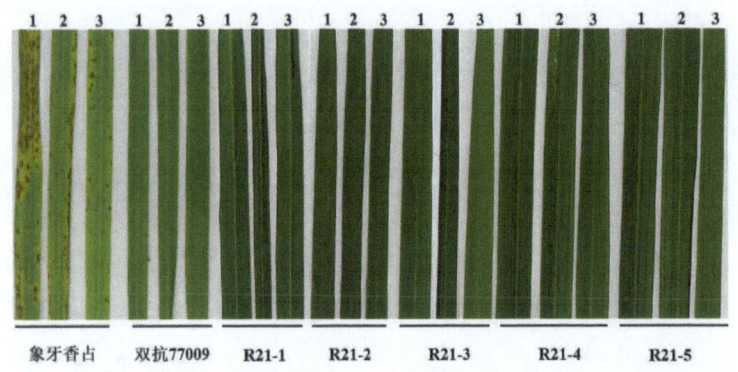

图 7-9　双亲与 5 个稳定改良系稻瘟病室内抗性鉴定的比较

表 7-5　亲本与 5 个稳定改良系稻瘟病和白叶枯病室内苗期抗性鉴定的比较

| 水稻品种（系） | 稻瘟病抗性 | 接种白叶枯病菌后的病斑长度 /cm | 白叶枯病抗性 |
| --- | --- | --- | --- |
| 象牙香占 | S | 15.2±2.31 | S |
| 双抗 77009 | R | × | × |
| IRBB23 | × | 0.5±0.03 | HR |
| R21-1 | R | 0.7±0.03 | HR |
| R21-2 | R | 0.5±0.04 | HR |
| R21-3 | R | 0.6±0.05 | HR |

续表

| 水稻品种（系） | 稻瘟病抗性 | 接种白叶枯病菌后的病斑长度/cm | 白叶枯病抗性 |
| --- | --- | --- | --- |
| R21-4 | R | 0.7±0.05 | HR |
| R21-5 | R | 0.5±0.04 | HR |

注：S 表示感病，R 表示抗病，HR 表示高抗，× 表示未鉴定。数据用平均值 ±SD 表示。

为了鉴定这 5 个稳定改良系白叶枯病抗性，在水稻分蘖盛期用白叶枯病专化性菌系 PX099 进行接种，结果（图 7-10 和表 7-5）显示 R21-1、R21-2、R21-3、R21-4 和 R21-5 均表现高抗（HR）。

图 7-10　双亲与 5 个稳定改良系分蘖盛期白叶枯病抗性鉴定的比较

### 三、改良系主要农艺性状

由表 7-6 可以看出，与象牙香占相比，改良系 R21-1 的株高、穗长和每穗颖花数均表现显著差异；改良系 R21-2 的株高、穗长、有效穗数、每穗颖花数、结实率、谷粒长、谷粒宽和千粒重均无明显差异；改良系 R21-3 的株高、穗长、有效穗数、每穗颖花数、粒长、粒宽和千粒重均表现显著差异；改良系 R21-4 仅在结实率方面显著提高；改良系 R21-5 在粒长和千粒重均表现显著差异。

表 7-6　象牙香占与 5 个稳定改良系农艺性状的比较

| 水稻品种（系） | 株高 /cm | 穗长 /cm | 有效穗数 | 每穗颖花数 | 结实率 /% | 粒长 /mm | 粒宽 /mm | 千粒重 /g |
|---|---|---|---|---|---|---|---|---|
| 象牙香占 | 111.6 | 24.2 | 10.6 | 123.3 | 85.79 | 11.51 | 2.13 | 20.95 |
| R21-1 | 128.2** | 27.2* | 10.9 | 112.7* | 86.74 | 11.62 | 2.17 | 21.41 |
| R21-2 | 115.8 | 25.3 | 10.7 | 126.6 | 87.12 | 11.68 | 2.06 | 21.12 |
| R21-3 | 102.0* | 21.4* | 15.8* | 118.7* | 86.34 | 10.02** | 2.89* | 23.46* |
| R21-4 | 116.2 | 24.8 | 11.2 | 125.7 | 92.21* | 11.78 | 2.08 | 21.76 |
| R21-5 | 113.2 | 24.4 | 10.8 | 127.6 | 85.32 | 10.78* | 2.08 | 18.82* |

注：** 为 $t$ 测验达极显著差异（$P < 0.01$）；* 为显著差异（$P < 0.05$）。

### 四、改良系配制杂交组合的农艺性状和品质性状表现

2021 年 12 月将配制的靓香 A× 象牙香占、靓香 A×R21-1、靓香 A×R21-2、靓香 A×R21-3、靓香 A×R21-4 和靓香 A×R21-5 等 6 个杂交组合，以及 5 个改良系均种植在海南省三亚市福建省农业科学院藤桥育种基地。结果表明，6 个杂交组合中只有组合靓香 A×R21-1 表现结实正常，而其余 5 个组合均表现半不育。对杂交组合靓香 A×R21-1 和亲本 R21-1 主要农艺性状进行分析，结果显示，与亲本 R21-1 相比，组合靓香 A×R21-1 在有效穗数、每穗颖花数均表现显著差异，且表现优于亲本 R21-1（表 7-7）。

进一步对杂交组合靓香 A×R21-1 和亲本 R21-1 米质相关性状进行分析，结果显示，与亲本 R21-1 相比，组合靓香 A×R21-1 的整精米率和垩白率表现显著提高（表 7-7）。因此，在改良的 5 个稳定抗病株系中，R21-1 可作为三系恢复系，其配制的杂交稻组合靓香 A×R21-1，米质可以达到二级部颁优质米标准。

表 7-7　改良系 R21-1 及其配制杂交组合的相关性状

| 相关性状 | R21-1 | 靓香 A×R21-1 |
|---|---|---|
| 株高 /cm | 118.2 | 116.0 |

续表

| 相关性状 | R21-1 | 靓香 A×R21-1 |
|---|---|---|
| 穗长 / cm | 24.5 | 25.1 |
| 有效穗数 | 10.9 | 13.8* |
| 每穗颖花数 | 109.3 | 122.7* |
| 结实率 / % | 85.94 | 86.21 |
| 粒长 / mm | 11.12 | 10.98 |
| 粒宽 / mm | 2.23 | 2.31 |
| 千粒重 / g | 22.32 | 23.16 |
| 糙米率 / % | 82.3 | 82.1 |
| 精米率 / % | 72.7 | 74.2 |
| 整精米率 / % | 51.9 | 57.3* |
| 米粒长 /mm | 7.1 | 7.02 |
| 米粒宽 /mm | 2.0 | 2.0 |
| 米粒长宽比 | 3.6 | 3.6 |
| 垩白率 / % | 1.4 | 4.49* |
| 垩白度 / % | 0.2 | 0.9 |
| 透明度 | 1 | 1 |
| 碱消值 / % | 6.8 | 6.5 |
| 直链淀粉含量 / % | 18.2 | 16.2 |
| 胶稠度 / mm | 93 | 95 |
| 单株产量 / g | 23.0 | 34.0 |

注：* 为显著差异（$P < 0.05$）；未统计半不育杂交组合的相关农艺性状。

### 五、改良系恢复基因鉴定及应用前景

杂交试验表明，象牙香占和 5 个改良系配制的杂交组合中，仅 R21-1 与靓香 A 配制杂交组合的结实率正常，说明 R21-1 对不育系靓香 A 具有恢复能力，而其他 5 个材料对不育系靓香 A 不具有恢复能力。为了进一步分析 R21-1 可能

含有的恢复基因，根据恢复基因 *Rf3* 和 *Rf4* 的检测标记，对象牙香占和 5 个改良系进行检测，结果（图 7-11）显示，5 个改良系在 *Rf3* 基因位点的检测标记无差异，在 *Rf4* 基因位点的检测标记存在差异，且仅 R21-1 与象牙香占有差异，其余的 4 个改良系与象牙香占无差异。

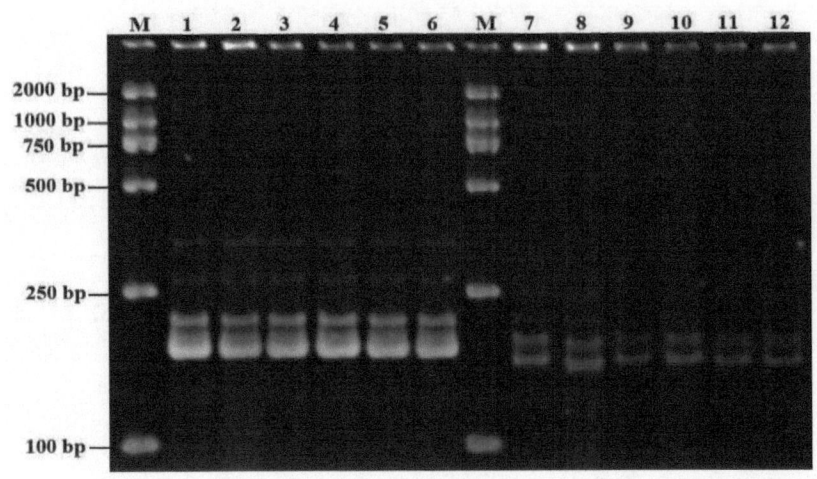

图 7-11　象牙香占与 5 个改良系恢复基因 *Rf3* 和 *Rf4* 的检测结果

注：M：Marker；1～6：用 *Rf3* 的标记检测象牙香占、R21-1、R21-2、R21-3、R21-4 和 R21-5 的结果；7～12：用 *Rf4* 的标记检测象牙香占、R21-1、R21-2、R21-3、R21-4 和 R21-5 的结果。

传统的抗病育种，研究者主要是通过人工杂交，再结合田间人工接菌进行抗性鉴定，由于人工接种易受外界环境影响，再加上工作量大、耗时长等，一般很难达到理想效果。利用 MAS 技术可以在不同世代进行检测，进而获得目标株系（何旎清等，2022），尤其是在多基因聚合过程中，该技术具有较好的选择效果，可以快速准确地将 2 个以上目标基因聚合到受体亲本中，这些技术已被广泛应用于水稻遗传改良中（Narayanan et al.，2002；倪大虎等，2008；Jiang et al.，2012；Miah et al.，2013；毛大梅等，2017；姚姝等，2017；赵国超等，2019；倪深等，2019；伍豪等，2021；李孝琼等，2022；张婷等，2022）。然而有些抗病 R 基因存在抗病谱较窄，难以应对田间条件下生理小种的多样性分布及高度变异，还有些 R 基因与不良农艺性状连锁，以"牺牲"产量作为代价换取寄主抗性，使得产量与抗病性不可兼得（Wang et al., 2018; Nelson et al., 2018）。本研究供体基因 *Pigm-1* 和 *Xa23* 均具有广谱抗性，获得的 5 个稳定聚合系，除株系 R21-5 的粒长和千粒重较受体亲本象牙香占显著降低外，其他株系均高于受体亲本象牙香占。研究显示，*Pigm* 中 *PigmS*×*PigmR* 是 1 对相互拮抗的 R 基因，*PigmS* 受表观遗传调控，可以提高水稻结实率，从而抵消 *PigmR* 对产量的影响（Deng et al., 2017）。本研究获得的改良系 R21-4 稻瘟病和白叶枯病抗性得到提高的同时，其结实率也显著提高，推测这可能是由于遗传背景的影响或者是 *Pigm* 的等位基因 *Pigm-1* 遗传效应不同引起的。以上结果表明，本研究利用抗病基因 *Pigm-1* 和 *Xa23* 进行聚合育种是有效、可行的。

在水稻抗性改良过程中，通过回交可以有效改良受体品种的单一性状，但是很难在原有基础上进行突破性改良，改良的品种一般与原有受体亲本性状相似（卢林等，2022）。为了进一步探讨通过聚合多个基因来改良品种抗性效果，本研究通过复交并结合分子标记的方法，将稻瘟病抗病基因 *Pigm-1* 和白叶枯病抗病基因 *Xa23* 聚合到优质水稻品种象牙香占中，并在聚合过程中对后代进行严格的单株筛选，获得稻瘟病和白叶枯病抗性好、品质优及综合性状优良的单株。本研究利用这种方法，最终获得了抗稻瘟病和白叶枯病的 5 个稳定株系，与象牙香占相比，仅改良系 R21-2 农艺性状无差异；其余 4 个改良系均表现不同程度差异。与回交方法相比，复交方法可以获得更为丰富的遗传材料，本研究不仅实现了稻瘟病和白叶枯病目标抗性的改良，同时也创制出更多丰富的遗传材料，为实现突破性水稻品种的培育奠定了良好基础。

本研究结果表明，5 个改良系在恢复基因 *Rf3* 标记位点上无差异，推测 5 个改良系和象牙香占可能均含有 *Rf3* 基因或者均不含有 *Rf3* 基因；在 *Rf4* 基因检测位点仅 R21-1 存在差异，而且 R21-1 配制的杂交组合均表现正常可育，推测 R21-1 可能含有恢复基因 *Rf4*。一般情况下，同时含有恢复基因 *Rf3* 和 *Rf4* 可对水稻野败型和细胞质雄性不育具有可恢复性（蔡健等，2014；韩飞怡等，

2015）。假如 R21-1 中含有恢复基因 *Rf3* 和 *Rf4*，推测恢复基因 *Rf3* 可能来源于象牙香占；假如 R21-1 中含有恢复基因 *Rf4* 和其他恢复基因，推测其他恢复基因可能来源于象牙香占。象牙香占作为常规稻品种，可作为两系的恢复系，但一般不作为三系的恢复系，推测其对三系不育系的恢复力不够，可能只含有 1 对恢复基因。说明象牙香占不仅可以提供优质基因，同时可以提供 1 对恢复基因，在今后优质恢复系育种中具有重要利用价值。因此推测 R21-1 中可能同时含有恢复基因 *Rf3* 和 *Rf4*，或者含有恢复基因 *Rf4* 和其他恢复基因，这些推测及具体含有的恢复基因还需要进一步验证。

## 第四节 分子标记辅助选择 *Pigm-1* 基因创制籼糯 23 抗病新材料

当前防治稻瘟病的主要方法是化学防治，但过度使用化学药剂对生态环境造成了严重的破坏（Hu et al., 2008；Miah et al., 2013）。一般情况下，抗稻瘟病新品种在推广 3~5 年后就会逐渐失去抗性，其主要原因是抗病品种携带的抗病基因抗谱较窄，而稻瘟病菌生理小种具有很强的变异性，遇到适宜发病的环境条件时，病害就会迅速发生（安正帅等，2010）。因此，挖掘广谱抗病基因并揭示其抗病机制，创制和培育抗病新品种，对保障粮食安全具有重要意义（Miah et al., 2013；Ellur et al., 2016）。

### 一、水稻基因组 DNA 提取及标记检测

水稻叶片基因组 DNA 的提取及分子标记基因检测分析参照杨德卫等（2018）方法。

*Pigm-1* 的抗性功能标记参考 Yang 等（2020）开发的标记 Pigm-1F：TTATTTCGTTTGCTATG；Pigm-1R：GGACTATGTGATCGGTTA。根据 *Pigm-1* 序列设计特异性引物，含有 *Pigm-1* 的能扩增出 163 bp 和 131 bp 的两条带（图 7-12）。

（A） *Pigm-1* TTATTTCGTTTGCTATGCGCAGTTGCGCACCAACCGTTTGCTAGAATGTCTGAAAGAGCC 60
TATGTACATATGGTGGCCTGAACATTACAAGTTATCATATTTTATATTGTTGCTAGCTTT 120
CCTTTCAAAAAAAAAAAATTGTTCCTAACCGATCACATAGTCC 163

（B） *Pigm-1* TTATTTCGTTTGCTATGAGCACCAATCGTTTGCTAGAATGTCTGAAAGATCTTGTGTACA 60
TATGGTGGACTGAACAATTGAACATTACAAGTTATCATATTTTATATTGTTGCTAACCGA 120
TCACATAGTCC 131

图 7-12　检测 *Pigm-1* 设计的特异性引物

注：（A）*Pigm-1* 特异性引物扩增出 163 bp 条带。（B）*Pigm-1* 特异性引物同时扩增出 131 bp 条带。

## 二、含 *Pigm-1* 改良系的选育过程

本研究以 S19-118 为母本，以 R20-4 为父本进行杂交，然后将杂交的 F1 再与 S19-118 回交，同时结合分子标记选取含 *Pigm-1* 基因的单株与 S19-118 继续回交，直到 BC$_3$F$_1$ 后再进行自交，每一代都跟踪分子标记进行检测，继续种植 3 代，直到 BC$_3$F$_9$，株系的其他农艺性状完全稳定。

在 BC$_3$F$_9$ 株系中，选择一个综合农艺性状优良的株系 T22-23，并暂时命名为籼糯 23，最后再利用目标分子标记进行检测，结果显示籼糯 23 含有目标基因 *Pigm-1*（图 7-13A）。

## 三、改良系稻瘟病抗性表现

稻瘟病接菌和调查参照 Yang 等（Yang et al., 2021；李莉等，2023）方法进行，将稻瘟病菌孢子用 0.02% 的 Tween20 洗涤，然后过滤到对应容量的锥形瓶中，并将孢子浓度调节至 $1 \times 10^5$ 个/mL，均匀喷洒到生长 15 d 左右的水稻叶片上（水稻幼苗生长约三叶一心时）。将接菌后的苗放至 26℃、湿度为 80% 的环境中黑暗处理 24 h，然后放置在温暖湿润的环境中培养，5～7 d 调查发病情况并进行拍照。

稻瘟病田间抗性表型鉴定，对受体亲本 S19-118、供体亲本 R20-4 和改良系籼糯 23 进行室内催芽，于 2023 年 5 月 18 日在福建省上杭县国家稻瘟病抗性鉴定中心播种，期间常规管理，不打农药。2023 年 6 月 5 日对每个株系进行苗期稻瘟病抗性调查和统计。

为了对创制的籼糯 23 的稻瘟病抗性进行表型鉴定，我们利用稻瘟病菌 Guy11 对其进行室内苗期抗性鉴定，结果显示受体亲本 S19-118 表现感病，供体亲本 R20-4 和改良系籼糯 23 均表现抗病（图 7-13B）。为了进一步鉴定改良系籼糯 23 在自然条件下的抗性情况，我们将受体亲本 S19-118、供体亲本 R20-4 和改良系籼糯 23 均种植在福建省上杭县国家稻瘟病抗性鉴定中心，鉴定结果与室内鉴定结果一致，改良系籼糯 23 表现抗病（图 7-13 C）。

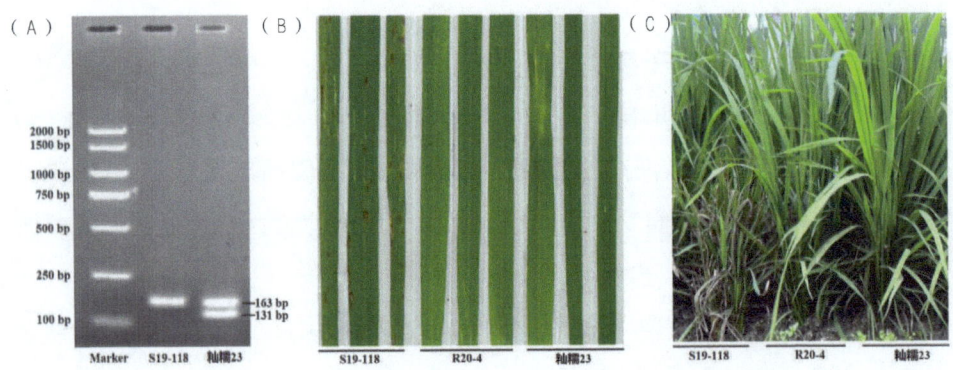

图 7-13　改良系分子标记检测及稻瘟病抗性鉴定

注：（A）*Pigm-1* 分子标记检测结果（B）改良系室内鉴定结果。（C）改良系田间鉴定结果。

### 四、改良系的主要农艺性状

2023 年 7 月，R20-4、S19-118 和籼糯 23 等供试材料种植于福建省农业科学院水稻研究所实验农场，每个供试材料种植 1 个小区，每个小区设置 3 个重复，每个小区 5 行，每行 8 株，田间栽培技术按照常规的栽培技术进行管理。水稻株高、穗长和结实率等主要农艺性状参考 Yang 等（2016）方法进行调查和分析；稻谷粒长和粒宽等测定参照 Yang 等（2020）方法进行。

为了进一步分析改良系籼糯 23 在提高抗性的同时，其他农艺性状变化情况，我们对供体亲本 R20-4、受体亲本 S19-118 和改良系籼糯 23 成熟期农艺性状进行了调查分析。结果表明，改良系籼糯 23 与受体亲本 S19-118 相比，在株高、穗长、有效穗数、每穗颖花数和粒长等性状方面均没有变化（表 7-8），而在结实率、粒宽和千粒重等方面存在显著差异，粒宽和千粒重显著提高，结实率有所降低，但在单株产量方面有所提高（表 7-8）。

表 7-8 双亲与改良系籼糯 23 在主要农艺性状方面比较

| 主要性状 | R20-4 | S19-118 | 籼糯 23 |
| --- | --- | --- | --- |
| 株高 /cm | 120.0±2.51 | 127.0±3.12 | 130.2±3.22 |
| 穗长 /cm | 25.1±1.02 | 27.8±1.10 | 28.1±1.22 |
| 有效穗数 | 11.1±0.58 | 12.2±0.71 | 12.8±0.78 |
| 每穗颖花数 | 134.7±3.28 | 141.7±3.86 | 139.6±3.39 |
| 结实率 /% | 91.21±1.61 | 92.41±1.75 | 88.11±1.31* |
| 粒长 /mm | 10.68±0.21 | 9.78±0.14 | 9.91±0.17 |
| 粒宽 /mm | 2.81±0.06 | 2.65±0.05 | 2.96±0.06** |
| 千粒重 /g | 28.12±0.67 | 25.82±0.59 | 28.82±0.71** |
| 单株产量 /g | 38.34±0.91 | 41.24±1.05 | 45.37±1.10* |

注：** 为 t 测验达极显著差异（$P<0.01$）；* 为显著差异（$P<0.05$）。数据用平均值±SD 表示。

## 五、改良系籼糯 23 应用前景

自从克隆 *Pigm-1* 以来，本研究组利用该基因创制了系列恢复系新材料。例如，以明恢 63 为受体，以携带稻瘟病抗病基因 *Pigm-1* 的双抗 77009 为供体，创制了 6 份抗稻瘟病新材料（Yang et al., 2020）；以恢复系 R20 为受体，以携带稻瘟病抗病基因 *Pigm-1* 的双抗 77009 为供体，创制了 4 份抗稻瘟病新材料（何旎清等，2022）；以象牙香占为受体，以携带稻瘟病抗病基因 *Pigm-1* 的双抗 77009 和携带白叶枯病抗病基因 *Xa23* 的 IRBBL23 为供体，创制了 5 份抗稻瘟病和抗白叶枯病新材料（杨德卫等，2023）。创制的这些材料中，其结实率均在 90% 以上。*Pigm-1* 的等位基因 *Pigm*，已被国内 30 多家种子公司和育种单位应用于水稻抗病分子育种，且已有新品种参加区试和品种审定（Deng et al., 2017），这些说明了 *Pigm* 和 *Pigm-1* 在抗稻瘟病育种中具有较好的应用前景。

本研究以含有 *Pigm-1* 的 R20-4 为供体，在创制糯稻材料过程中，研究结果发现，含有 *Pigm-1* 的糯稻株系，其结实率一般低于 90%，而不含有 *Pigm-1* 的糯稻株系，一般结实率相对较高，可以达到 90% 以上。例如，本研究创制的籼糯 23，其结实率均低于供体亲本 R20-4 和受体亲本 S19-118（表 7-8）。产生这样的原因，是否是由于 *Pigm-1* 与糯性基因之间存在不利连锁关系还无法确定，还需进一步研究。

# 第八章 稻瘟病抗病R蛋白抗病遗传机制研究

## 第一节 水稻稻瘟病抗病蛋白 Pigm-1 互作蛋白的筛选及鉴定

至今，已鉴定了 50 多个抗稻瘟病基因。这些稻瘟病抗病基因主要分布在第 6 和第 11 染色体上，其他染色体上分布较少。其中，位于第 6 染色体 *Piz* 位点上的主效基因有 *Pi2*、*Pi9*、*Piz-t*（*Pizh*）和 *Pigm*（*Pi50*）等（Wu et al., 2015；Xiao et al., 2020）。*Pigm* 来源于抗病品种谷梅 4 号，是由何祖华团队鉴定的一个广谱持久抗稻瘟病新基因。进一步研究发现，*Pigm* 是一个包含多个抗病位点的基因簇，该基因簇只有 2 个具有功能的基因 *PigmR* 和 *PigmS*（Deng et al., 2017）。进一步研究表明 PigmR 及广谱抗病蛋白 Pizt 和 Pi9 均能与新型转录因子 PIBP1 特异性互作，促进后者在细胞核的蛋白累积，从而激活下游防御反应（Zhai et al., 2019）。本研究组前期通过图位克隆的方法，从抗病资源材料双抗 77009 中克隆出一个广谱抗稻瘟病基因 *Pigm-1*，该基因与 *PigmR* 存在 3 个碱基的差异，是 *Pigm* 的一个新的等位基因（Yang et al., 2020）。近年来研究者通过分子育种的方法，已创制含有 *Pigm* 及其等位基因 *Pigm-1* 的系列恢复系新材料（Yang et al., 2020；何旋清等，2022；杨德卫等，2023）。NBS-LRR 受体蛋白是富含亮氨酸的核苷酸结合蛋白，是最大的一类 R 蛋白，可感知由病原物分泌到植物细胞内的效应蛋白（Tameling et al., 2008）。该类型蛋白主要由 3 个结构域组成，分别是位于蛋白中间的核苷酸结合域（NBS）；位于 C 末端的富亮氨酸重复序列结构域（LRR）；以及位于 N 末端的 CC（Coiled-Coil）或者 TIR（Toll and Interleukin-1 Receptor）区域。各结构域之间可以相互作用，并通过改变构象激活下游的免疫反应（Slootweg et al., 2010）。研究表明，抗病反应早期的防御信号激活，是由位于 NLR 蛋白 N 端的 TIR 或 CC 结构域介导的（Qi et al., 2013）。实验室前期抗性鉴定表明，*Pigm-1* 对来自我国不同稻作区的多个稻瘟病菌生理小种均表现抗病性（Yang et al., 2020），但该蛋白向下游传递免疫信号的组分以及免疫反应的分子机制尚不清楚。另一方面，本研究组虽然

利用 *Pigm-1* 创制了系列抗病新材料（Yang et al., 2020；何旎清等，2022；杨德卫等，2023），但在创制含有 *Pigm-1* 的特种稻新材料方面还鲜有报道。为了寻找 *Pigm-1* 传递免疫信号的组分，本研究利用 *Pigm-1* 的 CC 结构域，通过酵母双杂交筛选与其互作的蛋白，并通过酵母双杂交一对一及荧光素酶互补实验，进一步验证了两个蛋白互作的可靠性，为阐明 *Pigm-1* 调控水稻抗稻瘟病的分子机制奠定基础。

## 一、诱饵蛋白 pGBKT7-Pigm-1-CC$^{1-576}$ 的自激活及毒性检测

*Pigm-1* 基因的 1~576 bp 片段编码其蛋白的 CC 结构域，我们利用引物 Pigm-1-CC-pGBKT7 FP：5'-TCAGAGGAGGACCTGCATATGATGGCGGAGACGGTGCTGAGC-3'；Pigm-1-CC-pGBKT7 RP：5'-TCGACGGATCCCCGGGAATTCAACAACACAGATTACTTTGGC-3'，从双抗 77009 中扩增出该片段，通过同源重组的方法将目的片段连接到诱饵载体 pGBKT7 上。

将诱饵蛋白表达载体 pGBKT7-Pigm-1-CC$^{1-576}$ 与 pGADT7 空载体共转化到 Y2H Gold 酵母菌株中，涂布于 SD/-Trp-Leu 固体培养基上。菌落长出后挑取直径大于 2 mm 的单菌落，用无菌水重悬，分别滴加在 SD/-Trp-Leu、SD/-Leu-Trp-His、SD/-Leu-Trp-His-Ade 固体培养基上，3 ~ 5 d 观察结果（表 8-1）。

表 8-1 诱饵蛋白自激活检测结果对照表

| 测试对象 | 选择性培养基 | 生长情况 |
| --- | --- | --- |
| pGBKT7-bait ＋ pGADT7 | SD/-Trp-Leu | √ |
|  | SD/-Leu-Trp-His | × |
|  | SD/-Leu-Trp-His-Ade | × |

注：若各平板出现如上述表格所示结果则说明诱饵蛋白无自激活活性。

将 pGBKT7 和 pGBKT7-Pigm-1-CC$^{1-576}$ 质粒分别单独转化到 Y2H Gold 酵母菌株中，涂布于 SD/-Trp 固体培养基上，菌落长出后分别挑取直径大于 2 mm 的

单菌落，用无菌水重悬，滴加在 SD/-Trp 平板上，3 ~ 5 d 后观察结果。

选取 Pigm-1 的 $CC^{1-576}$ 区域为诱饵，通过共转法筛选水稻 cDNA 文库，鉴定与之互作的蛋白。首先进行了 Pigm-1-$CC^{1-576}$ 的自激活和毒性检测。实验结果表明，BD-$CC^{1-576}$ 与 AD 质粒共转化没有发生自激活现象（图 **8-1**A）。另外，单转 BD-$CC^{1-576}$ 质粒的菌斑与只转化了 BD 质粒的对照菌斑（图 8-1B）大小差异不大，说明诱饵蛋白对酵母细胞毒性较小或没有毒性。综上，质粒 BD-$CC^{1-576}$ 可以运用于后续的酵母筛库实验。

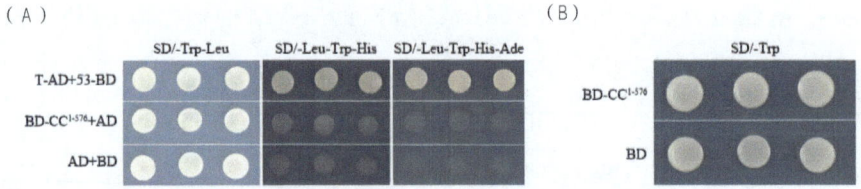

图 8-1　诱饵蛋白的自激活检测及毒性检测

注：（A）诱饵蛋白的自激活检测。（B）诱饵蛋白的毒性检测。

## 二、酵母双杂交文库质量检测

酵母菌株 Y2H Gold、阳性对照载体 pGBKT7-53 和 pGADT7-T、阴性对照载体 pGBKT7-53 和 pGADT7-Lam、诱饵载体 pGBKT7 为本实验室保存由福建农林大学植物免疫中心唐定中教授实验室提供。

取 10 μL 转化后的菌液，用无菌水稀释 1000 倍，再取 10 μL 稀释后的菌液涂布于具有氨苄抗性的培养基上，过夜培养之后计数（图 8-2），根据公式计算得出库容量，并挑取单克隆进行菌落 PCR，电泳检测产物大小。

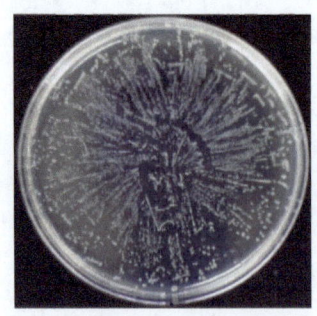

图 8-2　文库容量检测

平板计数得到约 700 个克隆，计算得出库容量约为 $7.0 \times 10^6$ CFU/mL。挑取单克隆进行菌落 PCR，电泳检测产物大小，结果显示，24 个单克隆扩增后均有条带，表明文库阳性率为 100%，插入片段大小均在 1400 bp 左右（图 8-3）。综上，该文库可以用于后续酵母双杂交文库筛选实验。

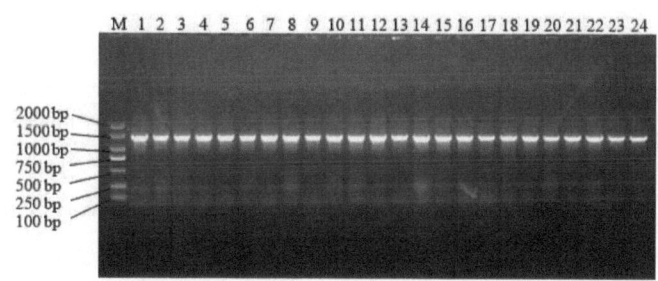

图 8-3 插入片段大小检测

注：M：Maker；1～24：菌落 PCR 产物。

### 三、Pigm-1 相互作用蛋白的筛选

挑取 SD/-Trp-Leu-His-Ade+X-α-gal 固体培养基上蓝色的阳性菌斑（图 8-4A），于 YPDA 液体培养基中振荡培养 16～24 h 后提取质粒，用引物 FP：5'-CTATTCGATGATGAAGATACCCCACCAAACC-3'；RP：5'-GTGAACTTGCGGGGTTTTTCAGTATCTACGATT-3' 进行 PCR 扩增（图 8-4B），电泳切胶送公司测序。利用 Rice Information GateWay（RIGW）网站上的 Blast 功能对测序结果进行比对分析。

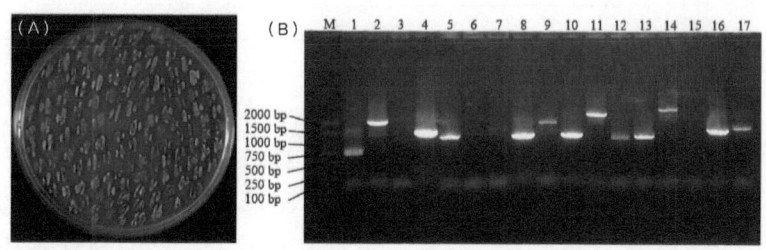

图 8-4 酵母双杂交文库筛选及酵母双杂交克隆验证

注：（A）酵母双杂交文库筛选，SD/-Trp-Leu-His-Ade + X-α-gal。（B）部分阳性克隆的验证。M：Maker；1~17：菌落 PCR 产物。

构建互作蛋白的 pGADT7 表达载体，将 pGADT7-OsbHLH148 和 pGBKT7-Pigm-1-CC[1-576] 共转化至 Y2H Gold 酵母菌株中，涂布于 SD/-Trp-Leu 平板上。菌落长出后，从 SD/-Trp-Leu 平板上挑取直径大于 2 mm 的单菌落，用无菌水重悬，分别滴加在 SD/-Trp-Leu、SD/-Leu-Trp-His-Ade 平板上，3～5 d 观察结果。以共同转化 pGADT7-T 和 pGBKT7-Lam 质粒的酵母菌为阴性对照，以共同转化 pGBKT7-53 和 pGADT7-T 质粒的酵母菌为阳性对照。

参照上海欧易生物医学科技有限公司酵母文库双杂交筛选 SOP- 共转法进行互作蛋白筛选。本次筛选共获得 232 个呈现蓝色的阳性菌落，使用 HiPure Yeast Plasmid Mini Kit 酵母质粒 DNA 小量提取试剂盒提取阳性酵母菌株的质粒，用 pGADT7 载体通用引物进行 PCR，并将切胶产物送往博尚生物公司测序，将测序结果在 RIGW 网站上进行比对，通过国家水稻数据中心查找分析。最终共获得 168 个阳性克隆，其中有 29 个蛋白存在 2～5 次不等的重复，将查找结果进行整理后，得到 124 个 Pigm-1 潜在的相互作用蛋白（表 8-2）。

表 8-2　酵母文库筛选 124 个互作蛋白信息

| 编号 | 克隆数量 | 基因号 | 基因注释 | 基因名称 |
| --- | --- | --- | --- | --- |
| 1 | 1 | LOC_Os11g10480 | 乙醇脱氢酶基因 | *ADH1* |
| 2 | 1 | LOC_Os11g37890 | GDP-d- 甘露糖差向异构酶 | *OsGME2* |
| 3 | 3 | LOC_Os05g34070 | DBF1 互作蛋白 | *OsDIP1* |
| 4 | 1 | LOC_Os09g19734 | 电压依赖性阴离子通道；线粒体外膜孔蛋白 | *OSVDAC1* |
|  |  |  | 异分支酸合酶 | *OsICS1* |
| 5 | 2 | LOC_Os03g17980 | Snf1 相关蛋白激酶 | *OsSnRK1αB*，*OSK35*，*OsSnRK1.1* |
|  |  | LOC_Os08g37800 | Snf1 相关蛋白激酶 | *OsK4*，*SnRK1αC*，*OSK24* |

续表

| 编号 | 克隆数量 | 基因号 | 基因注释 | 基因名称 |
|---|---|---|---|---|
| 6 | 2 | LOC_Os07g05820 | 乙醇酸氧化酶 | GLO4 |
| 7 | 5 | LOC_Os11g47970 | 核酮糖-1,5-二磷酸羧化酶活化酶；Rubisco 活化酶 | rcaII |
| 8 | 3 | LOC_Os04g56400 | 谷氨酰胺合成酶 | OsGS2，OsGLN2，λGS31 |
| 9 | 1 | LOC_Os04g58110 | 丙酮酸激酶 | OsPK3，OsPK5 |
| 10 | 1 | LOC_Os03g50940 | 核基因编码的线粒体蛋白；细胞色素 C 氧化酶组装蛋白；活性氧清除因子 | OsCOX11 |
| 11 | 2 | LOC_Os05g04510 | S-腺苷-L-甲硫氨酸合成酶 | OsSAMS1 |
| 12 | 1 | LOC_Os11g47760 | 热激蛋白 | HSP70 |
| 13 | 1 | LOC_Os11g01530 | 铁蛋白 | OsFER1 |
| | | LOC_Os12g01530 | 铁蛋白 | OsFER2 |
| 14 | 3 | LOC_Os06g01210 | 叶绿体蛋白 | OsCPL1 |
| 15 | 2 | LOC_Os12g33610 | 酪氨酸氨基变位酶 | TAM1; OsPAL9 |
| | | LOC_Os11g48110 | 苯丙氨酸氨裂合酶 | OsPAL8 |
| 16 | 2 | LOC_Os01g70310 | bHLH 转录因子；CBF 诱导因子 | OsICE2 |
| 17 | 2 | LOC_Os03g57220 | 乙醇酸氧化酶 | GLO1 |
| 18 | 1 | LOC_Os02g27030 | 半胱氨酸蛋白酶 | OsACP1 |

续表

| 编号 | 克隆数量 | 基因号 | 基因注释 | 基因名称 |
|---|---|---|---|---|
| 19 | 3 | LOC_Os05g01450 | 真核细胞翻译起始因子 | OseIF3f |
| 20 | 1 | LOC_Os04g40950 | 甘油醛-3-磷酸脱氢酶 | OsGapC2 |
| 21 | 1 | LOC_Os02g41630 | 苯丙氨酸脱氨酶基因 | OsPAL1 |
| 22 | 2 | LOC_Os03g53020 | 碱性螺旋-环-螺旋蛋白 | OsbHLH148 |
| 23 | 1 | LOC_Os08g03290 | 甘油醛-3-磷酸脱氢酶 | OsGAPDH, OsGAPC3 |
| 24 | 1 | LOC_Os05g25850 | 过氧化锰歧化酶 | MnSOD1, SOD-Mn |
| 25 | 1 | LOC_Os03g49990 | 细长秆基因；GRAS家族转录因子；GRAS蛋白 | OsSLR1, OsGAI, Slr1-d |
| 26 | 1 | LOC_Os11g15040 | 苯并噻二唑诱导的水杨酸甲基转移酶 | OsBISAMT1 |
| 27 | 1 | LOC_Os01g61180 | Exo70蛋白；胞外分泌复合体亚基 | OsExo70B1 |
| 28 | 1 | LOC_Os07g48630 | 乙烯信号调控因子 | OsEIL2 |
| 29 | 1 | LOC_Os07g44330 | 丙酮酸脱氢酶激酶基因 | OsPDK1, OsHRK1 |
| 30 | 1 | LOC_Os06g02144 | 6-磷酸葡糖酸脱氢酶 | Os6PGDH, PGD1 |
| 31 | 1 | LOC_Os05g27930 | AP2/EREBP转录因子 | OsDREB2B |
| 32 | 1 | LOC_Os03g40270 | UDP-阿拉伯糖变位酶 | OsUAM1, OsRGP1 |
| 33 | 1 | LOC_Os06g48770 | | OsABC1-8 |

续表

| 编号 | 克隆数量 | 基因号 | 基因注释 | 基因名称 |
|---|---|---|---|---|
| 34 | 2 | LOC_Os01g36950 | 富天冬酰胺蛋白 | OsNRP1 |
| 35 | 1 | LOC_Os04g46450 | MOC1互作蛋白；组蛋白单泛素化；E3连接酶 | MIP1，OsHUB1 |
| 36 | 4 | LOC_Os11g07020 | 叶绿体醛缩酶 | AldP |
| 37 | 1 | LOC_Os04g43800 | 苯丙氨酸氨裂合酶 | OsPAL6 |
|  |  | LOC_Os02g41650 | 苯丙氨酸脱氨酶基因 | OsPAL2 |
| 38 | 2 | LOC_Os03g57690 | 醛氧化酶 | OsAO1，AAO3 |
|  |  | LOC_Os10g04860 | 醛氧化酶 | OsAO2，AAO2 |
| 39 | 1 | LOC_Os10g01080 | 磷酸吡哆醛合酶 | OsPDX1.2 |
|  |  | LOC_Os07g01020 | 磷酸吡哆醛合酶 | OsPDX1.1 |
|  |  | LOC_Os11g48080 | 磷酸吡哆醛合酶 | OsPDX1.3 |
| 40 | 2 | LOC_Os06g43860 | 同源异型结构域蛋白 | HOS59，HOS59L，HOS59S |
|  |  | LOC_Os02g08544 | 同源异型结构域蛋白 | HOS58，HOS58L，HOS58S |
| 41 | 1 | LOC_Os01g55750 | TCP转录因子 | OsTCP2 |
| 42 | 1 | LOC_Os02g42330 | 腈水解酶 | NIT2 |
| 43 | 2 | LOC_Os04g56070 | COP9信号传导体亚基 | CSN5 |

续表

| 编号 | 克隆数量 | 基因号 | 基因注释 | 基因名称 |
|---|---|---|---|---|
| 44 | 1 | LOC_Os08g13440 | 类萌发素蛋白 | OsGLP8-12 |
| 45 | 2 | LOC_Os03g08010 | 翻译延伸因子 | OsEF1α1 |
| 46 | 1 | LOC_Os03g18220 | 丙酮酸脱羧酶 | Ospdc2 |
| 47 | 2 | LOC_Os03g0178000 | 翻译延伸因子 | OsEF1a |
| 48 | 1 | LOC_Os10g25590 | 谷胱甘肽巯基转移酶 | OsGSTU34 |
| 49 | 2 | LOC_Os03g08050 | 延伸因子 | EF1a |
| 49 | 2 | LOC_Os03g08020 | 延伸因子假定蛋白 | 未克隆 |
| 50 | 1 | LOC_Os08g42050 | emp24/gp25L/p24 家族假定蛋白 | 未克隆 |
| 51 | 1 | LOC_Os01g05500 | 锌指蛋白 | 未克隆 |
| 52 | 1 | LOC_Os04g33360 | 赤霉素 2-β- 双加氧酶 7 | 未克隆 |
| 53 | 2 | LOC_Os09g33500 | 转酮醇酶 | 未克隆 |
| 54 | 5 | LOC_Os08g32750 | 双功能单脱氢抗坏血酸还原酶和碳酸酐烯子蛋白 -3 前体 | 未克隆 |
| 55 | 1 | LOC_Os02g08120 | 钙调素结合蛋白 | 未克隆 |
| 56 | 1 | LOC_Os03g18590 | 丙二酰辅酶 A- 酰基载体蛋白转酰化酶，线粒体前体 | 未克隆 |
| 57 | 2 | LOC_Os08g44680 | 光系统 I 反应中心亚基 II，叶绿体前体 | 未克隆 |

续表

| 编号 | 克隆数量 | 基因号 | 基因注释 | 基因名称 |
|---|---|---|---|---|
| 58 | 1 | LOC_Os03g28410 | 核糖体蛋白 S2 | 未克隆 |
| 59 | 1 | LOC_Os03g17120 | 精氨酸生物合成双功能蛋白 argJ 1 | 未克隆 |
| 60 | 5 | LOC_Os01g51570 | 糖基水解酶家族 17 假定蛋白 | 未克隆 |
| 61 | 2 | LOC_Os10g35110 | α- 半乳糖苷酶前体 | 未克隆 |
| 62 | 2 | LOC_Os03g09180 | trpH 假定蛋白 | 未克隆 |
| 63 | 1 | LOC_Os05g05840 | 转运 RNA 合成酶 | 未克隆 |
| 64 | 1 | LOC_Os05g06760 | 巨噬细胞成红细胞附着因子 | 未克隆 |
| 65 | 1 | LOC_Os02g47020 | 磷酸核激酶/尿苷激酶家族蛋白 | 未克隆 |
| 66 | 2 | LOC_Os02g46610 | 锌结合蛋白 | 未克隆 |
| 67 | 1 | LOC_Os08g42410 | 转酮醇酶 | 未克隆 |
| 68 | 1 | LOC_Os01g73514 | 5- 氧代脯氨酸酶 | 未克隆 |
| 69 | 1 | LOC_Os11g36060 | 含 THUMP 结构域的蛋白 | 未克隆 |
| 70 | 1 | LOC_Os08g32750 | 双功能单脱氢抗坏血酸还原酶 | 未克隆 |
| 71 | 1 | LOC_Os11g06020 | 含 homeobox 结构域的蛋白 | 未克隆 |
| 72 | 1 | LOC_Os10g08550 | 烯醇化酶 | 未克隆 |

续表

| 编号 | 克隆数量 | 基因号 | 基因注释 | 基因名称 |
|---|---|---|---|---|
| 73 | 1 | LOC_Os08g37790 | 磷酸-2-脱氢-3-脱氧庚酸酯醛缩酶 | 未克隆 |
| 74 | 1 | LOC_Os10g37980 | 含有丙烯酸脱水酶结构域的蛋白质 | 未克隆 |
| 75 | 1 | LOC_Os01g01960 | 转录抑制因子 | 未克隆 |
| | | LOC_Os05g01020 | 转录抑制因子 | 未克隆 |
| 76 | 1 | LOC_Os02g08410 | 绒毛膜变位酶 | 未克隆 |
| 77 | 1 | LOC_Os05g48820 | 转录调控因子 | 未克隆 |
| 78 | 1 | LOC_Os06g13180 | 金属内蛋白酶1前体 | 未克隆 |
| | | LOC_Os02g50730 | 金属内蛋白酶1前体 | 未克隆 |
| 79 | 1 | LOC_Os08g14440 | 尿苷酸转移酶 | 未克隆 |
| 80 | 1 | LOC_Os07g46440 | 核糖体蛋白 | 未克隆 |
| 81 | 1 | LOC_Os06g20150 | 过氧化物酶前体 | 未克隆 |
| 82 | 1 | LOC_Os08g41100 | CHIT12-几丁质酶家族蛋白前体 | 未克隆 |
| 83 | 1 | LOC_Os04g55180 | 水解酶，含蛋白质的$\alpha/\beta$折叠家族结构域 | 未克隆 |
| 84 | 1 | LOC_Os05g51420 | 超敏反应蛋白 | 未克隆 |
| 85 | 1 | LOC_Os08g04180 | 色氨酸合酶$\beta$链1 | 未克隆 |

续表

| 编号 | 克隆数量 | 基因号 | 基因注释 | 基因名称 |
|---|---|---|---|---|
| 86 | 1 | LOC_Os02g21920 | CPuORF24-含 uORF 的保守肽转录本 | 未克隆 |
| 87 | 1 | LOC_Os11g29990 | NBS-LRR 型抗病蛋白 | 未克隆 |
| 88 | 1 | LOC_Os02g47620 | 水解酶,含蛋白质的 α/β 折叠家族结构域 | 未克隆 |
| 89 | 1 | LOC_Os04g59200 | 过氧化物酶前体 | 未克隆 |
| 90 | 1 | LOC_Os04g46350 | 含亮氨酸拉链结构域蛋白 | 未克隆 |
| 91 | 1 | LOC_Os01g62820 | 含转录起始因子 TFIID 亚基 A 的蛋白 | 未克隆 |
| 92 | 1 | LOC_Os07g30670 | 含有 2Fe-2S 铁硫簇结合域的蛋白质 | 未克隆 |
| 93 | 1 | LOC_Os11g43890 | WD 结构域,含 G-β 重复结构域的蛋白质 | 未克隆 |
| 94 | 1 | LOC_Os08g22354 | 聚腺苷酸结合蛋白 | 未克隆 |
| 95 | 1 | LOC_Os04g55710 | 转座子蛋白 | 未克隆 |
| 96 | 2 | LOC_Os07g32880 | ATP 合酶 γ 链 | 未克隆 |
| 97 | 1 | LOC_Os04g23820 | 甲硫酰-tRNA 合成酶 | 未克隆 |
| 98 | 1 | LOC_Os08g05830 | 转醛缩酶 | 未克隆 |
| 99 | 1 | LOC_Os03g21900 | 尿卟啉原脱羧酶 | 未克隆 |
| 100 | 1 | LOC_Os05g48030 | 抗沉默蛋白,含 ASF1 样结构域的蛋白质 | 未克隆 |

续表

| 编号 | 克隆数量 | 基因号 | 基因注释 | 基因名称 |
| --- | --- | --- | --- | --- |
| 101 | 1 | LOC_Os04g31190 | dynamin 家族蛋白 | 未克隆 |
| 102 | 1 | LOC_Os01g04280 | 钙调素结合蛋白 | 未克隆 |
| 103 | 1 | LOC_Os09g25550 | 含五肽结构域的蛋白质 | 未克隆 |
| 104 | 1 | LOC_Os03g63250 | brefeldin A 敏感高尔基体蛋白样 | 未克隆 |
| 105 | 2 | LOC_Os01g40330 | 含有 DUF630/DUF632 结构域的蛋白质 | 未克隆 |
| 106 | 1 | LOC_Os06g51029 | OsFtsH1 FtsH 蛋白酶 | 未克隆 |
| 107 | 1 | LOC_Os04g37950 | 含有泛素羧基末端水解酶结构域的蛋白质 | 未克隆 |
| 108 | 1 | LOC_Os03g03200 | 水解酶，α/β 折叠家族蛋白 | 未克隆 |
| 109 | 1 | LOC_Os07g08970 | ycf45 蛋白 | 未克隆 |
| 110 | 1 | LOC_Os08g37320 | 表达蛋白 | 未克隆 |
| 111 | 1 | LOC_Os01g01790 | 表达蛋白 | 未克隆 |
| 112 | 1 | LOC_Os01g73644 | 表达蛋白 | 未克隆 |
| 113 | 1 | LOC_Os04g32000 | 表达蛋白 | 未克隆 |
| 114 | 1 | LOC_Os05g46890 | 表达蛋白 | 未克隆 |
| 115 | 1 | LOC_Os01g05560 | 表达蛋白 | 未克隆 |

续表

| 编号 | 克隆数量 | 基因号 | 基因注释 | 基因名称 |
|---|---|---|---|---|
| 116 | 1 | LOC_Os09g34110 | 表达蛋白 | 未克隆 |
| 117 | 1 | LOC_Os01g01400 | 表达蛋白 | 未克隆 |
| 118 | 1 | LOC_Os10g22630 | 表达蛋白 | 未克隆 |
| 119 | 1 | LOC_Os03g54200 | 表达蛋白 | 未克隆 |
| 120 | 1 | LOC_Os10g04660 | 表达蛋白 | 未克隆 |
| 121 | 1 | LOC_Os02g35090 | 表达蛋白 | 未克隆 |
| 122 | 1 | LOC_Os11g23790 | 表达蛋白 | 未克隆 |
| 123 | 1 | LOC_Os03g01920 | 表达蛋白 | 未克隆 |
| 124 | 1 | LOC_Os03g13220 | 表达蛋白 | 未克隆 |

## 四、Pigm-1 相互作用蛋白的功能鉴定与分类

依据 GO 注释，对本次筛选得到的 124 个蛋白进行分类分析（图 8-5）。按照生物进程来进行分类，候选互作蛋白参与了水稻的基因表达调控、转运、胁迫应答、光合作用调控、细胞代谢、信号转导、系统发育、胚后发育、刺激反应调节、细胞进程调节，以及植物的抗病反应，其中，参与较多的是生殖发育、新陈代谢、细胞进程及应激反应过程，分别占 30%、27%、16% 和 14%（图 8-5A）。按照分子功能来进行分类，候选互作蛋白具有酶活性、结合、转运蛋白活性、翻译调控因子活性、结构分子活性等功能，其中具有酶活性与结合功能的蛋白较多，分别占 40% 和 21%（图 8-5B）。

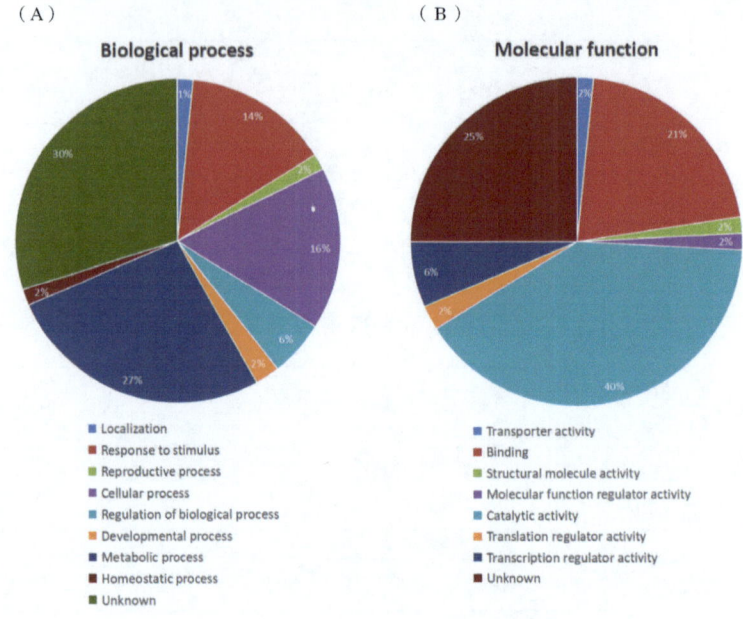

图 8-5　筛选蛋白功能注释

注：（A）按照生物进程分类。（B）按照分子功能分类。

## 五、酵母双杂交验证 Pigm-1 与 OsbHLH148 的相互作用

构建互作蛋白的 pGADT7 表达载体，将 pGADT7-OsbHLH148 和 pGBKT7-Pigm-1-CC[1-576] 共转化至 Y2H Gold 酵母菌株中，涂布于 SD/-Trp-Leu 平板上。菌落长出后，从 SD/-Trp-Leu 平板上挑取直径大于 2 mm 的单菌落，用无菌水重悬，分别滴加在 SD/-Trp-Leu、SD/-Leu-Trp-His-Ade 平板上，3～5 d 观察结果。以共同转化 pGADT7-T 和 pGBKT7-Lam 质粒的酵母菌为阴性对照，以共同转化 pGBKT7-53 和 pGADT7-T 质粒的酵母菌为阳性对照。

首先，利用酵母双杂交一对一验证 Pigm-1-CC 和 OsbHLH148 之间存在相互作用（图 8-6A）。共转化 pGADT7-OsbHLH148 和 pGBKT7-Pigm-1-CC[1-576] 的酵母菌能在 SD/-Trp-Leu-His-Ade 平板上正常生长，表明 Pigm-1 和 OsbHLH148 在酵母细胞中存在相互作用。

为了进一步验证 Pigm-1 与 OsbHLH148 的相互作用，我们构建了 Pigm-1-

CC$^{1-576}$-Nluc 和 OsbHLH148-Cluc 的荧光素酶互补实验载体，然后把两种载体转化到农杆菌 GV3101 中，筛选得到阳性菌落，最后将两种带有目的片段的农杆菌注射到本氏烟草中，2~3 d 后观察荧光信号（图 8-6B）。将待检测的两个基因的 CDS 序列分别连入 pCAMBIA1300-nLUC 和 pCAMBIA1300-cLUC 载体，并且将带有目的片段的质粒转化到农杆菌 GV3101 中。挑选单菌落并经过菌落 PCR 鉴定后先过夜小摇已转化农杆菌，再大摇 12~16 h。将摇好的菌液 4000 rpm 离心 10 min 后，用现配的烟草注射液重悬菌体，并调 OD 值至 0.8~1.2 后，静置 2~4 h，用 1 mL 注射器注射于本氏烟草叶片，在温室培养 48~72 h，取下注射部位的叶片，在背面均匀涂抹 100 mmol/mL 荧光素（Beetle Luciferin，Promega），暗处理 10 min 后，用活体成像仪进行成像。以 Pigm-1-CC$^{1-576}$-Nluc + Cluc 和 OsbHLH148-Cluc + Nluc 为阴性对照，Pigm-1-CC$^{1-576}$-Nluc + OsbHLH148-Cluc 作为实验组。结果显示，在注射实验组 Pigm-1-CC$^{1-576}$-Nluc + OsbHLH148-Cluc 的烟草叶片中检测到了强烈的荧光信号，表明 Pigm-1-CC 和 OsbHLH148 在荧光素酶互补实验中存在相互作用。

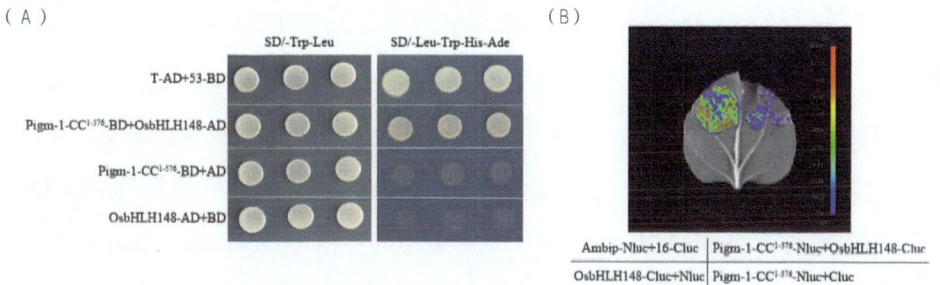

图 8-6 OsbHLH148 与 Pigm-1 存在相互作用

注：（A）OsbHLH148 与 Pigm-1-CC 的酵母双杂交验证实验结果。（B）OsbHLH148 与 Pigm-1-CC 的荧光素酶互补实验结果。

为了进一步分析 *OsbHLH148* 是否受稻瘟病菌诱导表达，我们利用实验室前期转录组测序的结果，分析发现稻瘟病菌 Guy11 对中花 11 进行诱导处理后，在不同时间点（0 h、12 h、24 h 和 48 h），*OsbHLH148* 表达量显著提高，并呈现先上升后降低的趋势（图 8-7）。

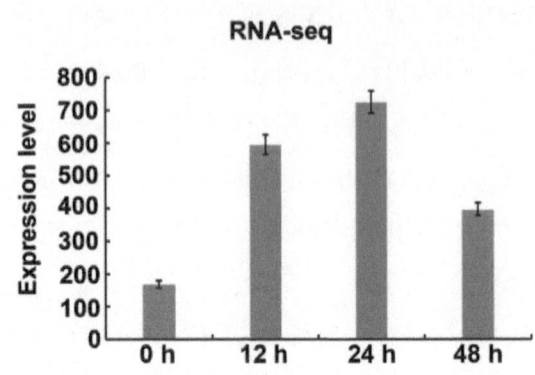

图 8-7　稻瘟病菌 Guy11 侵染后 *OsbHLH148* 的表达变化

## 六、抗病蛋白 OsbHLH148 的功能分析

本研究鉴定了 124 个可能与 Pigm-1 互作的蛋白，这些蛋白包含不同类型的功能蛋白（表 8-2）。

与乙烯合成相关蛋白，如 OsEIL2，该蛋白参与了水稻的基因表达调控、茉莉酸应答、乙烯信号通路调控、抗虫反应调控及抗病毒先天免疫反应等过程，对抵抗南方水稻黑条矮缩病毒起作用（Zhao et al., 2022）。与赤霉素合成相关的蛋白，如 GRAS 蛋白 OsSLR1，该蛋白能整合并放大水杨酸（salicylic acid, SA）和茉莉酸（jasmonic acid, JA）介导的防卫信号，是赤霉素（gibberellins, GA）信号传导的负调控因子，在调控稻瘟病和白叶枯病抗性中起作用（De et al., 2016）。与 ROS 相关蛋白，如胞外分泌复合蛋白 OsExo70B1 参与了水稻的 ROS 代谢调控、先天免疫反应激活信号转导、胞吐作用调节及抗真菌先天免疫反应调控过程，在调控稻瘟病抗性中发挥作用（Hou et al., 2020）；起始应答因子 OsbHLH148 能下调低温胁迫相关基因和 ROS 清除相关基因表达（Seo et al., 2011）。与线粒体相关的蛋白，如核基因编码的线粒体蛋白 OsCOX11 参与了水稻的细胞程序性死亡、ROS 代谢调控、PAMP 触发的免疫信号通路以及抗真菌先天免疫反应调控等过程，进一步研究显示 OsCOX11 与稻瘟病菌 Avr-Pita 互作，过表达 *OsCOX11* 对稻瘟病菌的易感性增加，而敲除 *OsCOX11* 对稻瘟病菌表现出抗性（Han et al., 2021）。

与酶代谢及合成相关的蛋白，如苯丙氨酸脱氨酶 OsPAL1，分子功能为苯丙氨酸氨裂合酶，在稻瘟病抗性中发挥作用（Wang et al., 2022）；苯并噻二唑诱导的水杨酸甲基转移酶 OsBISAMT1，分子功能为甲基转移酶活性，在抗稻瘟病中起作用（Xu et al., 2006）；磷酸吡哆醛合酶 OsPDX1.2，分子功能为 5'-磷酸吡哆醛合酶（谷氨酰胺水解）活性，可以提高水稻对条斑病菌的抗性（Liu et al., 2022）；甲硫氨酸合成酶 OsSAMS1 上调乙烯生物合成基因 OsSAMS、OsACS 和 OsACO 的转录，进而促进了乙烯的产生，并且正调控水稻稻瘟病的抗性（Zou et al., 2021；Yang et al., 2022）。

研究发现 OsbHLH148 编码一个水稻螺旋-环-螺旋结构域蛋白，通过参与茉莉酸信号途径来调控水稻对干旱的耐受性，敲除 OsbHLH148 后，敲除突变体与野生型相比表现对冷胁迫更加敏感（Seo et al., 2011）。进一步研究发现 OsWRKY76 与 OsbHLH148 互作，协同激活 OsDREB1B 的表达以增强水稻的低温耐受性（Zhang et al., 2022），而过表达 OsWRKY76 会使非生物胁迫相关基因如过氧化物酶和脂类代谢基因的表达量增加，OsWRKY76 过表达水稻植株增强了耐冷性，同时降低了水稻对稻瘟病和白叶枯病的抗性（Seo et al., 2011；Yokotan et al., 2013）。前期转录组测序发现 OsbHLH148 被稻瘟病菌侵染后表达量显著提高（图 8-7）。基于以上结果，我们推测 OsbHLH148 很可能参与调控水稻稻瘟病的抗性。

## 第二节 水稻稻瘟病抗病蛋白 Pigm-1 下游核心组分的鉴定与分析

最近的研究表明，PTI 和 ETI 关系密切并能相互促进，从而提供强大的抗病能力。植物 PTI 是病原菌侵染过程中 ETI 不可缺少的组成部分，反过来，ETI 的激活可以增强 PTI 刺激的免疫应答（Yuan et al., 2021；Ngou et al., 2021）。

植物 R 蛋白是细胞内受体，可识别菌株特异性效应物（也称为无毒蛋白，

AVRs），触发快速增强的免疫反应，包括诱导防御相关基因、ROS 爆发、细胞质 $Ca^{2+}$ 持续增加，甚至局部程序性细胞死亡，称为超敏反应（Tang et al., 2017）。R 基因诱导的防御通常对入侵者具有很强的抵抗力，因此植物 R 基因是作物育种的重要遗传资源（Dangl et al., 2013；Deng et al., 2017）。

小 GTPase Rac/Rop 家族成员作为分子开关，在多种植物生理过程中发挥重要作用（Berken, 2006；Nibau et al., 2006）。OsRac1 是模式识别受体和抗性蛋白两类免疫受体下游的关键信号开关，可触发先天免疫（Kawano et al., 2010；Kawano and Shimamoto, 2013；Kawano et al., 2014）。研究表明，OsCERK1-OsRacGEF1-OsRac1 模块参与几丁质诱导免疫的早期信号传导（Akamatsu et al., 2013）。研究发现，包含 RLP OsCEBiP 和 RLK OsCERK1 的几丁质受体复合物可使 OsRacGEF1（OsRac1 的 PRONE 家族激活蛋白）磷酸化。Oscerk1 依赖于 OsRacGEF1 的磷酸化导致 OsRac1 的活化，从而诱导免疫反应。研究发现，Hsp90 及其共同伴侣 Hop/Sti1 复合物有助于 OsCERK1 复合物的成熟和细胞内运输（Chen et al., 2010）。

有报道称，当致病菌侵入水稻时，OsRac1 可与两种 NLR 蛋白 Pit 和 Pia 相互作用，从而在这些 NLR 蛋白介导的免疫应答中发挥重要作用（Ono et al., 2001; Wang et al., 2018）。我们最近的研究发现，OsRac1 是 Pid3 和 Pi9 介导的水稻稻瘟病抗性信号分子，可能是水稻 NLR 蛋白下游的一个共同因子（Yu et al., 2021）。然而，对于除 Pit、Pia、Pi9 和 Pid3 之外的 R 蛋白，OsRac1 信号通路中的抗稻瘟病激活是否同样保守？

此前，我们通过图位克隆从双抗 77009 中克隆出了广谱稻瘟病抗病基因 Pigm 的一个新的等位基因 Pigm-1（Yang et al., 2020）。在本研究中，为了进一步验证 OsRac1 是否为 Pigm-1 蛋白下游的共同因子，我们发现 Pigm-1 通过其 NBS 结构域与 OsRac1 关联，并调控 OsRac1 的激活，而 OsRac1 在 Pigm-1 介导的稻瘟病抗性中起重要作用。我们的结果为不同类型的 NLR 蛋白如何触发下游分子的激活提供了更多的机制线索。

## 一、Pigm-1 与 Pit、Pia、Pid3、Pi9 的氨基酸序列分析与比较

已证实 Pit、Pia、Pid3 和 Pi9 这些 NLR 蛋白与 OsRac1 相互作用，OsRac1 在这 4 种 NLR 蛋白介导的免疫应答中起重要作用，因此 OsRac1 很可能是一个常见的下游因子（Ono et al., 2001; Wang et al., 2018; Yu et al., 2021）。为了进一步分析 Pigm-1 与 4 种 R 蛋白 Pit、Pia、Pid3 和 Pi9 的同源性，我们比较了这 5 种 R 蛋白的氨基酸序列。结果表明，Pigm-1 是 Pit、Pia 和 Pid3 的远缘同源物（图 8-8A），是 Pi9 的近缘同源物（图 8-8B）。

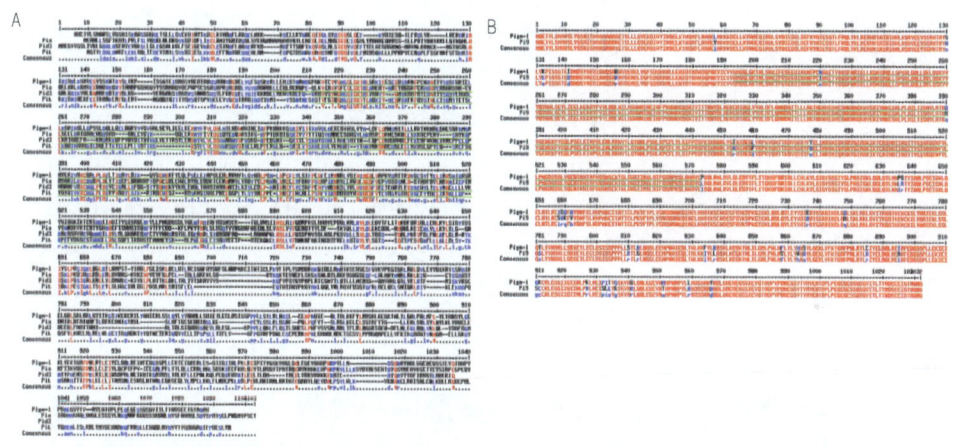

图 8-8 比较分析 Pigm-1 与 Pit、Pia、Pid3、Pi9 的氨基酸序列

注：绿色下画线的字母表示 4 种 NLR 蛋白各自预测的 NBS 结构域。

## 二、Pigm-1 的 NBS 结构域与 OsRac1 互作验证

为了研究 Pigm-1 的哪个结构域与 OsRac1 相互作用，我们构建了 Pigm-1 蛋白的 3 种截断形式，包括富含亮氨酸的重复序列（LRR）、核苷酸结合位点（NBS）和卷曲螺旋（CC），并进行了酵母双杂交实验。结果表明，Pigm-1 的 NBS 与 OsRac1 相互作用（图 8-9A），而 Pigm-1 的 LRR 和 CC 不与 OsRac1 相互作用。因此，这些实验表明 Pigm-1 的 NBS 结构域对于它们的物理相互作用是必要且充分的。

为了进一步验证它们的相互作用,我们在本氏烟草叶片中进行了 LUC 测定。如图 8-9B 所示,当 OsRac1-Nluc 和 Pigm-1-Cluc 共表达时,在叶片中检测到发光信号,而在阴性对照中则没有检测到发光信号。

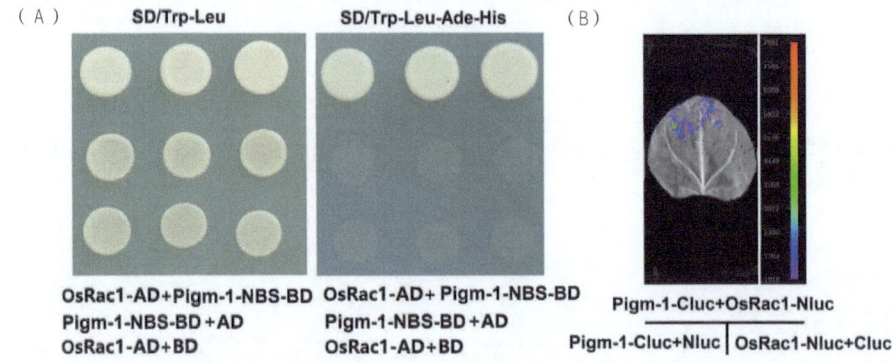

图 8-9 Pigm-1-NBS 与 OsRac1 之间的相互作用

注:(A)通过酵母双杂交(Y2H)实验检测 Pigm-1-NBS 与 OsRac1 之间的相互作用。将相应的载体共转化到酵母中,并在缺陷型培养基(SD/-Leu/-Trp、SD/-Leu/-Trp/-His/-Ade)上培养转化后的酵母。每种组合重复 3 次。(B)在萤火虫荧光素酶互补(LUC)实验中,Pigm-1 与 OsRac1 发生相互作用。将构建好的载体在 4 周龄的本氏烟草(*N. benthamiana*)叶片中瞬时共表达。Cluc 和 Nluc 空载体用作阴性对照。

## 三、不同水稻品种 OsRac1 氨基酸序列分析

为了进一步分析不同水稻材料中 *OsRac1* 的氨基酸序列变化,我们基于 33 个完成三代深度测序的水稻品种发现了 4 种不同类型的 *OsRac1* 等位变异(https://ricerc.sicau.edu.cn/)。第一类材料包括 ZH11、CG14、KY131、LJ、NamRoo、Kosh 和 DHX2 等品种,它们的序列与 OsRac1 完全相同。第二类品种在 9311、02428、IR64、CN1、D62、R498、Lemont、FH838、FS32、G46、G8、G630、132、J4155、DG、Y3551、R527、S548、Tumba、WsSM、Y58S、YX1 等种中有一个氨基酸差异(T144 变为 M144)。第三种类型包括 Basmatil、TM 和 N22 品种,氨基酸发生了两种不同的变化(T144 变为 M144 和 A138 变为 T138)。第四种类型,仅以 NIP 品种为代表,包含许多单独的氨基酸变异(图 8-10 和表 8-3)。

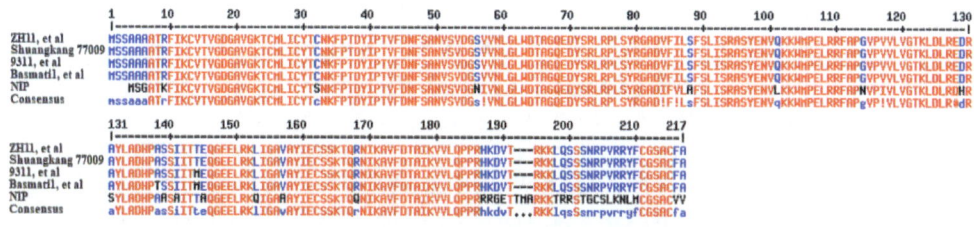

图 8-10 对 33 个测序水稻品种的 OsRac1 氨基酸序列进行分析

注：ZH11、CG14、KY131、LJ、NamRoo、Kosh 和 DHX2 表现出与 OsRac1 相同的结果；9311、02428、IR64、CN1、D62、R498、Lemont FH838、FS32、G46、G8、G630、II32、J4155、DG、Y3551、R527、S548、Tumba、WSSM、Y58S 和 YX1 表现出一个氨基酸差异（T144 变为 M144）；Basmati1、TM 和 N22 表现出两个不同的氨基酸变化（T144 变为 M144 和 A138 变为 T138）；NIP 表现出许多单个氨基酸变异的存在；而双抗 77009 的测序结果显示与 OsRac1 相同。

表 8-3 不同水稻品种 OsRac1 氨基酸序列分析

| 材料名称 | 氨基酸序列 | 变异位点 |
| --- | --- | --- |
| ZH11、CG14、KY131、LJ、NamRoo、Kosh、DHX2 | MSSAAAATRFIKCVTVGDGAVGKTCMLICYTCNKFPTDYIPTVFDNFSANVSVDGSVVNLGLWDTAGQEDYSRLRPLSYRGADVFILSFSLISRASYENVQKKWMPELRRFAPGVPVVLVGTKLDLREDRAYLADHPASSIITEQGEELRKLIGAVAYIECSSKTQRNIKAVFDTAIKVVLQPPRHKDVTRKKLQSSSNRPVRRYFCGSACFA | No change |
| 9311、02428、IR64、CN1、D62、R498、Lemont FH838、FS32、G46、G8、G630、II32、J4155、DG、Y3551、R527、S548、Tumba、WSSM、Y58S、YX1 | MSSAAAATRFIKCVTVGDGAVGKTCMLICYTCNKFPTDYIPTVFDNFSANVSVDGSVVNLGLWDTAGQEDYSRLRPLSYRGADVFILSFSLISRASYENVQKKWMPELRRFAPGVPVVLVGTKLDLREDRAYLADHPASSIITMEQGEELRKLIGAVAYIECSSKTQRNIKAVFDTAIKVVLQPPRHKDVTRKKLQSSSNRPVRRYFCGSACFA | T144 to M144 |

续表

| 材料名称 | 氨基酸序列 | 变异位点 |
|---|---|---|
| Basmati1, TM, N22 | MSSAAAATRFIKCVTVGDGAVGKTCMLICYTCNKFPTDYIPTVFDNFSANVSVDGSVVNLGLWDTAGQEDYSRLRPLSYRGADVFILSFSLISRASYENVQKKWMPELRRFAPGVPVVLVGTKLDLREDRAYLADHPTSSIITMEQGEELRKLIGAVAYIECSSKTQRNIKAVFDTAIKVVLQPPRHKDVTRKKLQSSSNRPVRRYFCGSACFA | T144 to M144 and A138 to T138 |
| NIP | MSGATKFIKCVTVGDGAVGKTCMLICYTSNKFPTDYIPTVFDNFSANVSVDGNI | Multisite change |
| Shuangkang 77009 | VNLGLWDTAGQEDYSRLRPLSYRGADIFVLAFSLISRASYENVLKKWMPELRRFAPNVPIVLVGTKLDLRDHRSYLADHPAASAITTAQGEELRKQIGAAAYIECSSKTQQNIKAVFDTAIKVVLQPPRRRGETTMARKKTRRSTGCSLKNLMCGSACVVMSSAAAATRFIKCVTVGDGAVGKTCMLICYTCNKFPTDYIPTVFDNFSANVSVDGSVVNLGLWDTAGQEDYSRLRPLSYRGADVFILSFSLISRASYENVQKKWMPELRRFAPGVPVVLVGTKLDLREDRAYLADHPASSIITTEQGEELRKLIGAVAYIECSSKTQRNIKAVFDTAIKVVLQPPRHKDVTRKKLQSSSNRPVRRYFCGSACFA | No change |

为了确定双抗77009的 OsRac1 序列，我们对该基因进行了测序（测序引物见表8-4），结果显示双抗77009的 OsRac1 序列与野生型 OsRac1 序列相同（图8-10）。

表8-4 用于载体构建和CRISPR编辑突变体基因分型的引物序列

| 引物名称 | 5′→3′的序列 | 目的 |
|---|---|---|
| Osrac1-F | GCCGCTAATCCCTTCCTCTC | Screening of lines |
| Osrac1-R | TGCATCAGAATGACAAGGGG | Screening of lines |
| OsRac1-AD-F | GTACCAGATTACGCTCATATGATGAGCTCGGCGGCGGCGGC | Interaction verification |
| OsRac1-AD-R | ATGCCCACCCGGGTGGAATTCCTACGCGAAACAAGCGCTTC | Interaction verification |

续表

| 引物名称 | 5'→3' 的序列 | 目的 |
| --- | --- | --- |
| *OsRac1*-Nluc-F | ACGGGGGACGAGCTCGGTACCATGAGCTCGGCGGCGGCGGC | Interaction verification |
| *OsRac1*-Nluc-R | CGCGTACGAGATCTGGTCGACCTACGCGAAACAAGCGCTTC | Interaction verification |
| *Pigm-1*-Cluc-F | TACGCGTCCCGGGGCGGTACCATGGCGGAGACGGTGCTGAG | Interaction verification |
| *Pigm-1*-Cluc-R | ACGAAAGCTCTGCAGGTCGACTCAGCCAGCTTGAGCTGTGC | Interaction verification |
| *Pigm-1*-NBS-BD-F | TCAGAGGAGGACCTGCATATGCAAGGAGAAGAGGTACTTTGTT | Interaction verification |
| *Pigm-1*-NBS-BD-R | TCGACGGATCCCCGGGAATTCATCCTCAGGAAAGATACTTAGATACAAAA | Interaction verification |
| *OsRac1*-CDs-F | ATGAGCTCGGCGGCGGCGGC | Amplified CDs |
| *OsRac1*-CDs-R | CTACGCGAAACAAGCGCTTC | Amplified CDs |
| *Ral1*-CDs-F | ATGGAGCTTGACGAGGAGTC | Amplified CDs |
| *Ral1*-CDs-R | CTACAGACACCTTCCGCCAT | Amplified CDs |
| *Pigm-1*-CC-BD-F | TCAGAGGAGGACCTGCATATGCACCATGGCGGAGACGGTGCTGAG | Interaction verification |
| *Pigm-1*-CC-BD-R | TCGACGGATCCCCGGGAATTCTCATTTGGCCGGACCATCATTAGC | Interaction verification |
| *Ral1*-AD-F | GTACCAGATTACGCTCATATGATGGAGCTTGACGAGGAGTC | Interaction verification |
| *Ral1*-AD-R | ATGCCCACCCGGGTGGAATTCCTACAGACACCTTCCGCCAT | Interaction verification |
| *Ral1*-Nluc-F | ACGGGGGACGAGCTCGGTACCATGGAGCTTGACGAGGAGTC | Interaction verification |
| *Ral1*-Nluc-R | CGCGTACGAGATCTGGTCGACCTACAGACACCTTCCGCCAT | Interaction verification |

## 四、OsRac1 调控稻瘟病抗性蛋白 Pigm-1 机制

为了进一步确定 *OsRac1* 在抗病中的作用，我们敲除了双抗 77009 背景中的 *OsRac1* 基因。我们一共获得了两个纯合突变体，并通过 Sanger DNA 测序证实了目标位点存在插入和缺失突变（表 8-4），并将这两个敲除系分别命名为 *Rac1 KO-Line1* 和 *Rac1 KO-Line2*。然后，我们用 Guy11 接种了这两个敲除系，它们都表现出一定程度的对 Guy11 的敏感性（图 8-11）。此外，对其他农艺性状的分析表明，双抗 77009 与两个敲除系之间在株高、穗长、有效穗数、每穗颖花数、结实率、千粒重、粒长或粒宽方面没有显著差异（表 8-5）。我们推测 OsRac1 主要在水稻抗病方面起作用，对其他农艺性状不产生影响。

图 8-11 接种稻瘟病病菌 Guy11 后 7 d 拍摄的叶片照片

注：在双抗 77009 背景下，*OsRac1* 基因敲除突变体比双抗 77009 更易受 Guy11 感染。接种稻瘟病菌的实验表明，通过 CRISPR/Cas9 技术产生的两个敲除株系对 Guy11 敏感，而双抗 77009 则对 Guy11 具有抗性。

表 8-5　双抗 77009 与两个敲除转基因系之间主要农艺性状的比较

| 农艺性状 | 双抗 77009 | Rac1 KO-Line1 | Rac1 KO-Line2 |
| --- | --- | --- | --- |
| 株高 /cm | 113.22±2.82 | 115.12±2.89 | 115.22±2.76 |
| 穗长 /cm | 21.84±1.41 | 21.88±1.37 | 22.10±1.38 |
| 有效分蘖数 | 21.82±2.26 | 22.4±2.34 | 22.66±2.18 |
| 每穗颖花数 | 185.24±4.88 | 186.7±5.01 | 188.76±4.98 |
| 结实率 /% | 85.74±2.16 | 84.2±2.46 | 83.14±2.32 |
| 千粒重 /g | 25.32±0.78 | 25.01±0.81 | 24.82±0.63 |
| 谷粒长 /mm | 8.81±0.23 | 8.8±0.26 | 8.85±0.24 |
| 谷粒宽 /mm | 2.90±0.07 | 2.9±0.08 | 2.94±0.09 |

注：数据来源于 2022 年 10 月在福州实验站进行的试验。数据用平均值 ±SD 表示。

在双抗 77009 中鉴定出 *Pigm-1* 基因。但在双抗 77009 背景下敲除 *OsRac1* 后，两个敲除系表现出易感表型。这些结果表明 OsRac1 在植物抗病中起重要作用，是 Pigm-1 蛋白的关键下游组分。

### 五、*Pigm-1* 改良 9311 的稻瘟病抗性

在先前的研究中，通过图位克隆从双抗 77009 中克隆出了广谱水稻抗稻瘟病基因 *Pigm-1*（Yang et al., 2020）。为提高 9311 的稻瘟病抗性，以籼稻品种 9311（江苏省农业科学院粮食作物研究所培育）为受体，以籼稻恢复系双抗 77009（福建省农业科学院水稻研究所培育）为供体进行杂交，获得 $F_1$ 代植株。随后，将 $F_1$ 代植株与 9311 亲本进行回交，产生了 $BC_1F_1$ 代。这些 $BC_1F_1$ 代植株再次与 9311 亲本回交，生成了 $BC_2F_1$ 代植株。以同样的方式，获得了 $BC_3F_1$ 代。在随机选取的 22 个 $BC_4F_2$ 代家系中，每个家系选取 3 株进行 *Pigm-1* 标记辅助选择（MAS），将其中一个家系命名为 9311（*Pigm-1*）（图 8-12）。

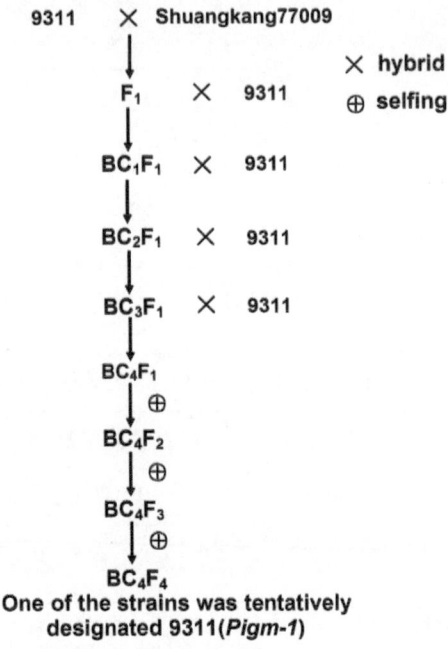

图 8-12　以 9311 为受体创制新的水稻抗稻瘟病植株

为了分析实验室条件下 9311（*Pigm-1*）对稻瘟病的抗性，我们使用稻瘟病菌株 Guy11 进行了水稻稻瘟病接菌实验。以易感水稻品种 9311 作为对照，我们观察到 9311（*Pigm-1*）对稻瘟病 Guy11 表现出抗性（图 8-13A、C）。为了进一步测试 9311（*Pigm-1*）在自然田间条件下的稻瘟病抗性，我们在福建省上杭县（稻瘟病高发区）种植了 9311（*Pigm-1*）和 9311。我们发现，9311（*Pigm-1*）对稻瘟病表现出抗性，而 9311 则易感病（图 8-13B、D）。

图 8-13 稻瘟病菌感染水稻品种 9311 和 9311（Pigm-1）后的病症表现

注：（A）在温室中通过喷雾接菌法检测 9311 和 9311（Pigm-1）植株的稻瘟病抗性。所用叶片为稻瘟病菌株 Guy11 接种 7 d 后获得的代表性叶片。（B）9311（Pigm-1）在中国福建省上杭市的自然苗圃中表现出较强的叶瘟抗性。（C）图为（A）图中水稻叶片上每平方厘米的病变数（平均值 ±SD，$n > 10$ 片叶），** 表示通过 Student's $t$ 检验确定的统计学显著性（$P < 0.01$）。（D）9311 的叶瘟分级为 8 级，9311（Pigm-1）的叶瘟分级为 1 级。

## 六、9311 改良系遗传背景及农艺性状分析

采用 4K 深度测序技术对 9311 和 9311（Pigm-1）进行全基因测序和分析。结果表明，改良系 9311（Pigm-1）除第 3、6、7 染色体的外缘区域外，遗传背景基本恢复到野生型 9311 的背景（图 8-14A）。

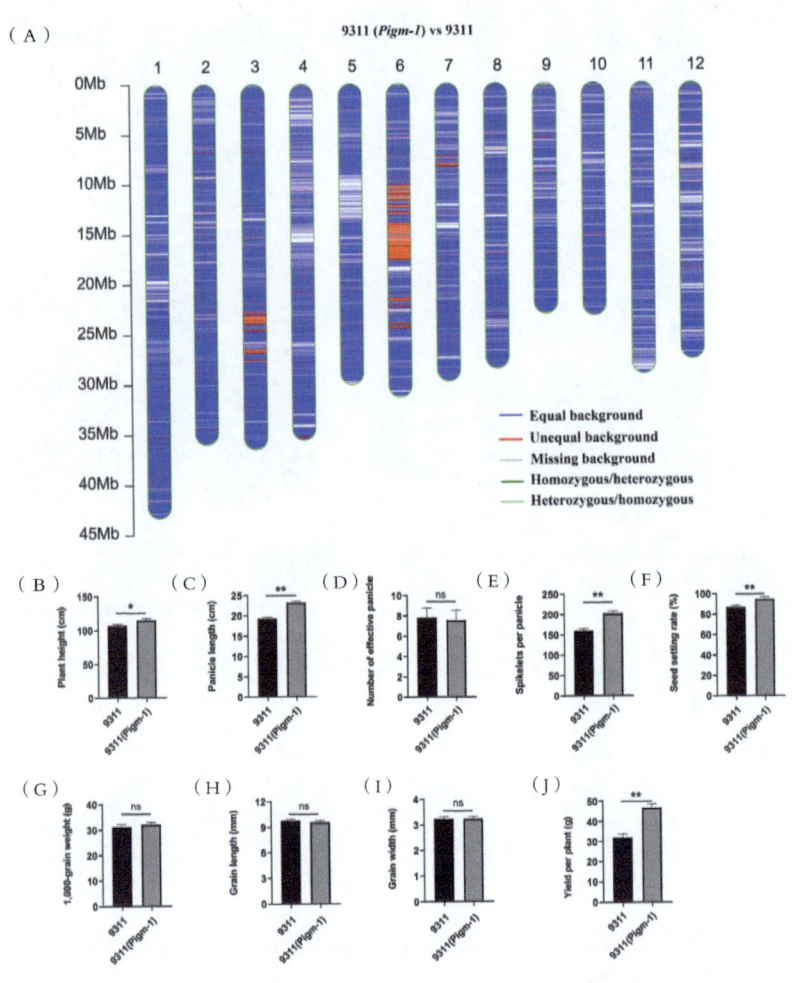

**图 8-14　9311 与 9311（*Pigm-1*）主要农艺性状比较**

注：（A）9311（*Pigm-1*）与 9311 的遗传背景分析，其中蓝色为相同背景，红色为不同背景，白色为双亲缺失背景，深绿色为纯合对杂合背景，浅绿色为杂合对纯合背景。（B）、（C）、（D）、（E）、（F）、（G）、（H）、（I）和（J）分别表示补充表 1 中 9311 和 9311（*Pigm-1*）株高、穗长、每穗颖花数和单株产量的差异，** 为 *t* 测验达极显著差异（$P < 0.01$）；* 为显著差异（$P < 0.05$）；ns 为无显著差异，数据用平均值 ±SD 表示。

为了进一步分析抗病性增强后改良系在其他农艺性状上的变化，我们对成熟期的 9311（*Pigm-1*）和受体亲本 9311 的农艺性状进行了研究。结果显示，与 9311 相比，9311（*Pigm-1*）在有效穗数、粒长、粒宽和千粒重方面没有显著差异（图 8-14B～J 和表 8-6），但在株高、穗长、每穗颖花数、结实率和单株产量方面表现出显著差异（图 8-14B～J 和表 8-6）。

表 8-6　9311 与 9311（*Pigm-1*）主要农艺性状比较

| 农艺性状 | 9311 | 9311（*Pigm-1*） |
| --- | --- | --- |
| 株高 /cm | 106.2±2.12 | 114.4±2.34* |
| 穗长 /cm | 19.2±0.31 | 23.1±0.34** |
| 有效分蘖数 | 7.86±1.18 | 7.54±1.04 |
| 每穗颖花数 | 159.7±4.86 | 201.6±6.22** |
| 结实率 /% | 86.85±1.66 | 94.26±2.26** |
| 千粒重 /g | 31.16±0.82 | 31.92±0.91 |
| 谷粒长 /mm | 9.72±0.21 | 9.54±0.19 |
| 谷粒宽 /mm | 3.22±0.10 | 3.22±0.10 |
| 单株产量 /g | 31.62±1.78 | 45.73±2.02** |

注：*、** 分别表示通过 $t$ 检验在 $P < 0.05$ 和 $P < 0.01$ 水平上 9311 和 9311（*Pigm-1*）之间差异的显著性水平。这些数据来自 2022 年 10 月在福州实验站进行的试验。数据用平均值 ±SD 表示。

## 七、Pigm-1 下游核心组分的分析

在水稻抗性育种中，利用能够赋予对多种稻瘟病病原菌分离株持久且广谱抗性的抗病基因一直是研究的重点领域。在众多被考虑用于培育抗性品种的显性稻瘟病抗病基因中，*Pigm* 基因已在全球不同水稻产区展现出对稻瘟病的广谱且持久的抗性（Deng et al., 2017）。此外，由于来源于抗病基因供体的品种已在大片区域种植多年，这些抗病基因可能会因高强度的选择压力而分解（Yang et al., 2020）。因此，广谱稻瘟病抗病基因具有极高的利用价值。同时，作为 *Pigm* 等位基因的 *Pigm-1*，也表现出了对稻瘟病的广谱且持久的抗性（Yang et al., 2020）。在早期阶段，我们通过分子标记辅助育种技术将 *Pigm-1* 基因导入不同材料中，并获得了具有不同遗传背景的新抗病材料。例如，通过导入

*Pigm-1* 基因，我们改善了恢复系明恢 86（Yang et al., 2020）和 R20-1（He et al., 2022）的稻瘟病抗性。

本研究将 *Pigm-1* 转移到易感材料 9311 中，获得稳定的抗性材料 9311（*Pigm-1*）。与野生型相比，9311（*Pigm-1*）在株高、穗长、每穗颖花数、结实率和单株产量上均表现出显著差异，且 9311（*Pigm-1*）的产量性状优于野生型 9311，这可能是因为 9311（*Pigm-1*）除了含有 *Pigm-1* 外，还含有其他片段（图 8-14A）。

我们的分析表明，在测序的水稻品种中，*OsRac1* 基因可分为 4 种主要类型，其中 ZH11 和 9311 是最常见的类型。与野生型 OsRac1 相比，9311 的 OsRac1 仅仅在 1 个氨基酸上存在差异（图 8-10）。随后，我们将 *Pigm-1* 基因导入 9311 中，获得了表现出抗病性的纯合株系 9311（*Pigm-1*）（图 8-13）。因此，我们推测 9311 中的 *OsRac1* 能够正常发挥抗病功能。另外两类水稻品种的 *OsRac1* 与野生型存在较大差异（图 8-13）。对于这两种水稻品种中的 *OsRac1* 是否能正常发挥抗病功能，尤其是差异极大的 NIP 品种，尚需进一步验证。因此，尽管 *Pigm-1* 具有较强的广谱抗病性，但未来在分子标记辅助育种中聚合 *Pigm-1* 时，我们需要考虑在受体材料中的 *OsRac1* 是否具有完整的功能，以提高我们分子育种的效率和效果。

小 GTPase Rac/Rop 家族成员作为分子开关，在植物的各种生理过程中起着至关重要的作用（Berken, 2006；Nibau et al., 2006）。研究发现，小 GTPase OsRac1 在水稻的 PTI 和 ETI 调控中都起着关键作用（Kawano and Shimamoto, 2013；Kawano et al., 2014）。进一步的研究表明，OsRac1 作为一个分子开关，在细胞中 GDP 结合的非活性形式和 GTP 结合的活性形式之间循环。活化的 GTP 结合的 Rac/Rop 与下游靶标蛋白结合，控制各种细胞事件（Kawano et al., 2014）。

在 ETI 中，我们根据前人的研究结果，初步总结了 OsRac1-NLR 介导的免疫应答模型（图 8-15）。发现 GEF 蛋白 OsSPK1 结合 Pit 的 CC 结构域，进而激活下游 OsRac1 触发免疫应答。OsSPK1 还通过与 RGA4 的 CC 结构域相互作用参与 Pia 介导的抗性（Wang et al., 2018）。通过 Y2H 实验，OsRac1 被证实可以直接与几种 NLR 蛋白的 NBS 结构域相互作用，包括 Pi9（Kawano et al., 2010）。这些发现表明，OsSPK1 可能与 OsRac1 和 RAI1 一起构成下游的免疫信号通路。为了验证这一假设，我们通过一系列遗传实验证明，OsSPK1、OsRac1 和 RAI1 也需要介导水稻 Pi9 和 Pid3 的稻瘟病抗性（Wang et al., 2018）。在本研究中，与 Pi9 类似的 Pigm-1 需要 OsRac1 来介导水稻稻瘟病抗性。因此，OsRac1 已被证明是 R 蛋白（如 Pia、Pit、Pi9、Pid3 和 Pigm-1）下游的一个共同因子。

根据免疫应答模型（图 8-15），我们推测在膜上或膜内，病原体释放效应蛋白，NLR 蛋白如 Pia、Pit、Pi9 和 Pid3 通过 LRR 结构域直接或间接识别这些效应蛋白。在细胞质中，这些 NLR 蛋白的 CC 结构域与 OsSPK1 相互作用，NBS 结构域与 OsRac1 相互作用，稳定并促进 NLR 蛋白并入细胞核并与 RAI1 结合。在细胞核内，OsRac1 与 OsMAPK3 结合，通过 OsMKK4–OsMAPK3/6 级联反应磷酸化细胞核内的转录因子 RAI1，调节下游基因 *PAL1*、*OsWRKY19* 等的表达，从而触发植物免疫应答。

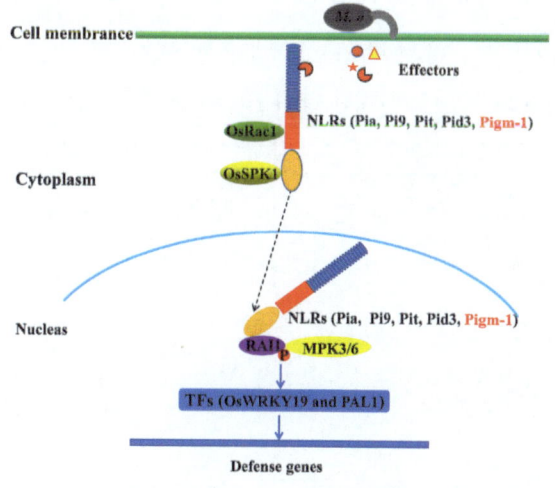

图 8-15　OsRac1 介导的植物免疫应答模型

然而，这些 NLRs，如 Pia、Pit、Pi9、Pid3 和 Pigm-1，是如何转运到细胞核中的呢？先前已有报道称，Pid3 和 Pi9 在水稻细胞核中通过 CC 结构域与 RAI1 结合（Zhou et al., 2019）。事实上，这种细胞内蛋白相互作用关系也在其他植物的 NLR 蛋白中发现，如大麦 MLA10 和马铃薯 Rx1，它们也通过 CC 结构域结合相应的转录调节因子，直接控制后者的蛋白稳态或转录活性，从而影响下游应答基因的表达（Shen et al., 2007；Chang et al., 2013；Inoue et al., 2013；Townsend et al., 2018）。我们推测 *Pia*、*Pit*、*Pi9*、*Pid3* 和 *Pigm-1* 也可能采用类似的机制来巩固和增强 RAI1 在下游免疫中的调节作用。虽然已有研究表明 NLR 蛋白转运到细胞核可能是植物抗病的普遍机制，但 CC 结构域可能在其核内积累和与转录调控因子结合方面发挥重要作用。

为了验证这一假设，我们使用酵母双杂交实验验证了 Pigm-1 的 CC 结构域与 RAI1 的相互作用（图 8-16A）。为了进一步验证它们的相互作用，我们在本氏烟草（*N. benthamiana*）叶片中进行了荧光素酶互补（LUC）试验。如图 8-16B 所示，当 RAI1-Nluc 和 Pigm-1-Cluc 共表达时，叶片中检测到发光信号，而阴性对照中没有。因此，这些实验表明，Pigm-1 的 CC 结构域对于它们的物理相互作用是必要且充分的。然而，许多已报道的 CC 结构域中并未检测到核定位信号，显然仍需要大量的研究工作来了解 NLR 蛋白进入细胞核的机制（Zhai et al., 2019；Yu et al., 2021）。OsRac1 与 OsMAPK3 结合，通过 OsMKK4-OsMAPK3/6 级联反应使细胞核内的转录因子 RAI 磷酸化，从而调控 *PAL1*、*OsWRKY19* 等下游基因的表达，从而触发植物免疫应答（Lieberherr et al., 2005；Thao et al., 2007；Nakashima et al., 2008；Kim et al., 2012）。

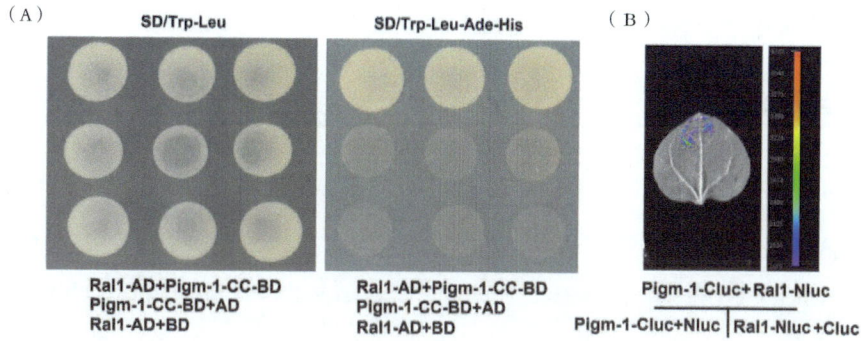

图 8-16　Pigm-1-CC 与 Rall 之间的相互作用

注：（A）通过酵母双杂交（Y2H）试验检测 Pigm-1-CC 与 Rall 的相互作用。将相应的载体共转化到酵母中，转化后的酵母在缺陷培养基（SD/-Leu/-Trp，SD/-Leu/-Trp/-His/-Ade）上培养。每种组合重复 3 次。（B）在萤火虫分裂 - 荧光素酶互补（LUC）实验中，Pigm-1 与 OsRal1 的相互作用。将构建好的相关载体在 4 周龄的本氏烟草（N. benthamiana）叶片中瞬时共表达，其中 Cluc 和 Nluc 空载体作为阴性对照。

随着我国科技创新能力不断提高，近年来中国科学家在世界著名杂志上发表了一系列高水平科研成果，尤其在水稻抗病领域发表了多项高水平论文。然而，在水稻种质资源利用、水稻稻瘟病抗性基因研究与利用方面还需要进一步加强：

（1）中国有近 7.4 万份水稻种质资源，而精确鉴定评价的种质资源不足 10%，绝大多数种质资源的鉴定还停留在初级阶段，将种质资源应用于育种创新更是远远不足。

（2）虽然目前已经分离 40 多个稻瘟病抗性 R 基因，然而一方面难以预测不同 R 基因对田间哪些稻瘟病致病性菌株起作用，另一方面抗性 R 基因簇内各基因之间的相互关系还不清楚，致使育种专家在育种过程中不知选用哪些 R 基因。

（3）虽然已经克隆了一些稻瘟病抗病基因和病原菌无毒基因，但是它们之间真正互作的分子机理还不清楚。

最后，我们深信在全世界科学家共同努力下，被称为"水稻癌症"的稻瘟病终将被完全治愈。

# 参考文献

［1］AKAMATSU A, WONG H L, FUJIWARA M, et al. An OsCEBiP/Os-CERK1-OsRacGEF1-OsRac1 module is an essential component of chitin-induced rice immunity[J]. Cell Host Microbe, 2013, 17: 13（4）465-476.

［2］AO Y, LI Z Q, FENG D R, et al. *OsCERK1* and *OsRLCK176* play important roles in peptidoglycan and chitin signaling in rice innate immunity [J]. The Plant Journal, 2014, 80（6）: 1072-1084.

［3］ASHIKAWA I, HAYASHI N, YAMANE H, et al. Two adjacent nucleotide-binding site-leucine-rich repeat class genes are required to confer *Pikm*-specific rice blast resistance[J]. Genetics, 2008, 180: 2267-2276.

［4］ASHRAF E K, Bi Y M, KOSALA R, et al.The rice R2R3-MYB transcription factor OsMYB55 is involved in the tolerance to high temperature and modulates amino acid metabolism[J]. PLoS ONE, 2012, 7（12）: e52030.

［5］AUSUBEL FM. Are innate immune signaling pathways in plants and animals conserved? [J]. Nat Immunol, 2005, 6（10）: 973-979.

［6］AXTELL M J, STASKAWICZ B J. Initiation of RPS2-specified disease resistance in *Arabidopsis* is coupled to the AvrRpt2-directed elimination of RIN4[J]. Cell, 2003, 112（3）: 369-377.

［7］BERKEN A. ROPs in the spotlight of plant signal transduction[J]. *Cell Mol Life Sci*, 2006, 63（21）: 2446-2459.

［8］BIEZEN E A V, JONES J D. Plant disease-resistance proteins and the gene-for-gene concept[J]. Trends Biochem Sci, 1998, 23（12）: 454-456.

［9］BOLLER T, FELIX G. A renaissance of elicitors: perception of microbe-associated molecular patterns and danger signals by pattern-recognition receptors [J]. Annu Rev Plant Biol, 2009, 60:379-406.

[10] BROWN J K M. A cost of disease resistance: paradigm or peculiarity[J]. Trends Genet, 2003, 19（12）: 667-671.

[11] BRYAN G T, WU K S, FARRALL L, et al. A single amino acid difference distinguishes resistant and susceptible alleles of the rice blast resistance gene *Pi-ta*[J]. Plant Cell, 2000, 12（11）: 2033-2045.

[12] BUSTIN S A, BENES V, GARSON J A, et al. The MIQE guidelines: Minimum information for publication of quantitative real-time PCR experiments[J]. Clin Chem, 2009, 55: 611-622.

[13] CATINOT J, HUANG J B, HUANG P Y, et al. Ethylene response factor 96 positively regulates *Arabidopsis* resistance to necrotrophic pathogens by direct binding to GCC elements of jasmonate and ethylene responsive defence genes[J]. Plant Cell Environ, 2016, 38（12）: 2721-2734.

[14] CÉSARI S, KANZAKI H, FUJIWARA T, et al. The NB-LRR proteins RGA4 and RGA5 interact functionally and physically to confer disease resistance[J]. EMBO J, 2014, 33: 1941-1959.

[15] CESARI S, THILLIEZ G, RIBOT C, et al. The rice resistance protein pair *RGA4/RGA5* recognizes the *Magnaporthe oryzae* effectors *AVR-Pia* and *AVR1-CO39* by direct binding[J]. Plant Cell, 2013, 25: 1463-1481.

[16] CÉSARI S, THILLIEZ G, RIBOT C, et al. The rice resistance protein pair RGA4/RGA5 recognizes the *Magnaporthe oryzae* effectors *AVR-Pia* and *AVR1-CO39* by direct binding[J]. Plant Cell, 2013, 25: 1643-1681.

[17] CESARI S. Multiple strategies for pathogen perception by plant immune receptors[J]. New Phytologist, 2018, 219: 17-24.

[18] CHANG C, YU D S, Jiao J, et al. Barley MLA immune receptors directly interfere with antagonistically acting transcription factors to initiate disease resistance signaling[J]. Plant Cell, 2013, 25: 1158-1173.

[19] CHAUHAN R S, FARMAN M L, ZHANG H B, et al. Genetic and physical mapping of a rice blast resistance locus, *Pi-CO39（t）*, that corresponds to the avirulence gene *AVR1-CO39* of *Magnaporthe grisea*[J]. Mol Genet Genomics, 2002, 267（5）: 603-612.

[20] CHEN H, CHEN J, LI M, et al. A Bacterial Type III Effector Targets the Master Regulator of Salicylic Acid Signaling NPR1 to subvert Plant Immunity[J]. Cell Host and Microbe, 2017, 22（6）: 777-788.

[21] CHEN J, PENG P, TIAN J S, et al. *Pike*, a rice blast resistance allele consisting of two adjacent NBS-LRR genes, was identified as a novel allele at the *Pik* locus[J]. Mol Breed, 2015, 35（5）: 117.

[22] CHEN J, SHI Y F, LIU W Z, et al. A *Pid3* allele from rice cultivar Gumei2 confers resistance to *Magnaporthe oryzae*[J]. J Genet Genomics, 2011, 38: 209-216.

[23] Chen L T, Hamada M S, Fujiwara T H, et al. Shimamoto, The Hop/Sti1-Hsp90 chaperone complex facilitates the maturation and transport of a PAMP receptor in rice innate immunity[J]. Cell Host Microbe, 2010, 7: 185-196.

[24] CHEN X F, LIU P C, MEI L, et al. *Xa7*, a new executor R gene that confers durable and broad-spectrum resistance to bacteria-blight disease in rice[J]. Plant Communications, 2021, 2（3）: 68-81.

[25] CHEN X W, SHANG J J, Chen D X, et al. A B-lectin receptor kinase gene conferring rice blast resistance[J]. Plant J, 2006, 46（5）: 794-804.

[26] CHEN Y, XU Y Y, LUO W, et al. The F-box protein OsFBK12 targets

OsSAMS1 for degradation and affects pleiotropic phenotypes, including leaf senescence, in rice[J]. Plant Physiol, 2013, 163: 1673-1685.

[27] CHEN Z X, ZHAO W, ZHU X B, et al. Identification and characterization of rice blast resistance gene *Pid4* by a combination of transcriptomic profiling and genome analysis[J]. Journal of Genetics and Genomics, 2018, 45（12）: 663-672.

[28] CHEN, J, SHI Y F, LIU W Z, et al. A *Pid3* allele from rice cultivar Gumei2 confers resistance to *Magnaporthe oryzae*[J]. J Genet Genomics, 2011, 38: 209-216.

[29] CHENG H T, LIU H B, DENG Y, et al. Sclerenchyma cell thickening through enhanced lignification induced by OsMYB30 prevents fungal penetration of rice leaves[J]. New Phytol, 2020, 226（6）: 1850-1863.

[30] Chinchilla D, Bauer Z, Regenass M, et al. The *Arabidopsis* receptor kinase FLS2 binds flg22 and determines the specificity of flagellin perception[J]. Plant Cell, 2006, 18（2）: 465-476.

[31] CHINCHILLA D, ZIPFEL C, ROBATZEK S, et al. A flagellin-induced complex of the receptor FLS2 and BAK1 initiates plant defence[J]. Nature, 2007, 448: 497-500.

[32] CHINNUSAMY V, ZHU J, ZHU J K. Cold stress regulation of gene expression in plants[J]. Trends Plant Sci, 2007, 12（10）: 444-451.

[33] Chisholm ST, Dahlbeck D, Krishnamurthy N, et al. Molecular characterization of proteolytic cleavage sites of the *Pseudomonas syringae* effector AvrRpt2[J]. Proc Natl Acad Sci USA, 2005, 102（6）: 2087-2092.

[34] CHUJO T, MIYAMOTO K, SHIMOGAWA T, et al. OsWRKY28, a PAMP-responsive transrepressor, negatively regulates innate immune responses

in rice against rice blast fungus[J]. Plant Mol Biol, 2013, 82（1-2）: 23-37.

［35］COLLIER S M, MOFFETT P. NB-LRRs work a "bait and switch" on pathogens[J]. Trends Plant Sci, 2009, 14: 521-529.

［36］COUTO D, ZIPFEL C. Regulation of pattern recognition receptor signalling in plants[J]. Nat Rev Immunol, 2016, 16（9）: 537-552.

［37］DAI L Y, WU J, LI X, et al. Genomic structure and evolution of the *Pi2/9* locus in wild rice species[J]. Theor Appl Genet, 2010, 121: 295-309.

［38］DANGL J L, HORVAT D M, STASKAWICZ B J. Pivoting the plant immune system from dissection to deployment[J]. Science, 2013, 341: 746-751.

［39］DANGL J L, HORVATH D M, STASKAWICZ B J. Pivoting the plant immune system from dissection to deployment[J]. Science, 2013, 341: 746-751.

［40］DANGL J L, JONES J D. Plant pathogens and integrated defence responses to infection[J]. Nature, 2001, 411（6839）: 826-833.

［41］DAS A, SOUBAM D, SINGH P K, et al. A novel blast resistance gene, *Pi54rh* cloned from wild species of rice, *Oryza rhizomatis* confers broad spectrum resistance to *Magnaporthe oryzae*[J]. Funct Integr Genomics, 2012, 12: 215-228.

［42］DAY B, DAHLBECK D, HUANG J, et al. Molecular basis for the RIN4 negative regulation of RPS2 disease resistance[J]. Plant Cell, 2005, 17（4）: 1292-1305.

［43］DE V D, SEIFI H S, FILIPE O, et al. The DELLA protein SLR1 integrates and amplifies salicylic acid- and jasmonic acid-dependent innate immunity in rice[J]. Plant Physiology, 2016, 170（3）: 1831-1847.

［44］DEAN R A, TALBOT N J, EBBOLE D J, et al. The genome sequence of the rice blast fungus *Magnaporthe grisea*[J]. Nature, 2005, 434: 980-986.

[45] DENG P, JING W, CAO C J, et al. Transcriptional repressor RST1 controls salt tolerance and grain yield in rice by regulating gene expression of asparagine synthetase[J]. Proceedings of the National Academy of Sciences, 2022, 119(50): e2210338119.

[46] DENG Y W, ZHAI K R, XIE Z, et al. Epigenetic regulation of antagonistic receptors confers rice blast resistance with yield balance[J]. Science, 2017, 355: 962-965.

[47] DENG Y W, ZHU X D, SHEN Y, et al. Genetic characterization and fine mapping of the blast resistance locus *Pigm* (*t*) tightly linked to *Pi2* and *Pi9* in a broad-spectrum resistant Chinese variety[J]. Theor Appl Genet, 2006, 113: 705-713.

[48] DESLANDES L, OLIVIER J, PEETERS N, et al. Physical interaction between RRS1-R, a protein conferring resistance to bacterial wilt, and PopP2, a type III effector targeted to the plant nucleus[J]. Proc Natl Acad Sci USA, 2003, 100(13): 8024-8029.

[49] DEVANNA N B, VIJAYAN J, SHARMA T R. The blast resistance gene *Pi54* of cloned from *Oryza officinalis* interacts with *Avr-Pi54* through its novel non-LRR domains[J]. PLoS One, 2014, 9(8): e104840.

[50] DIXON M S, GOLSTEIN C, THOMAS C M, et al. Genetic complexity of pathogen perception by plants: the example of *Rcr3*, a tomato gene required specifically by Cf-2[J]. Proc Natl Acad Sci USA, 2000, 97: 8807-8814.

[51] DIXON M S, JONES D A, KEDDIE J S, et al. The tomato Cf-2 disease resistance locus comprises two functional genes encoding leucine-rich repeat proteins[J]. Cell, 1996, 84: 451-459.

[52] DODDS N, RATHJEN J P. Plant immunity: towards an integrated view of

plant-pathogen interactions[J]. Nat Rev Genet, 2010, 11: 539-548.

[53] DODDS P N, RATHJEN J P. Plant immunity: towards an integrated view of plant-pathogen interactions[J]. Nat Rev Genet, 2010, 11: 539-548.

[54] DONG Q Y, WALLRAD L, ALMUTAIRI B O, et al. $Ca^{2+}$ signaling in plant responses to abiotic stresses[J]. Journal of Integrative Plant Biology, 2022, 64 (2): 287-300.

[55] EBBOLE D J. *Magnaporthe* as a model for understanding host-pathogen interactions[J]. Annu Revf Phytopathol, 2007, 45: 437-456.

[56] ELERT E. Rice by the numbers: A good grain[J]. Nature, 2014, 514 (7524): 50-51.

[57] ELLUR R K, KHANNA A, YADAV A, et al. Improvement of Basmati rice varieties for resistance to blast and bacterial blight diseases using marker assisted backcross breeding[J]. Plant Science, 2016, 242: 330-341.

[58] EZUKA A. Field resistance of rice varieties to blast disease[J]. Rev Plant Prot Res, 1972, 5: 1-21.

[59] FAN C C, XING Y Z, MAO H L, et al. GS3, a major QTL for grain length and weight and minor QTL for grain width and thickness in rice, encodes a putative transmembrane protein[J]. Theoretical and Applied Genetics, 2006, 112 (6): 1164-1171.

[60] FARMAN M L, ETO Y, NAKAO T, et al. Analysis of the structure of the *AVR1-CO39* avirulence locus in virulent rice-infecting isolates of *Magnaporthe grisea*[J]. Mol Plant Microbe Interact, 2002, 15: 6-16.

[61] FARMAN M L, LEONG S A. Chromosome walking to the *AVR1-CO39* avirulence gene of *Magnaporthe grisea*: discrepancy between the physical and genetic maps[J]. Genetics, 1998, 150: 1049-1058.

[62] FJELLSTROM R, CONAWAY-BORMANS C A, MCCLUNG A M, et al. Development of DNA markers suitable for marker assisted selection of three *Pi* genes conferring resistance to multiple *Pyricularia grisea* pathotypes[J]. Crop Science, 2004, 44（5）: 1790.

[63] FU X, XU J, ZHOU M Y, et al. Enhanced expression of QTL *qLL9/DEP1* facilitates the improvement of leaf morphology and grain yield in rice[J]. Int J Mol Sci, 2019, 20（4）: 866-866.

[64] FUDAL I, BÖHNERT H U, THARREAU D, et al. Transposition of MINE, a composite retrotransposon, in the avirulence gene *ACE1* of the rice blast fungus *Magnaporthe grisea*[J]. Fungal Genet Biol, 2005, 42: 761-772.

[65] FUJII K, HAYANO-SAITO Y, Saito K, et al. Identification of a RFLP marker tightly linked to the panicle blast resistance gene, *Pb1*, in rice[J]. Breed Sci, 2000, 50: 183-188.

[66] FUJINO K, SEKIGUCHI H. Origins of functional nucleotide polymorphisms in a major quantitative trait locus, qLTG3-1, controlling low-temperature germinability in rice[J]. Plant Molecular Biology, 2011, 75（1-2）: 1-10.

[67] FUKUOKA S, SAKA N, KOGA H, et al. Loss of function of a proline-containing protein confers durable disease resistance in rice[J]. Science, 2009, 325: 998-1001.

[68] FUKUOKA S, YAMAMOTO S I, MIZOBUCHI R, et al. Multiple functional polymorphisms in a single disease resistance gene in rice enhance durable resistance to blast[J]. Sci Rep, 2014, 4: 4550.

[69] FUKUOKA S, SAKA N, KOGA H, et al. Loss of function of a proline-containing protein confers durable disease resistance in rice[J]. Science, 2009, 325: 998-1001.

[70] GAO Y, LIU C L, LI Y Y, et al. QTL analysis for chalkiness of rice and fine mapping of a candidate gene for *qACE9*[J]. Rice, 2016, 9（1）: 41.

[71] GÓMEZ-GÓMEZ L, BOLLER T. FLS2: an LRR receptor-like kinase involved in the perception of the bacterial elicitor flagellin in *Arabidopsis* [J]. Mol Cell, 2000, 5（6）: 1003-1011.

[72] GOUDA P K, SAIKUMAR S, VARMA C M K, et al. Marker-assisted breeding of *Pi-1* and *Piz-5* genes imparting resistance to rice blast in PRR78, restorer line of Pusa RH-10 Basmati rice hybrid[J]. Plant Breeding, 2013, 132（1）: 61-69.

[73] GROVER A, SHARMA P C. Development and use of molecular markers: past and present[J]. Crit Rev Biotechnol, 2016, 36（2）: 290-302.

[74] GU K, YANG B, TIAN D, et al. *R* gene expression induced by a type-III effector triggers disease resistance in rice c[J]. Nature, 2005, 435（7045）: 1122-1125.

[75] HAN J, WANG X, WANG F, et al. The fungal effector Avr-Pita suppresses innate immunity by increasing COX activity in rice mitochondria[J]. Rice, 2021, 14（1）: 12.

[76] HARMER S L. The circadian system in higher plants[J]. Annu Rev Plant Biol, 2009, 60（1）: 357-377.

[77] HAYAFUNE M, BERISIO R, MARCHETTI R, et al. Chitin-induced activation of immune signaling by the rice receptor CEBiP relies on a unique sandwich-type dimerization[J]. Proc Natl Acad Sci USA, 2014, 111: 404-413.

[78] HAYASHI K, YOSHIDA H, ASHIKAWA I. Development of PCR-based allele-specific and InDel marker sets for nine rice blast resistance genes[J]. Theor Appl Genet, 2006, 113: 251-260.

[79] HAYASHI N, INOUE H, KATO T, et al. Durable panicle blast-resistance

gene *Pb1* encodes an atypical CC-NBS-LRR protein and was generated by acquiring a promoter through local genome duplication[J]. Plant J, 2010, 64: 498-510.

[80] HE N Q, YANG D W, ZHENG X H, et al. Improving blast resistance of R20 by molecular marker-assisted selection of the *Pigm-1* gene[J]. J Nucl Agr Sci, 2022, 36: 0245-0250.

[81] HE N Q, ZHAN G P, HUANG F H, et al. Fine mapping and cloning of a major QTL *qph12*, which simultaneously affects the plant height, panicle length, spikelet number and yield in rice (*Oryza sativa* L.) [J]. Front Plant Sci, 2022, 13: 878558.

[82] HE Y Q, YANG B, HE Y, et al. A quantitative trait locus, qSE3, promotes seed germination and seedling establishment under salinity stress in rice[J]. The Plant Journal, 2019, 97 (6): 1089-1104.

[83] HEANG D, SASSA H. Antagonistic actions of HLH/bHLH proteins are involved in grain length and weight in rice[J]. PLoS One, 2012, 7 (2): e31325.

[84] HELLIWELL E E, WANG Q, YANG Y N. Transgenic rice with inducible ethylene production exhibits broad-spectrum disease resistance to the fungal pathogens *Magnaporthe oryzae* and *Rhizoctonia solani*[J]. Plant Biotechnol J, 2013, 11: 33-42.

[85] HOU H N, FANG J B, LIANG J H, et al. OsExo70B1 positively regulates disease resistance to *Magnaporthe oryzae* in rice[J]. International Journal of Molecular Sciences, 2020, 21 (19): 7049.

[86] HU H H, DAI M Q, YAO J L, et al. Overexpressing a NAM, ATAF, and CUC (NAC) transcription factor enhances drought resistance and salt tol-

erance in rice[J]. Proceedings of the National Academy of Sciences, 2006, 103 (35): 12987-12992.

[87] HU K M, QIU D Y, SHEN X L, et al. Isolation and manipulation of quantitative trait loci for disease resistance in rice using a candidate gene approach[J]. Molecular Plant, 2008, 1 (5): 786-793.

[88] HU Z J, LU S J, WANG M J, et al. A novel QTL qTGW3 encodes the GSK3/SHAGGY-like kinase OsGSK5/OsSK41 that interacts with OsARF4 to negatively regulate grain size and weight in rice[J]. Molecular Plant, 2018, 11(5): 736-749.

[89] HUA L X, WU J Z, CHEN C X, et al. The isolation of *Pi1*, an allele at the *Pik* locus which confers broad spectrum resistance to rice blast[J]. Theor Appl Genet, 2012, 125 (5): 1047-1055.

[90] HUANG F H, HE N Q, YU M X, et al. Identification and fine mapping of a new bacterial blight resistance gene, *Xa43* (*t*), in Zhangpu wild rice (*Oryza rufipogon*)[J]. Plant Biology, 2023, 25 (3): 433-439.

[91] HUANG L Y, ZHANG R, HUANG G F, et al. Developing superior alleles of yield genes in rice by artificial mutagenesis using the CRISPR/Cas9 system[J]. The Crop Journal, 2018, 6 (5): 475-481.

[92] HUANG R Y, JIANG L R, ZHENG J S, et al. Genetic bases of rice grain shape: so many genes, so little known[J]. Trends in Plant Science, 2013, 18 (4): 218-226.

[93] HUANG X Y, CHAO D Y, GAO J P, et al. A previously unknown zinc finger protein, DST, regulates drought and salt tolerance in rice via stomatal aperture control[J]. Genes and Development, 2009, 23 (15): 1805-1817.

[94] HUOT B, YAO J, MONTGOMERY B L, et al. Growth-defense tradeoffs in plants:

a balancing act to optimize fitness[J]. Mol Plant, 2014, 7（8）: 1267-1287.

[95] HUTIN M, CÉSARI S, CHALVON V, et al. Ectopic activation of the rice NLR heteropair RGA4/RGA5 confers resistance to bacterial blight and bacterial leaf streak diseases[J]. Plant J, 2016, 88, 43-55.

[96] INOUE H, HAYASHI N, MATSUSHITA A, et al. Blast resistance of CC-NB-LRR protein Pb1 is mediated by WRKY45 through protein-protein interaction[J]. Proc Natl Acad Sci USA, 2013, 110: 9577-9582.

[97] IWAI T, MIYASAKA A, SEO S, et al. Contribution of ethylene biosynthesis for resistance to blast fungus infection in Young rice plants[J]. Plant Physiol, 2006, 142: 1202-1215.

[98] JEUNG J U, KIM B R, CHO Y C, et al. A novel gene, *Pi40*（*t*）, linked to the DNA markers derived from NBS-LRR motifs confers broad spectrum of blast resistance in rice[J]. Theor Appl Genet, 2007, 115: 1163-1177.

[99] JEWETT M C, MILLER M L, Chen Y, et al. Continued protein synthesis at low [ATP] and [GTP] enables cell adaptation during energy limitation[J]. J Bacteriol, 2009, 191（3）: 1083-1091.

[100] JI C H, JI Z Y, LIU B, et al. *Xa1* allelic *R* genes activate rice blight resistance suppressed by interfering TAL effectors[J]. Plant Communications, 2020, 1（4）: 100087.

[101] JI D C, CUI X M, QIN G Z, et al. SlFERL interacts with S-adenosylmethionine synthetase to regulate fruit ripening[J]. Plant Physiol, 2020, 184: 2168-2181.

[102] Jia G Q, Huang X H, Zhi H, et al. A haplotype map of genomic variations and genome-wide association studies of agronomic traits in foxtail millet（*Setaria italica*）[J]. Nature Genetics, 2013, 45（8）: 957-961.

[103] JIA Y, BRYAN G, FARRALL L, et al. Natural variation at the rice blast

resistance locus[J]. Phytopathology, 2003, 93: 1452-1459.

[104] JIA Y, MCADAMS S A, BRYAN G T, et al. Direct interaction of resistance gene and avirulence gene products confers rice blast resistance[J]. EMBO J, 2000, 19 (15): 4004-4014.

[105] JIA Y, WANG Z, FJELLSTROM R G, et al. Rice *Pi-ta* gene confers resistance to the major pathotypes of the rice blast fungus in the United States[J]. Phytopathology, 2004, 94, 296-301.

[106] JIA Y, WANG Z, PRATIBHA S. Development of dominant rice blast resistance *Pi-ta* gene markers[J]. Crop Sci, 2002, 42: 2145-2149.

[107] JIA, Y. Artificial introgression of a large chromosome fragment around the rice blast resistance gene *Pi-ta* in backcross progeny and several elite rice cultivars[J]. Heredity (Edinb), 2009, 103, 355-356.

[108] JIANG H C, FENG Y T, BAO L, et al. Improving blast resistance of Jin 23B and its hybrid rice by marker-assisted gene pyramiding[J]. Molecular Breeding, 2012, 30 (4): 1679-1688.

[109] JIANG L, CAO Y J, WANG C M, et al. Detection and analysis of QTL for seed dormancy in rice (*Oryza sativa* L.) using RIL and CSSL population[J]. Yi Chuan Xue Bao, 2003, 30 (5): 453-458.

[110] JIANG N, LI Z Q, WU J, et al. Molecular mapping of the *Pi2/9* allelic gene *Pi2-2* conferring broad-spectrum resistance to *Magnaporthe oryzae* in the rice cultivar Jefferson[J]. Rice, 2012, 5: 29.

[111] JOHAL G S, BRIGGS S P. Reductase activity encoded by the *HM1* disease resistance gene in maize[J]. Science, 1992, 258: 985-987.

[112] JONES J D, DANGL J L. The plant immune system[J]. Nature, 2006, 444 (7117): 323-329.

[113] KAMARUDIN S A A, AHMAD F, HASAN N, et al. Whole genome resequencing data and grain quality traits of the rice cultivar Mahsuri and its blast disease resistant mutant line, Mahsuri Mutant[J]. Data in Brief, 2023, 52: 109974.

[114] KAN Y, MU X R, ZHANG H, et al. TT2 controls rice thermotolerance through SCT1-dependent alteration of wax biosynthesis[J]. Nature Plants, 2022, 8（1）: 53-67.

[115] KANEHISA M, ARAKI M, GOTO S, et al. KEGG for linking genomes to life and the environment[J]. Nucleic Acids Res, 2008, 36（1）: D480-D484.

[116] KANG S, SWEIGARD J A, VALENT B. The PWL host specificity gene family in the blast fungus *Magnaporthe grisea*[J]. Mol Plant Microbe Interact, 1995, 8（6）: 939-948.

[117] KAWANO Y, AKAMATSU A, HAYASHI K, et al. Activation of a Rac GTPase by the NLR family disease resistance protein Pit plays a critical role in rice innate immunity[J]. Cell Host Microbe, 2010, 7（5）: 362-375.

[118] KAWANO Y, KANEKO-KAWANO T, SHIMAMOTO K. Rho family GTPase-dependent immunity in plants and animals[J]. Front Plant Sci, 2014, 5: 522.

[119] KAWANO Y, SHIMAMOTO K. Early signaling network in rice PRR and R-mediated immunity[J]. Curr Opin Plant Biol, 2013, 16（4）: 496-504.

[120] KEEN N T. Gene-for-gene complementarity in plant-pathogen interactions[J]. Annu Rev Genet, 1990, 24（1）: 447-463.

[121] KHAN M, SUBRAMANIAM R, DESVEAUX D. Of guards, decoys, baits and traps: pathogen perception in plants by type III effector sensors[J]. Curr Opin Microbiol, 2016, 29: 49-55.

[122] KHUSH G S. What it will take to feed 5.0 billion rice consumers in 2030[J].

Plant Molecular Biology, 2005, 59（1）: 1-6.

［123］KHUSH G S. What it will take to feed 5.0 billion rice consumers in 2030[J]. Plant Mol Biol, 2005, 59（1）: 1-6.

［124］KIM S H, OIKAWA T, KYOZUKA J, et al. The bHLH Rac immunity1 （RAI1） is activated by OsRac1 via OsMAPK3 and OsMAPK6 in rice immunity[J]. Plant Cell Physiol, 2012, 53（4）: 740-754.

［125］KIYOSAWA S. An attempt of classification of world's rice varieties based on reaction pattern to blast fungus strains[J]. Bull Natl Inst Agrobiol Resour, 1986, 2: 13-39.

［126］KIYOSAWA S. Gene analysis of blast resistance in exotic varieties of rice[J]. JPN Agr Res Q, 1971, 6: 8-15 .

［127］KOU Y J, SHI H B, QIU J H, et al. Effectors and environment modulating rice blast disease: from understanding to effective control[J]. Trends in Microbiology, 2024, 32（10）:1007-1020.

［128］KOURELIS J,VAN DER HOORN R A L. Defended to the nines: 25 years of resistance gene cloning identifies nine mechanisms for R protein function[J].Plant Cell, 2018, 30（2）: 285-299.

［129］LANDER E S, GREEN P, ABRAHAMSON J, et al. Mapmaker: an interactive computer package for constructing primary genetic linkage maps of experimental and natural populations[J]. Genomics. 1987, 1: 174-181.

［130］LE ROUX C, HUET G, JAUNEAU A, et al. A receptor pair with an integrated decoy converts pathogen disabling of transcription factors to immunity [J]. Cell, 2015, 161（5）: 1074-1088.

［131］LEE S K, SONG M Y, SEO Y S, et al. Rice *Pi5*-mediated resistance to *Magnaporthe oryzae* requires the presence of two coiled-coil- nucleotide-binding- leucine-rich repeat genes[J]. Genetics, 2009, 181（4）: 1627-1638.

[132] LI J B, LI D, SUN Y D, et al. Rice blast resistance gene *Pi1* identified by MRG4766 marker in 173 Yunnan rice landraces[J]. Rice Genomics Genet, 2012, 3: 13-18.

[133] LI J B, SUN Y D, LIU H, et al. Natural variation of rice blast resistance gene *Pi-d2*[J]. Genet Mole Res, 2015, 14（1）: 1235-1249.

[134] LI S Q, GUO H, LEI Y, et al. Genetic breeding of landscape plants.3rd edition[M]. Chongqing: Chongqing University Press, 2016: 116.

[135] LI W T, CHERN M S, YIN J J, et al. Recent advances in broad-spectrum resistance to the rice blast disease[J]. Curr Opin Plant Biol, 2019, 50: 114-120.

[136] LI W T, ZHU Z W, CHERN M. A natural allele of a transcription factor in rice confers broad-spectrum blast resistance[J]. Cell, 2017, 170（1）: 114-126.e15.

[137] LI W X, HAN Y Y, TAO F, et al. Knockdown of SAMS genes encoding S-adenosyl-L-methionine synthetases causes methylation alterations of DNAs and histones and leads to late flowering in rice[J]. J Plant Physiol, 2011, 168: 1837-1843.

[138] LI W, DENG Y, NING Y, et al. Exploiting broad-spectrum disease resistance in crops: from molecular dissection to breeding[J]. Annu Rev Plant Biol, 2020, 71: 575-603.

[139] LI W, WANG B H, WU J, et al. The *Magnaporthe oryzae* avirulence gene *AvrPiz-t* encodes a predicted secreted protein that triggers the immunity in rice mediated by the blast resistance gene *Piz-t*[J]. Mol Plant Microbe Inter-

act, 2009, 22（4）：411-420.

［140］LI Y B, FAN C C, XING Y Z, et al. Chalk5 encodes a vacuolar $H^+$-translocating pyrophosphatase influencing grain chalkiness in rice[J]. Nature Genetics, 2014, 46（4）：398-404.

［141］LI Z K, FU B Y, GAO Y M, et al. The 3,000 rice genomes project[J]. Gigascience, 2014, 3（1）：7.

［142］LIE J C, YOU N S, HUANG L X, et al. Main characteristics and utilization technology of Digu A[J]. Hybrid rice. 1992, 4: 32-35.

［143］LIEBERHERR D, THAO N P, NAKASHIMA A, et al. A sphingolipid elicitor-inducible mitogen-activated protein kinase is regulated by the small GTPase OsRac1 and heterotrimeric G-protein in rice[J]. Plant Physiol, 2005, 138（3）：1644-1652.

［144］LIN F, CHEN S, QUE Z Q, et al. The blast resistance gene *Pi37* encodes a Nucleotide Binding Site-Leucine-Rich repeat protein and is a member of a resistance gene cluster on rice chromosome 1[J]. Genetics, 2007, 177（3）：1871-1880.

［145］LIU D P, YU Z K, ZHANG G X, et al. Diversification of plant agronomic traits by genome editing of brassinosteroid signaling family genes in rice[J]. Plant Physiology, 2021, 187（4）：2563-2576.

［146］LIU H F, LU C C, LI Y, et al. The bacterial effector AvrRxo1 inhibits vitamin B6 biosynthesis to promote infection in rice[J]. Plant Communications, 2022, 3（3）：100324.

［147］LIU H R, MENG J L. MapDraw: a Microsoft Excel macro for drawing genetic linkage maps based on given genetic linkage data[J]. Yi Chuan, 2003, 25（3）：317-321.

[148] LIU J F, CHEN J, ZHENG X M, et al. *GW5* acts in the brassinosteroid signalling pathway to regulate grain width and weight in rice[J]. Nature Plants, 2017, 3（5）: 17043.

[149] LIU J, LIU B, CHEN S, et al. A tyrosine phosphorylation cycle regulates fungal activation of a plant receptor Ser/Thr kKinase [J]. Cell Host Microbe, 2018, 23（2）: 241-253.

[150] LIU J, ZHANG S, XIE P, et al. Fitness benefits play a vital role in the retention of the *Pi-ta* susceptible alleles[J]. Genetics, 2022, 220（4）.

[151] LIU W, LIU J, TRIPLETT L, et al. Novel insights into rice innate immunity against bacterial and fungal pathogens[J]. Annu Rev Phytopathol, 2013, 52（1）: 213-241.

[152] LIU X Q, LIN F, WANG L, et al. The in silico map-based cloning of Pi36, a rice coiled-coil nucleotide-binding site leucine-rich repeat gene that confers race-specific resistance to the blast fungus[J]. Genetics, 2007, 176（4）: 2541-2549.

[153] LIU Y L, SCHIFF M, SERINO G, et al. Role of SCF Ubiquitin-Ligase and the COP9 Signalosome in the *N* gene-mediated resistance response to Tobacco mosaic virus[J]. Plant Cell, 2002, 14（7）: 1483-1496.

[154] LIU Y, LIU B, ZHU X Y, et al. Fine-mapping and molecular marker development for *Pi56*（*t*）, a NBS-LRR gene conferring broad-spectrum resistance to *Magnaporthe oryzae* in rice[J]. Theor Appl Genet, 2013, 126（4）, 985-998.

[155] LOPEZ V, PARK B C, Nowak D. A Bacterial Effector Mimics a Host HSP90 Client to Undermine Immunity[J]. Cell, 2019, 179（4）, 1-14.

[156] LU C H, LIN Y F, LIN J J, et al. Prediction of metal ion-binding sites in

proteins using the fragment transformation method[J]. PLoS One, 2012, 7 (6): e39252.

[157] LUDERER R, TAKKEN F L W, DE WIT P J G M, et al. *Cladosporium fulvum* overcomes *Cf-2*-mediated resistance by producing truncated AVR2 elicitor proteins[J]. Mol Microbiol, 2002, 45 (3): 875-884.

[158] LV Q M, XU X, SHANG J J, et al. Functional analysis of *Pid3-A4*, an ortholog of rice blast resistance gene Pid3 revealed by allele mining in common wild rice[J]. Phytopathology, 2013, 103 (6): 594-599.

[159] LV Y, YANG M, HU D, et al. The OsMYB30 transcription factor suppresses cold tolerance by interacting with a JAZ protein and suppressing beta-amylase expression[J]. Plant Physiol, 2017, 173 (2): 1475-1491.

[160] LV Y, YANG M, HU D, et al. The WRKY45-2 WRKY13 WRKY42 transcriptional regulatory cascade is required for rice resistance to fungal pathogen[J]. Plant Physiol, 2015, 167 (3): 1087-109.

[161] MA J, LEI C L, XU X T, et al. *Pi64*, encoding a novel CC-NBS-LRR protein, confers resistance to leaf and neck blast in rice[J]. Mol Plant Microbe Interact, 2015, 28 (5): 558-568.

[162] MA X D, HAN B, TANG J H, et al. Construction of chromosome segment substitution lines of Dongxiang common wildrice (*Oryza rufipogon* Griff.) in the background of the japonica rice cultivar Nipponbare (*Oryzasativa* L.) [J]. Plant Physiol Biochem, 2019, 144: 274-282.

[163] MA X L, CHEN L T, ZHU Q L, et al. Rapid decoding of sequence-specific nuclease-induced heterozygous and biallelic mutations by direct sequencing of PCR products[J]. Mol Plant. 2015, 8 (8): 1285-1287.

[164] MA Z, ZHU L, SONG T, et al. A paralogous decoy protects *Phytophthora*

*sojae* apoplastic effector PsXEG1 from a host inhibitor[J]. Science, 2017, 355（6326）: 710-714.

[165] MA, J, SUN, Y, YANG, Y, et al. Distribution of *Pita* gene for rice blast resistance in the rice cultivars（lines）from China, Japan and Korea[J]. Mol. Plant Breed, 2020, 18: 459-465.

[166] MACKEY D, HOLT III B F, WIIG A, et al. RIN4 interacts with Pseudomonas syringae type III effector molecules and is required for RPM1-mediated resistance in *Arabidopsis* [J]. Cell, 2002, 108（6）: 743-754.

[167] MADDEN L V, WHEELIS M T. The threat of plant pathogens as weapons against U.S. crops[J]. Annu Rev Phytopathol, 2003, 41: 155-176.

[168] MAO D, FENG Y, JIAN L, et al. FERONIA receptor kinase interacts with *S*-adenosylmethionine synthetase and suppresses *S*-adenosylmethionine production and ethylene biosynthesis in *Arabidopsis*[J]. Plant Cell Environ, 2015, 38（12）: 2566-2574.

[169] MAO H L, SUN S Y, YAO J L, et al. Linking differential domain functions of the GS3 protein to natural variation of grain size in rice[J]. Proceedings of the National Academy of Sciences of the USA, 2010, 107（45）: 19579-19584.

[170] MAQBOOL A, SAITOH H, FRANCESCHETTI M, et al. Structural basis of pathogen recognition by an integrated HMA domain in a plant NLR immune receptor[J]. eLife, 2015, 4: 1-24.

[171] MCCOUCH S R, TEYTELMAN L, XU Y B, et al. Development and mapping of 2240 new SSR markers for rice（*Oryza sativa* L.）[J]. DNA Res, 2002, 9（6）: 199-207.

[172] MENG J J, WANG L S, WANG J Y, et al. Methionine adenosyl

transferase4 mediates DNA and histone methylation[J]. Plant Physiol, 2018, 177（2）: 652-670.

［173］MENG X, XIAO G, TELEBANCO-YANORIA M J, et al. The broad-spectrum rice blast resistance （R） gene *Pita2* encodes a novel R protein unique from *Pita*[J]. Rice, 2020, 13（1）: 1-15.

［174］MIAH G, RAFII M Y, ISMAIL M R, et al. Blast resistance in rice: a review of conventional breeding to molecular approaches[J]. Molecular Biology Reports, 2013, 40（3）: 2369-2388.

［175］MIAH G, RAFII M Y, ISMAIL M R, et al. Blast resistance in rice: a review of conventional breeding to molecular approaches[J]. Molecular Biology Reports, 2013, 40（3）: 2369-2388.

［176］MIAH G, RAFII M Y, ISMAIL M R, et al. Marker-assisted introgression of broad-spectrum blast resistance genes into the cultivated MR219 rice variety[J]. J Sci Food Agric, 2017, 97（9）: 2810-2818.

［177］MINE A, SEYERTH C, KRACHER B, et al. The defense phytohormone signaling network enables rapid, high-amplitude transcriptional reprogramming during eector-triggered immunity[J]. Plant Cell, 2018, 30（6）: 1199-1219.

［178］MISRA G, BADONI S, PARWEEN S, et al. Sreenivasulu N Genome-wide association coupled gene to gene interaction studies unveil novel epistatic targets among major effect loci impacting rice grain chalkiness[J]. Plant Biotechnology Journal, 2021, 19（5）: 910-925.

［179］MIZOI J, SHINOZAKI K, YAMAGUCHI-SHINOZAKI K. *AP2/ERF* family transcription factors in plant abiotic stress responses[J]. BBA-Gene Regul Mech, 2012, 1819（2）: 86-96.

[180] MOSCOU M J, BOGDANOVE A J. A simple cipher governs DNA recognition by TAL effectors [J]. Science, 2009, 326 (5959): 1501.

[181] MOSQUERA G, GIRALDO M C, HYUN K C, et al. Interaction transcriptome analysis identifies *Magnaporthe oryzae* BAS1-4 as Biotrophy-Associated secreted proteins in rice blast disease[J]. Plant Cell, 2009, 21 (4):1273-1290.

[182] MUKHTAR M S, CARVUNIS A R, DREZE M, et al. Independently evolved virulence effectors converge onto hubs in a plant immune system network[J]. Science, 2011, 333 (6042):596-601.

[183] MURRAY M G, THOMPSON W F. Rapid isolation of high molecular weight plant DNA[J]. Nucleic Acids Res, 1980, 8: 4321-4325.

[184] MURRAY M G, THOMPSON W F. Rapid isolation of high molecular weight plant DNA[J]. Nucleic Acids Res. 1980, 8: 4321-4325.

[185] NAKASHIMA A, CHEN L, THAO N P, et al. Shimamoto, RACK1 functions in rice innate immunity by interacting with the Rac1 immune complex[J]. Plant Cell, 2008, 20 (8): 2265-2279.

[186] NARAYANAN N N, BAISAKH N, VERA C C M, et al. Molecular breeding for the development of blast and bacterial blight resistance in rice cv. IR50[J]. Crop Sci, 2002, 42 (6): 2072-2079.

[187] NAVARRO L, ZIPFEL C, ROWLAND O, et al. The transcriptional innate immune response to flg22. interplay and overlap with *avr* gene-dependent defense responses and bacterial pathogenesis[J]. Plant Physiol, 2004, 135 (2): 1113-1128.

[188] NELSON R, WIESNER-HANKS T, WISSER R, et al. Navigating complexity to breed disease-resistant crops[J]. Nat Rev Genet, 2018, 19 (1): 21-33.

［189］NGOU B P H, AHN H K, DING P, et al. Mutual potentiation of plant immunity by cell-surface and intracellular receptors[J]. Nature, 2021, 592（7852）:110.

［190］NGUYEN T T T, KOIZUMI S, LA T N, et al. *Pi35*（*t*）, a new gene conferring partial resistance to leaf blast in the rice cultivar Hokkai 188[J]. Theor Appl Genet, 2006, 113（4）: 697-704.

［191］NIBAU C, WU H M, CHEUNG A Y. RAC/ROP GTPases: 'hubs' for signal integration and diversification in plants[J]. Trends Plant Sci. 2006, 11（6）: 309-315.

［192］ONO E, WONG H L, KAWASAKI T, et al. Essential role of the small GTPase Rac in disease resistance of rice[J]. Proc Natl Acad Sci USA, 2001, 98（2）: 759-764.

［193］ORBACH M J, FARRALL L, SWEIGARD JA, et al. A telomeric avirulence gene determines efficacy for the rice blast resistance gene *Pi-ta*[J]. Plant Cell, 2000, 12（11）: 2019-2032.

［194］ORTIZ D, DE G K, CESARI S, et al. Recognition of the *Magnapor the oryzae* effector *AVR-Pia* by the decoy domain of the rice NLR immune receptor RGA5[J]. Plant Cell, 2017, 29（1）: 156-168.

［195］PANAUD O, CHEN X, MCCOUCH S R. Development of microsatellite markers and characterization of simple sequence length polymorphism（SSLP）in rice（*Oryza sativa* L.）[J]. Mol Gen Genet, 1996, 252: 597-607.

［196］PATROTI P, VISHALAKSHI B, UMAKANTH B, et al. Marker-assisted pyramiding of major blast resistance genes in swarna-sub1, an elite rice variety（*Oryza sativa* L.）[J]. Euphytica, 2019, 215（11）: 179.

［197］PENNISI E. Armed and Dangerous[J]. Science, 2010, 327: 804-805.

[198] PFEILMEIER S, GEORGE J, MOREL A, et al. Expression of the *Arabidopsis thaliana* immune receptor *EFR* in *Medicago truncatula* reduces infection by a root pathogenic bacterium, but not nitrogen-fixing rhizobial symbiosis[J]. Plant Biotechnol J, 2019, 17（3）: 569-579.

[199] QI D, INNES R W. Recent advances in plant NLR structure, function, localization, and signaling[J]. Frontiers in Immunology, 2013, 4: 348.

[200] QI J, WANG J, GONG Z, et al. Apoplastic ROS signaling in plant immunity[J]. Curr Opin Plant Biol, 2017, 38: 92-100.

[201] QI P, LIN Y S, SONG X J, et al. The novel quantitative trait locus *GL3.1* controls rice grain size and yield by regulating Cyclin-T1;3[J]. Cell Research, 2012, 22（12）: 1666-1680.

[202] QIN P, LU H W, DU H L, et al. Pan-genome analysis based on 33 genetically diverse rice accessions reveals hidden genomic variations[J]. Cell, 2021, 184（13）: 3542-3558.

[203] QU S H, LIU G F, ZHOU B, et al. The broad-spectrum blast resistance gene *Pi9* encodes a nucleotide-binding site-leucine-rich repeat protein and is a member of a multigene family in rice[J]. Genetics, 2006, 172（3）: 1901-1914.

[204] RAHMAN M L, CHU S H, CHOI M S, et al. Identification of QTLs for some agronomic traits in rice using an introgression line from *Oryza minuta*[J]. Mol Cells. 2007, 24（1）: 16-26.

[205] RAMKUMAR G, SRINIVASARAO K, MADHAN M K, et al. Development and validation of functional marker targeting an InDel in the major rice blast disease resistance gene *Pi54*（*Pikh*）[J]. Mol. Breed, 2011, 27（1）: 129-135.

[206] RASHID M, HE G, YANG G, et al. *AP2/ERF* transcription factor in rice: genome-wide canvas and syntenic relationships between monocots and eudicots[J]. Evol Bioinform Online, 2012, 8（8）: 321-355.

[207] RAY S, SINGH P K, GUPTA D K, et al. Analysis of *Magnaporthe oryzae* genome reveals a fungal effector, which is able to induce resistance response in transgenic rice line containing resistance gene, *Pi54*[J]. Front Plant Sci, 2016, 7: 1140.

[208] READ A C, MOSCOU M J, ZIMIN A V, et al. Genome assembly and characterization of a complex zfBED-NLR gene-containing disease resistance locus in Carolina Gold Select rice with Nanopore sequencing[J]. PLoS Genetics, 2020, 16（1）: e1008571.

[209] ROMER P, HAHN S, JORDAN T, et al. Plant pathogen recognition mediated by promoter activation of the pepper *Bs3* resistance gene[J]. Science, 2007, 318（5850）: 645-648.

[210] SAUR I M, BAUER S, KRACHER B, et al. Multiple pairs of allelic MLA immune receptor-powdery mildew AVR A effectors argue for a direct recognition mechanism[J]. eLife, 2019, 8: e44471.

[211] SCHORNACK S, MEYER A, ROMER P, et al. Gene-forgene-mediated recognition of nuclear-targeted AvrBs3-like bacterial effector proteins[J]. J Plant Physiol, 2006, 163（3）: 256-272.

[212] SCHWESSINGER B, RONALD P C. Plant innate immunity: perception of conserved microbial signatures[J]. Annu Rev Plant Biol, 2012, 63: 451-482.

[213] SEO J S, JOO J, KIM M J, et al. OsbHLH148, a basic helix-loop-helix protein, interacts with OsJAZ proteins in a jasmonate signaling pathway leading to drought tolerance in rice[J]. Plant Journal for Cell and Molecular

Biology, 2011, 65（6）: 907-921.

［214］SEO Y S, CHERN M, BARTLEY L E, et al. Towards establishment of a rice stress response interactome[J]. PLoS Genet, 2011, 7: e1002020.

［215］SHA G, SUN P, KONG X J, et al. Genome editing of a rice CDP-DAG synthase confers multipathogen resistance[J]. Nature, 2023, 618（7967）: 1017-1023.

［216］SHANG J J, TAO Y, CHEN X W, et al. Identification of a new rice blast resistance gene, Pid3, by genome wide comparison of paired nucleotide-binding site-leucine-rich repeat genes and their Pseudogene alleles between the two sequenced rice genomes[J]. Genetics, 2009, 182（4）: 1303-1311.

［217］SHANG L G, HE W C, WANG T Y, et al. A complete assembly of the rice Nipponbare reference genome[J]. Molecular Plant, 2023, 16（8）: 1232-1236.

［218］SHAO F, GOLSTEIN C, ADE J, et al. Cleavage of *Arabidopsis* PBS1 by a bacterial type III effector[J]. Science, 2003, 301（5637）: 1230-1233.

［219］SHARMA T R, MADHAV M S, SINGH B K, et al. High-resolution mapping, cloning and molecular characterization of the *Pi-kh* gene of rice, which confers resistance to *Magnaporthe grisea*[J]. Mol Genet Genomics, 2005, 274（6）: 569-578.

［220］SHEN C, WANG L, QUE Z Q, et al. Genetic and physical mapping of *Pi37*（*t*）, a new gene conferring resistance to rice blast in the famous cultivar St.No.1[J]. Theor Appl Genet, 2005, 111（8）: 1563-1570.

［221］SHEN Q H, SAIJO Y, MAUCH S, et al. Nuclear activity of MLA immune receptors links isolate-specific and basal disease-resistance responses[J]. Science, 2007, 315（5815）: 1098-1103.

[222] SHI K,LEI C L,CHENG Z J,et al. Distribution of two blast resistance genes *Pita* and *Pib* in major rice cultivars in China[J]. J Plant Genet Resour, 2009, 10: 21-26.

[223] SHIMIZU T, NAKANO T, TAKAMIZAWA D, et al. Two LysM receptor molecules, CEBiP and OsCERK1, cooperatively regulate chitin elicitor signaling in rice[J]. The Plant Journal, 2010, 64（2）: 204-214.

[224] SHIMONO M, KOGA H, AKAGI A, et al. Rice WRKY45 plays important roles in fungal and bacterial disease resistance[J]. Mol Plant Pathol, 2011, 13（1）: 83-94.

[225] SHIRASU K, NOUTOSHI Y,KUBO Y, et al. *RRS1* and *RPS4* provide a dual *Resistance*-gene system against fungal and bacterial pathogens [J]. Plant J, 2009（2）, 60: 218-226.

[226] SI L Z, CHEN J Y, HUANG X H, et al. OsSPL13 controls grain size in cultivated rice[J]. Nature Genetics, 2016, 48（4）: 447-456.

[227] SINGH M P, LEE F N, COUNCE P A, et al. Mediation of partial resistance to rice blast through anaerobic induction of ethylene[J]. Phytopathology, 2004, 94（8）: 819-825.

[228] SINGH N, CHOUDHURY D R, TIWARI G, et al., Genetic diversity trend in Indian rice varieties: an analysis using SSR markers[J]. BMC Genetics, 2016, 17（1）: 127.

[229] SINGH P, CHIEN C C, MISHRA S, et al. The *Arabidopsis* lectin receptor kinase-VI.2 is a functional protein kinase and is dispensable for basal resistance to botrytis cinerea[J]. Plant signaling and behavior, 2012, 8（1）: e22611.

[230] SLOOTWEG E, ROOSIEN J, SPIRIDON L N, et al. Nucleocytoplasmic

distribution is required for activation of resistance by the potato NB-LRR receptor Rx1 and is balanced by its functional domains[J]. Plant Cell, 2010, 22（12）:4195-4215.

［231］SMAKOWSKA E, KONG J, BUSCH W, et al. Organ-specific regulation of growth-defense tradeoffs by plants[J]. Curr Opin Plant Biol, 2016, 29: 129-137.

［232］SOMEYA S, KAKUTA M, MORITA M, et al. Prediction of carbohydrate-binding proteins from sequences using support vector machines[J]. Advances in Bioinformatics, 2010, 2010（1）:45-53.

［233］SONG X J, HUANG W, SHI M, et al. A QTL for rice grain width and weight encodes a previously unknown RING-type E3 ubiquitin ligase[J]. Nature Genetics, 2007, 39（5）:623-630.

［234］SU J, WANG W J, HAN J L, et al. Functional divergence of duplicated genes results in a novel blast resistance gene *Pi50* at the *Pi2/9* locus[J]. Theor Appl Genet, 2015, 128（11）:2213-2225.

［235］SUN S Y, WANG L, MAO H L, et al. A G-protein pathway determines grain size in rice[J]. Nature Communications, 2018, 9（1）:851.

［236］SUN Y, LI L, MACHO A P, et al. Structural basis for flg22-induced activation of the *Arabidopsis* FLS2-BAK1 immune complex[J]. Science, 2013, 342（6158）:624-628.

［237］SWEIGARD J A, CARROLL A M, KANG S, et al. Identification, cloning, and characterization of *PWL2*, a gene for host species specificity in the rice blast fungus[J]. Plant Cell, 1995, 7: 1221-1233.

［238］TABUCHI H, ZHANG Y, HATTORI S, et al. *Lax* Panicle2 of rice encodes a novel nuclear protein and regulates the formation of axillary meristems[J]. The Plant Cell, 2011, 23（9）:3276-3287.

［239］TAKAGI H, UEMURA A, YAEGASHI H, et al. MutMap-Gap: whole-genome resequencing of mutant F2 progeny bulk combined with *de novo* assembly of gap regions identifies the rice blast resistance gene *Pii*[J]. New Phytol, 2013, 200（1）: 276-283.

［240］TAKAHASHI A, HAYASHI N, MIYAO A, et al. Unique features of the rice blast resistance *Pish* locus revealed by large scale retrotransposon-tagging[J]. BMC Plant Biol, 2010b, 10（1）: 175.

［241］TAKAHASHI J S, PINTO L H, VITATERNA M H. Forward and reverse genetic approaches to behavior in the mouse[J]. Science, 1994, 264（5166）: 1724-1733.

［242］TAKAHASHI M, ASHIZAWA T, HIRAYAE K, et al. One of two major paralogs of *AVR-Pita1* is functional in Japanese rice blast isolates[J]. Phytopathology, 2010a, 100（6）: 612-618.

［243］TALBOT N J. On the trail of a cereal killer: exploring the biology of *Magnaporthe grisea*[J]. Annu Rev Microbiol, 2003, 57（1）: 177-202.

［244］TAMELING W I L, TAKKEN F L W. Resistance proteins: scouts of the plant innate immune system[J]. European Journal of Plant Pathology, 2008, 121（3）: 243-255.

［245］TAN Y F, XING Y Z, LI J X, et al. Genetic bases of appearance quality of rice grains in Shanyou 63, an elite rice hybrid[J]. Theoretical and Applied Genetics, 2000, 101（5-6）: 823-829.

［246］TANG D Z, WANG G X, ZHOU J M. Receptor kinases in plant-pathogen interactions: More than pattern recognition[J]. Plant Cell, 2017, 29（4）: 618-637.

［247］TASSET C, BERNOUX M, JAUNEAU A, et al. Autoacetylation of the

Ralstonia solanacearum effector PopP2 targets a lysine residue essential for RRS1-Rmediated immunity in *Arabidopsis*[J]. PLoS Pathog, 2010, 6( 11 ): 1-14.

[248] THAO N P, CHEN L, NAKASHIMA A, et al. RAR1 and HSP90 form a complex with Rac/Rop GTPase and function in innate-immune responses in rice[J]. Plant Cell, 2007, 19（12）: 4035-4045.

[249] THOMMA B P, NURNBERGER T, JOOSTEN M H. Of PAMPs and effectors: the blurred PTI-ETI dichotomy[J]. Plant Cell, 2011, 23（1）: 4-15.

[250] TINTOR N, ROSS A, KANEHARA K, et al. Layered pattern receptor signaling via ethylene and endogenous elicitor peptides during *Arabidopsis* immunity to bacterial infection[J]. Proc Natl Acad Sci USA, 2013, 110（15）: 6211-6216.

[251] TOWNSEND P D, DIXON C H, SLOOTWEG E J, et al. The intracellular immune receptor Rx1 regulates the DNA-binding activity of a Golden2-like transcription factor[J]. J Biol Chem, 2018, 293（9）: 3218-3233.

[252] TSUDA K, KATAGIRI F. Comparing signaling mechanisms engaged in pattern-triggered and effector-triggered immunity[J]. Curr Opin Plant Biol, 2010,13（4）: 459-465.

[253] VAN DER HOORN RAL, KAMOUN S. From guard to decoy: a new model for perception of plant pathogen effectors[J]. Plant Cell, 2008, 20（8）: 2009-2017.

[254] VASUMATHY S K, ALAGU M. SSR marker-based genetic diversity analysis and SNP haplotyping of genes associating abiotic and biotic stress tolerance, rice growth and development and yield across 93 rice landraces[J]. Molecular Biology Reports, 2021, 48（8）: 5943-5953.

[255] WANG B H, EBBOLE D J, et al. The arms race between *Magnaporthe*

oryzae and rice: diversity and interaction of *Avr* and *R* genes[J]. J Integr Agric, 2017, 16（12）: 2746-2760.

［256］WANG C S, TANG S C, ZHAN Q L, et al. Dissecting a heterotic gene through GradedPool-Seq mapping informs a rice-improvement strategy[J]. Nature Communications, 2019, 10（1）: 2982.

［257］WANG C, WANG G, ZHANG C, et al. OsCERK1-mediated chitin perception and immune signaling requires receptor-like cytoplasmic kinase 185 to activate an MAPK cascade in rice[J]. Mol Plant, 2017, 10（4）: 619-633.

［258］WANG G L, MACKILL D J, BONMAN J M, et al. RFLP mapping of genes conferring complete and partial resistance to blast in a durably resistant rice cultivar[J]. Genetics, 1994（4）, 136: 1421-1434.

［259］WANG J, ZHOU L A, SHI H, et al. A single transcription factor promotes both yield and immunity in rice[J]. Science, 2018, 361（6406）: 1026-1028.

［260］WANG L, MA H, LIN J. Angiosperm-wide and family-level analyses of *AP2/ERF* genes reveal differential retention and sequence divergence after whole-genome duplication[J]. Front Plant Sci, 2019, 10: 196.

［261］WANG R Y, NING Y S, SHI X T, et al. Immunity to rice blast disease by suppression of effector-triggered necrosis[J]. Curr Biol, 2016, 26（18）: 2399-2411.

［262］WANG R Y, YOU X M, ZHANG C Y, et al. An ORFeome of rice E3 ubiquitin ligases for global analysis of the ubiquitination interactome[J]. Genome Biology, 2022, 23（1）: 154.

［263］WANG S K, LI S, LIU Q, et al. The OsSPL16-GW7 regulatory module determines grain shape and simultaneously improves rice yield and grain quality[J]. Nature Genetics, 2015, 47（8）: 949-954.

［264］WANG W, FENG B M, ZHOU J M, et al. Plant immune signaling: Advancing on two frontiers[J]. J Integr Plant Biol, 2020, 62（1）: 2-24.

［265］WANG X, JIA M H, GHAI P, et al. Genome-wide association of rice blast disease resistance and yield-related components of rice[J]. Mol Plant Microbe Interact, 2015, 28（12）: 1383-1392.

［266］WANG X, RICHARDS J, GROSS T, et al. The *rpg4*-mediated resistance to wheat stem rust（*Puccinia graminis*）in barley（*Hordeum vulgare*）requires *Rpg5*, a second NBS-LRR gene, and an actin depolymerization factor[J]. Mol Plant Microbe Interact, 2013, 26（4）: 407-418.

［267］WANG Y Y, LI K, ISHIKAWA K I, et al. Resistance protein *Pit* interacts with the GEF OsSPK1 to activate OsRac1 and trigger rice immunity[J]. Proc Natl Acad Sci USA, 2018, 115（49）: 11551-11560.

［268］WANG Z X, YANO M, YAMANOUCHI U, et al. The *Pib* gene for rice blast resistance belongs to the nucleotide binding and leucine-rich repeat class of plant disease resistance genes[J]. Plant Journal, 19（1）: 55-64.

［269］WANG Z Y, WU Z L, XING Y Y, et al. Nucleotide sequence of rice waxy gene[J]. Nucleic Acids Research, 1990, 18（19）: 5898.

［270］WANG Z, JIA Y, WU D, et al. Molecular markers-assisted selection of the rice blast resistance gene *Pi-ta*[J]. Acta Agron Sin, 2004, 30: 1259-1265.

［271］WING R A, PURUGGANAN M D, ZHANG Q. The rice genome revolution: from an ancient grain to Green Super Rice[J]. Nat Rev Genet, 2018, 19（8）: 505-517.

［272］WU B, MENG J H, LIU H B, et al. Suppressing a phosphohydrolase of cytokinin nucleotide enhances grain yield in rice[J]. Nature Genetics, 2023,

55（8）：1381-1389.

［273］WU H, QU X, DONG Z, et al. Wuschel triggers innate antiviral immunity in plant stem cells[J]. Science, 2020, 370（6513）：227-231.

［274］WU J, KOU Y J, BAO J D, et al. Comparative genomics identifies the *Magnaporthe oryzae* avirulence effector *AvrPi9* that triggers *Pi9*-mediated blast resistance in rice[J]. New Phytol, 2015, 206（4）：1463-1475.

［275］WU Y, XIAO N, CHEN Y, et al. Comprehensive evaluation of resistance effects of pyramiding lines with different broad-spectrum resistance genes against *Magnaporthe oryzae* in rice（*Oryza sativa* L.）[J]. Rice, 2019, 12(1)：11.

［276］WU Y, XIAO N, YU L, et al. Combination patterns of major *R* genes determine the level of resistance to the *M. oryzae* in rice （*Oryza sativa* L.）[J]. PLoS One, 2015, 10（6）：e0126130.

［277］XIA D, ZHOU H, LIU R J, et al. GL3.3, a novel QTL encoding a GSK3/SHAGGY-like kinase, epistatically interacts with GS3 to produce extra-long grains in rice[J]. Molecular Plant, 2018, 11（5）：754-756.

［278］XIAO N, WU Y Y, LI A H. Strategy for use of rice blast resistance genes in rice molecular breeding[J]. Rice Science, 2020, 4（27）：263-277.

［279］XIAO N,WU Y Y, PAN C H, et al. Improving of rice blast resistances in *japonica* by pyramiding major *R* genes[J]. Front Plant Science, 2017, 7: 1918.

［280］XIE K B, ZHANG J W, YANG Y N. Genome-wide prediction of highly specific guide RNA spacers for CRISPR-Cas9-mediated genome editing in model plants and major crops[J]. Mol Plant, 2014, 7（5）：923-926.

［281］XIE X B, SONG M H, JIN F X, et al. Fine mapping of a grain weight quantitative trait locus on rice chromosome 8 using near-isogenic lines derived from a cross between *Oryza sativa* and *Oryza rufipogon*[J]. Theoretical and Applied Genetics, 2006, 113（5）: 885-894.

［282］XIE X R, DU H L, TANG H W, et al. A chromosome-level genome assembly of the wild rice *Oryza rufipogon* facilitates tracing the origins of Asian cultivated rice[J]. Science China Life Sciences, 2021, 64（2）: 282-293.

［283］XIE Z, YAN B, SHOU J, et al. A nucleotide-binding site-leucine-rich repeat receptor pair confers broad-spectrum disease resistance through physical association in rice[J]. Philos Trans R Soc Lond B Biol Sci, 2019, 374（1767）: 20180308.

［284］Xu F, Fang J, Ou S J, et al. Variations in *CYP78A13* coding region influence grain size and yield in rice[J]. Plant Cell and Environment, 2015, 38（4）: 800-811.

［285］XU G , GREENE G H, YOO H, et al. Global translational reprogramming is a fundamental layer of immune regulation in plants[J]. Nature, 2017, 545（7655）: 487.

［286］XU R R, SONG F M, ZHENG Z. *OsBISAMT1*, a gene encoding S-adenosyl-L-methionine: salicylic acid carboxyl methyltransferase, is differentially expressed in rice defense responses[J]. Molecular Biology Reports, 2006, 33（3）: 223-231.

［287］XU X, HAYASHI N, WANG C.T, et al. Rice blast resistance gene *Pikahei-1(t)*, a member of a resistance gene cluster on chromosome 4, encodes a nucleotide-binding site and leucine-rich repeat protein[J]. Mol Breed, 2014, 34（2）: 691-700.

［288］XU Y B, MCCOUCH S R, ZHANG Q F. How can we use genomics to improve cereals with rice as a reference genome?[J] .Plant Mol Bio, 2005, 59（1）: 7-26.

[289] XU Y, CROUCH J H. Marker-assisted selection in plant breeding: from publications to practice[J]. Crop Sci, 2008, 48（2）: 391-407.

[290] XU Y, LU Y, XIE C, et al. Whole-genome strategies for marker-assisted plant breeding[J]. Mol Breed, 2012, 29（4）: 833-854.

[291] XUE W Y, XING Y Z, WENG X Y, et al. Natural variation in Ghd7 is an important regulator of heading date and yield potential in rice[J]. Nature Genetics, 2008, 40（6）: 761-767.

[292] YAMADA K, YAMAGUCHI K, YOSHIMURA S, et al. Conservation of chitin-induced MAPK signaling pathways in rice and *Arabidopsis*[J]. Plant Cell Physiol, 2017, 58（6）: 993-1002.

[293] YAMAGUCHI K, YAMADA K, ISHIKAWA K, et al. A receptor-like cytoplasmic kinase targeted by a plant pathogen effector is directly phosphorylated by the chitin receptor and mediates rice immunity[J]. Cell Host Microb, 2013, 13: 347-357.

[294] YAMAMURA C, MIZUTANI E, OKADA K, et al. Diterpenoid phytoalexin factor, a bHLH transcription factor, plays a central role in the biosynthesis of diterpenoid phytoalexins in rice. [J]. Plant J, 2015, 84（6）: 1100-1113.

[295] YAN H J, ZHAO Y F, SHI H, et al. Brassinosteroid-signaling kinase1 phosphorylates MAPKKK5 to regulate immunity in Arabidopsis[J]. Plant Physiol, 2018, 176（4）: 2991-3002.

[296] YAN, X J, MA L, PANG H Y, et al. Methionine synthase1 is involved in chromatin silencing by maintaining dna and histone methylation[J]. Plant Physiol, 2019, 181（1）: 249-261.

[297] YANG C, LI W, CAO J D, et al. Activation of ethylene signaling pathways enhances disease resistance by regulating ROS and phytoalexin production in rice[J]. Plant J, 2017, 89（2）: 338-353.

[298] YANG D W, CHENG C P, ZHENG X H, et al. Identification and fine mapping of a major QTL, *qHD19*, that plays pleiotropic roles in regulating the heading date in rice. [J]. Mol Breeding, 2020, 40（3）: 1-12.

[299] YANG D W, LI S P, CUI H T, et al. Molecular genetic mechanisms of interaction between host plants and pathogens[J]. Hereditas（Beijing）, 2020, 42（3）: 278-286（in Chinese with English abstract）.

[300] YANG D W, LI S P, LU L, et al. Identification and application of the *Pigm-1* gene in rice disease-resistance breeding[J]. Plant Biol, 2020, 22（6）: 1022-1029.

[301] Yang D W, Li S P, Xiao Y P, et al. Transcriptome analysis of rice response to blast fungus identified core genes involved in immunity[J]. Plant Cell and Environment, 2021, 44（9）: 3103-3121.

[302] YANG D W, WANG X, ZHENG X X, et al. Functional studies of rice blast resistance related gene *OsSAMS1*[J]. Acta Agronomica Sinica, 2022, 48(5): 1119-1128.

[303] YANG D W, YE X F, ZHENG X H, et al. Development and evaluation of chromosome segment substitution lines carrying overlapping chromosome segments of the whole wild rice genome[J]. Frontiers in Plant Science, 2016, 7: 1737.

[304] YANG S H, LI J, ZHANG X H, et al. Rapidly evolving *R* genes in diverse grass species confer resistance to rice blast disease[J]. P Natl Acad SCI USA, 2013, 110（46）: 18572-18577.

[305] YANG Z, WU Y, YE L, et al. OsMT1a, a type 1 metallothionein, plays the pivotal role in zinc homeostasis and drought tolerance in rice[J]. Plant Mol Biol, 2009, 70（1）: 219-229.

[306] YASUDA N, MITSUNAGA T, HAYASHI K, et al. Effects of pyramiding quantitative resistance genes *pi21, Pi34,* and *Pi35* on rice leaf blast disease[J]. Plant Dis, 2015, 99（7）: 904-909.

[307] YASUDA N, NOGUCHI M T, FUJITA Y. Partial mapping of avirulence genes AVR-Pii and AVR-Pia in the rice blast fungus *Magnaporthe oryzae*[J]. Can J Plant Pathol, 2006, 28（3）: 494-498.

[308] YING J Z, MA M, BAI C, et al. TGW3, a major QTL that negatively modulates grain length and weight in rice[J]. Molecular Plant, 2018, 11（5）: 750-753.

[309] YOKOTANI N, SATO Y, TANABE S, et al. WRKY76 is a rice transcriptional repressor playing opposite roles in blast disease resistance and cold stress tolerance[J]. Journal of Experimental Botany, 2013, 64（16）: 5085-5097.

[310] YOSHIDA K, SAITOH H, FUJISAWA S, et al. Association genetics reveals three novel avirulence genes from the rice blast fungal pathogen *Magnaporthe oryzae*[J]. Plant Cell, 2009, 21（5）: 1573-1591.

[311] YU E, WANG W G, YAMAJI N, et al. Duplication of a manganese/cadmium transporter gene reduces cadmium accumulation in rice grain[J]. Nature Food, 2022, 3（8）: 597-607.

[312] YU M X, ZHOU Z Z, LIU X, et al. The OsSPK1-OsRac1-RAI1 defense signaling pathway is shared by two distantly related NLR proteins in rice blast resistance[J]. Plant Physiol, 2021, 187（4）: 2852-2864.

[313] YU Z H, MACKILL D J, BONMAN J M, et al. Molecular mapping of genes for resistance to rice blast（Pyricularia grisea Sacc.）[J]. Theor Appl Genet,

1996, 93（5-6）: 859-863.

[314] YU. Z H, MACKILL D J, BONMAN J M, et al. Tagging genes for blast resistance in rice via linkage to RFLP markers[J]. Theor Appl Genet, 1991, 81（4）: 471-476.

[315] YUAN B, ZHAI C, WANG W J, et al. The *Pik-p* resistance to *Magnaporthe oryzae* in rice is mediated by a pair of closely linked CC-NBS-LRR genes[J]. Theor Appl Genet, 2011, 122（5）: 1017-1028.

[316] YUAN M H, JIANG Z Y, BI G Z, et al. Pattern-recognition receptors are required for NLR-mediated plant immunity[J]. Nature, 2021, 592(7852): 1-5.

[317] ZENBAYASHI-SAWATA K, FUKUOKA S, KATAGIRI S, et al. Genetic and physical mapping of the partial resistance gene, *Pi34*, to blast in rice[J]. Phytopathology 2007, 97（5）: 598-602.

[318] ZHAI C, LIN F, DONG Z Q, et al. The isolation and characterization of *Pik*, a rice blast resistance gene which emerged after rice domestication[J]. New Phytol, 2011, 189（1）: 321-334.

[319] ZHAI C, ZHANG Y, YAO N, et al. Function and interaction of the coupled genes responsible for *Pik-h* encoded rice blast resistance[J]. PLoS One, 2014, 9（6）: e98067.

[320] ZHAI K R, DENG Y W, LIANG D, et al. RRM transcription factors interact with NLRs and regulate broad-spectrum blast resistance in rice[J]. Mol Cell, 2019, 74（5）: 996-1009.

[321] ZHAI L Y, YAN A, SHAO K T, et al. Large vascular bundle phloem area 4 enhances grain yield and quality in rice via source-sink-flow[J]. Plant Physiology, 2023, 191（1）: 317-334.

[322] ZHANG B X, XIA Y H, XU W Y, et al. Studies on the screening of resistant

rice cultivars to *Pyricularia oryzae* and *Xanthomonas campestris* pv *Oryzae*[J]. Chinese Journal of Rice Science, 1987, 1: 198-200.

[323] ZHANG H L, ZHANG D L, WANG M X, et al. A core collection and mini core collection of Oryza sativa L. in China[J]. Theoretical and Applied Genetics, 2011, 122（1）: 49-61.

[324] ZHANG J, CHEN L L, XING F, et al. Extensive sequence divergence between the reference genomes of two elite indica rice varieties Zhenshan 97 and Minghui 63[J]. Proceedings of the National Academy of Sciences, 2016, 113（35）: 5163-5171.

[325] ZHANG J, LI W, XIANG T, et al. Receptor-like cytoplasmic kinases integrate signaling from multiple plant immune receptors and are targeted by a *Pseudomonassyringae* effector[J]. Cell Host Microbe, 2010, 7: 290-301.

[326] ZHANG J, PENG Y, GUO Z. Constitutive expression of pathogen-inducible OsWRKY31 enhances disease resistance and affects root growth and auxin response in transgenic rice plants[J]. Cell Res, 2008, 18（4）: 508-521.

[327] ZHANG M X, ZHAO R R, HUANG K, et al. The OsWRKY63-OsWRKY76-OsDREB1B module regulates chilling tolerance in rice[J]. Plant Journal, 2022, 112（2）: 383-398.

[328] ZHANG N, LUO J, ROSSMAN A Y, et al. Generic names in *Magnaporthales*[J]. IMA Fungus, 2016, 7（1）: 155-159.

[329] ZHANG S L, WANG L, WU W H, et al. Function and evolution of *Magnaporthe oryzae* avirulence gene *AvrPib* responding to the rice blast resistance gene *Pib*[J]. Sci Rep, 2015b, 5（1）: 11642.

[330] ZHANG X H, YANG S H, WANG J, et al. A genome-wide survey reveals abundant rice blast R genes in resistant cultivars[J]. Plant J, 2015a, 84（5）: 20-28.

[331] ZHANG Y, ZHAO J, LI Y, et al. Transcriptome analysis highlights defense and signaling pathways mediated by rice *pi21* gene with partial resistance to *Magnaporthe oryzae*[J]. Front Plant Sci, 2016, 7: 1834.

[332] ZHANG Z Y, LI J J, YAO G X, et al. Fine mapping and cloning of the grain number per-panicle gene (*Gnp4*) on chromosome 4 in rice (*Oryza sativa* L.)[J]. Agricultural Sciences in China, 2011, 10 (12): 1825-1833.

[333] ZHAO H J, WANG X Y, JIA Y L, et al. The rice blast resistance gene *Ptr* encodes an atypical protein required for broad-spectrum disease resistance[J]. Nature Communications, 2018, 9 (1): 2039.

[334] ZHAO Y F, WU G H, SHI H, et al. Receptor-Like kinase 902 associates with and phosphorylates brassinosteroid-signaling kinase1 to regulate plant immunity[J]. Mol Plant, 2019, 12 (1): 1259-1270.

[335] ZHAO Y, CAO X, ZHONG W, et al. A viral protein orchestrates rice ethylene signaling to coordinate viral infection and insect vector-mediated transmission[J]. Molecular Plant, 2022, 15 (4): 689-705.

[336] ZHOU B, QU S H, LIU G F, et al. The eight amino-acid differences within three leucine-rich repeats between *Pi2* and *Piz-t* resistance proteins determine the resistance specificity to *Magnaporthe grisea*[J]. Mol Plant Microbe Interact, 2006, 19 (11): 1216-1228.

[337] ZHOU J M, CHAI J J. Plant pathogenic bacterial type III effectors subdue host responses[J]. Curr Opin Microbiol, 2008, 11 (2): 179-185.

[338] ZHOU X C, JIANG G H, YANG L W, et al. Gene diagnosis and targeted breeding for blast-resistant Kongyu 131 without changing regional adaptability[J]. Journal of Genetics and Genomics, 2018, 45 (10): 539-547.

[339] ZHOU Z Z, PANG Z Q, ZHAO S L, et al. Importance of OsRac1 and RAI1

in signalling of nucleotide-binding site leucine-rich repeat protein-mediated resistance to rice blast disease[J]. New Phytol, 2019, 223（2）: 828-838.

[340] ZHU X Y, CHEN S, YANG J Y, et al. The identification of *Pi50*（*t*）, a new member of the rice blast resistance *Pi2/Pi9* multigene family[J]. Theor Appl Genet, 2012, 124（7）: 1295-1304.

[341] ZHU Z, YIN J, CHERN M, et al. New insights into *BSR-D1*-mediated broad-spectrum resistance to rice blast[J]. Mol Plant Pathol, 2020, 21（7）: 951-960.

[342] ZIMERI A M, DHANKHER O P, MCCAIG B, et al. The plant MT1 metallothioneins are stabilized by binding cadmiums and are required for cadmium tolerance and accumulation[J]. Plant Mol Biol, 2005, 58（6）: 839-855.

[343] ZIPFEL C, KUNZE G, CHINCHILLA D, et al. Perception of the bacterial PAMP EF-Tu by the receptor EFR restricts *Agrobacterium*-mediated transformation[J]. Cell, 2006, 125（4）: 749-760.

[344] ZOU X, LIU L, HU Z B, et al. Salt-induced inhibition of rice seminal root growth is mediated by ethylene-jasmonate interaction[J]. Journal of Experimental Botany, 2021, 72（15）: 5656-5672.

[345] ZU X F, LUO L L, WANG Z, et al. A mitochondrial pentatricopeptide repeat protein enhances cold tolerance by modulating mitochondrial superoxide in rice[J]. Nature Communications. 2023, 14（1）: 6789.

[346] ROYCHOWDHURY M, 贾育林, CARTWRIGHT R D. 水稻抗稻瘟病基因的结构、功能和共同进化[J]. 作物学报, 2012, 38（3）: 381-393.

[347] 安正帅, 刘国兰, 梅捍卫, 等. 标记辅助改良节水抗旱杂交稻亲本材料的稻瘟病抗性[J]. 分子植物育种, 2010, 8（6）: 1172-1176.

[348] 白玉路，王平，张琼，等．水稻骨干恢复系川恢907抗稻瘟病基因聚合与精准改良[J]．西南农业学报，2019, 32（5）：947-951．

[349] 柏斌，吴俊，周波，等．稻瘟病抗性分子育种研究综述[J]．杂交水稻2012, 27（3）：5-9．

[350] 蔡海亚，周雷，焦春海，等．水稻抗稻瘟病基因 Pita 特异性分子标记开发及应用[J]．分子植物育种，2017, 15（2）：589-593．

[351] 蔡健，范海燕，廖秋平，等．水稻恢复基因 Rf3 和 Rf4 聚合效应分析[J]．南京农业大学学报，2014, 37（3）：20-26．

[352] 陈灿，农保选，夏秀忠，等．广西水稻地方品种核心种质稻瘟病抗性位点全基因组关联分析[J]．作物学报，2021, 47（6）：1114-1123．

[353] 陈涛，孙旭超，张善磊，等．稻瘟病广谱抗性基因 Pigm 特异性分子标记的开发和应用[J]．中国水稻科学，2020, 34（1）：28-36．

[354] 陈贤，赵延存，明亮，等．水稻白叶枯病抗性相关基因的研究进展[J]．江苏农业学报，2022, 38（5）：1402-1410．

[355] 陈雨，潘大建，刘斌，等．华南地方稻种资源初级核心种质构建[J]．植物遗传资源学报，2008, 9（3）：322-327．

[356] 陈雨．高州普通野生稻籼粳分化研究及核心种质构建[D]．乌鲁木齐：新疆农业大学，2008．

[357] 程本义，施勇烽，沈伟峰，等．南方稻区国家水稻区域试验品种的微卫星标记分析[J]．中国水稻科学，2007, 21（1）：7-12．

[358] 崔迪．粳稻抗逆性关联分析及云南农家保护水稻地方品种遗传多样性的历时变化[D]．北京：中国农业科学院，2015．

[359] 邓其明，周鹏，林琳，等．水稻稻瘟病抗性基因研究进展及其在育种上的应用[J]．安徽农业科学，2009, 37（4）：1489-1492, 1508．

[360] 邓伟，吕莹，董阳均，等．云南水稻种质资源的遗传多样性分析[J]．植

物遗传资源学报, 2023, 24（3）: 624-635.

[361] 杜雪树, 夏明元, 李进波, 等. 水稻抗瘟性分子标记辅助育种的实践和策略[J]. 分子植物育种, 2019, 17（13）: 4383-4389.

[362] 高利军, 邓国富, 高汉亮, 等. 水稻抗稻瘟病基因 $Pi\text{-}d2$ 基因标签的建立与应用[J]. 西南农业学报, 2010, 23（1）: 86-91.

[363] 高清, 张亚玲, 葛欣, 等. 水稻抗稻瘟病基因研究进展[J]. 分子植物育种, 2022, 20（11）: 3634-3643.

[364] 管俊娇, 杨晓洪, 张建华, 等. 云南粳稻遗传多样性及群体结构分析[J]. 生物技术通报, 2018, 34（1）: 90-96.

[365] 郭韬, 余泓, 邱杰, 等. 中国水稻遗传学研究进展与分子设计育种[J]. 中国科学: 生命科学, 2019, 49（10）: 1185-1212.

[366] 韩飞怡, 桑洪玉, 韩法营, 等. 基于广西普通野生稻染色体单片段代换系的 $Rf3$ 和 $Rf4$ 复等位基因的恢复效应分析[J]. 分子植物育种, 2015, 13（8）: 1695-1702.

[367] 郝中娜, 毛雪琴, 柴荣耀, 等. 国家长江中下游稻区区试籼稻稻瘟病抗性分析[J]. 中国水稻科学, 2019, 33（2）: 152-157.

[368] 何旎清, 杨德卫, 郑向华, 等. 利用分子标记辅助选择 $Pigm\text{-}1$ 基因改良恢复系 R20 的稻瘟病抗性[J]. 核农学报, 2022, 36（2）: 245-250.

[369] 何秀英, 廖耀平, 陈钊明, 等. 水稻稻瘟病抗病育种研究进展与展望[J]. 广东农业科学, 2011, 38（1）: 30-33.

[370] 贺闽, 尹俊杰, 冯志明, 等. 水稻稻瘟病和纹枯病抗性鉴定方法[J]. 植物学报, 2020, 55（5）: 577-587.

[371] 贺晓鹏, 边建民, 欧阳林娟, 等. 江西省水稻种业创新发展对策建议[J]. 江西农业大学学报, 2021, 43（3）: 479-487.

[372] 贺淹才, 基因工程概论[M]. 北京: 清华大学出版社, 2008.

[373] 胡朝芹, 刘剑宇, 王韵茜, 等. 粳稻子预44抗LP11稻瘟病菌基因 *Pizy6(t)* 的定位[J]. 植物学报, 2017, 52（1）: 61-69.

[374] 华丽霞, 汪文娟, 陈深, 等. 抗稻瘟病 *Pi2/9/z-t* 基因特异性分子标记的开发[J]. 中国水稻科学, 2015, 29（3）: 305-310.

[375] 黄卫衡, 黄志远, 唐丽, 等. 抗稻瘟病 *Pid3/Pid3-A4* 基因特异InDel分子标记开发与应用[J]. 杂交水稻, 2020, 35（2）: 68-74.

[376] 贾小丽, 叶江华, 苗利国, 等. 水稻粒长主效QTL的分子遗传效应分析[J]. 中国农学通报, 2013, 29（36）: 69-73.

[377] 江南, 王素华, 李智强, 等. 水稻 *Pi2/9* 位点3个抗瘟基因的抗菌谱及稻瘟病菌遗传多样性分析[J]. 湖南农业大学学报, 2012, 38（5）: 56-60.

[378] 寇姝燕, 邓剑川, 邹茜, 等. 基于抗稻瘟病基因 *Pi40* 特异性SCAR标记的MAS育种应用[J]. 分子植物育种, 2019, 17（17）: 5692-5699.

[379] 黎毛毛, 黄永兰, 余丽琴, 等. 利用SSR标记构建江西稻种资源核心种质库的研究[J]. 植物遗传资源学报, 2012, 13（6）: 952-957.

[380] 李白, 蔡之军, 王蕾, 等. 抗稻瘟病基因 *Pigm* 组合标记的开发及应用[J]. 生物技术学报, 2022, 38（7）: 153-159.

[381] 李丹婷, 夏秀忠, 农保选, 等. 广西地方稻种资源核心种质构建和遗传多样性分析[J]. 广西植物, 2012, 32（1）: 94-100.

[382] 李莉, 孙玲, 张金花, 等. 基于稻瘟病菌小种变化的吉林省主要粳稻品种抗性评价及利用价值分析[J]. 中国农业科学, 2023, 56（22）: 4441-4452.

[383] 李淑芹, 郭晖, 雷颖, 等. 园林植物遗传育种[M]. 3版. 重庆: 重庆大学出版社, 2016: 116.

[384] 李孝琼, 李经成, 韦宇, 等. 兼抗两种稻飞虱和稻瘟病多基因聚合系的创制[J]. 分子植物育种, 2022, 20（4）: 1176-1183.

[385] 李玉营, 李声春, 李晓方. 分子标记辅助选择聚合水稻抗虫抗病基因育种研究进展 [J]. 广东农业科学, 2016, 43（6）: 119-126.

[386] 李长涛, 石春海, 吴建国, 等. 利用基因型值构建水稻核心种质的方法研究 [J]. 中国水稻科学, 2004, 18（3）: 218-222.

[387] 李自超, 张洪亮, 曹永生, 等. 中国地方稻种资源初级核心种质取样策略研究 [J]. 作物学报, 2003, 29（1）: 20-24.

[388] 梁毅, 杨婷婷, 谭令辞, 等. 水稻广谱抗瘟基因 *Pigm* 紧密连锁分子标记开发及其育种应用 [J]. 杂交水稻, 2013, 28（4）: 63-74.

[389] 林荔辉, 吴为人. 水稻粒型和粒重的 QTL 定位分析 [J]. 分子植物育种, 2003, 1（3）: 337-342.

[390] 刘鸿艳, 王英, 郑成木. 335 份早稻核心样品的构建 [J]. 热带作物学报, 2005, 26（1）: 84-90.

[391] 刘开强, 伍豪, 颜群, 等. 水稻抗稻瘟病基因 *Pi1* 的特异性分子标记开发及利用 [J]. 西南农业学报, 2016, 29（6）: 1241-1244.

[392] 刘文强, 樊叶杨, 陈洁, 等. 通过生育期基因型选择避免稻瘟病抗性与结实率的遗传累赘 [J]. 中国水稻科学, 2008, 22（4）: 359-364.

[393] 柳武革, 王丰, 刘振荣, 等. 利用分子标记技术聚合 *Pi-1* 和 *Pi-2* 基因改良三系不育系荣丰 A 的稻瘟病抗性 [J]. 分子植物育种, 2012, 10（5）: 575-582.

[394] 楼珏, 杨文清, 李仲惺, 等. 聚合稻瘟病、白叶枯病和褐飞虱抗性基因的三系恢复系改良效果的评价 [J]. 作物学报, 2016, 42（1）: 31-42.

[395] 卢林, 孙成效, 朱智伟, 等. 我国稻米品质标准及检测技术创新概述 [J]. 中国稻米, 2022, 28（1）: 1-6.

[396] 罗江, 陈凯姿. 中国新收集农作物种质资源 12.4 万份包括一大批特色、特有或特异的种质资源 [N]. 人民日报, 2023-04-04.

[397] 罗冉，吴委林，张旸，等. SSR 分子标记在作物遗传育种中的应用 [J]. 基因组学与应用生物学，2010, 29（1）：137-143.

[398] 马洪文，陈晓军，殷延勃，等. 利用基因型值构建宁夏粳稻核心种质的方法 [J]. 种子，2012, 31（5）：43-49.

[399] 马小定，崔迪，韩冰，等. 水稻种质资源全基因组 DNA 指纹鉴定方法研究 [J]. 植物遗传资源学报，2023, 24（4）：1106-1113.

[400] 马作斌，赵家铭，崔月峰，等. 分子标记辅助选育抗稻瘟病水稻新品种'铁粳 16'[J]. 分子植物育种，2021, 19（2）：512-517.

[401] 毛大梅，官华忠，王志赋，等. 利用分子标记辅助选择技术改良水稻恢复系 N175 的稻瘟病抗性 [J]. 福建农林大学学报，2017, 46（3）：241-246.

[402] 梅文强，刘佩钎，洪博文，等. 水稻抗稻瘟病基因 $Pi25$、$Pi56(t)$、$Pit$ 和 $Pita$ 的分子鉴定 [J]. 湖北农业科学，2016, 55（24）：6604-6607.

[403] 倪大虎，易成新，李莉，等. 分子标记辅助培育水稻抗白叶枯病和稻瘟病三基因聚合系 [J]. 作物学报，2008, 34（1）：100-105.

[404] 倪深，夏春，应建成，等. 利用分子标记技术聚合 2 个白叶枯病基因改良华占的白叶枯病抗性 [J]. 中国稻米，2019, 25（6）：43-45.

[405] 潘存红，李爱宏，戴正元，等. 一种用于检测谷梅 4 号抗稻瘟病基因 $Pigm(t)$ 的分子标记 InDel587: CN201310428162.0[P]. CN103497996A.

[406] 潘庆华，梁志坚，张玉，等. 稻瘟病抗病基因 $Pii$ 等位基因的功能特异性分子标记 Pii-N/F 及其应用：CN201811146607.5[P]. 2019-01-11.

[407] 潘英华，徐志健，梁云涛. 广西普通野生稻群体结构解析与核心种质构建 [J]. 植物遗传资源学报，2018, 19（3）：498-509.

[408] 裴庆利，王春连，刘丕庆，等. 分子标记辅助选择在水稻抗病虫基因聚合上的应用 [J]. 中国水稻科学，2011, 25（2）：119-129.

[409] 阮宏椿,石妞妞,杜宜新,等.水稻抗性基因 *Pi* 对福建省稻瘟病菌优势菌群的抗性分析[J].中国水稻科学,2017,31(1):105-110.

[410] 石春海,申宗坦.早籼粒形的遗传和改良[J].中国水稻科学,1995,9(1):27-32.

[411] 石春海,朱军.水稻植株农艺性状与稻米碾磨品质的遗传相关性分析[J].浙江农业大学学报,1997,23(3):331.

[412] 宋佳谕.利用全基因组关联分析法挖掘水稻核心种质优异耐冷耐铝基因[D].沈阳:沈阳农业大学,2019.

[413] 苏菁,华丽霞,韩靖鸾,等.水稻抗瘟基因 *Pi50* 基因特异性分子标记 Pi50N4s 及其制备方法和应用:CN201310047193.1[P].2013-07-03.

[414] 孙立亭,林添资,景德道,等.江苏省多基因聚合对水稻稻瘟病抗性的效应分析及 *Pb1* 基因功能标记开发[J].南方农业学报,2019,50(5):913-923.

[415] 孙强,林秀云,李明生,等.吉林省稻种资源核心种质构建的研究[J].吉林农业科学,2006,31(1):21-24,58.

[416] 田大刚,陈松彪,王宗华,等.一种稻瘟病抗性基因 *Pik-p* 功能特异性分子标记及其应用:CN201810961795.0[P].2018-12-11.

[417] 万建民,雷财林,马建,等.稻瘟病抗性基因 *Pi64* 的功能特异性分子标记及其方法与应用:CN 201310669214[P].2014-03-19.

[418] 王春连,戚华雄,潘海军,等.水稻抗白叶枯病基因 *Xa23* 的 EST 标记及其在分子育种上的利用[J].中国农业科学,2005,38(10):1996-2001.

[419] 王芳权,陈智慧,许扬,等.水稻广谱抗稻瘟病基因 *PigmR* 功能标记的开发及应用[J].中国农业科学,2019,52(6):955-967.

[420] 王丰,柳武革,刘迪林,等.广东优质稻发展及稻米品牌建设与展望[J].中国稻米,2021,27(4):107-116.

[421] 王军, 杨杰, 赵婕宇, 等. 水稻稻瘟病广谱抗性基因 *Bsrd1* 的功能特异性分子标记: CN201810011618.6[P]. 2018-04-20.

[422] 王军, 赵婕宇, 许扬, 等. 水稻稻瘟病抗性基因 *Bsr-d1* 功能标记的开发和利用 [J]. 作物学报, 2018b, 44(11): 1612-1620.

[423] 王闽霞, 白玉路, 张琼, 等. 水稻抗白叶枯病基因 *Xa23* 分子标记的开发与应用 [J]. 西南农业学报, 2021, 34(10): 2070-2075.

[424] 王生轩, 李俊周, 谢瑛, 等. 河南粳稻抗稻瘟病基因 *Pi9*、*Pita* 和 *Piz-t* 的分子检测 [J]. 分子植物育种, 2017, 15(3): 951-955.

[425] 魏兴华, 刘丰泽, 韩斌, 等. 水稻品种真实性鉴定 SNP 标记法, NY/T2745-2021[S]. 北京: 中国农业出版社, 2021.

[426] 魏兴华, 汤圣祥, 余汉勇, 等. 浙江粳稻地方品种核心样品的构建方法 [J]. 作物学报, 2001, 27(3): 324-328.

[427] 魏兴华, 汤圣祥, 余汉勇, 等. 中国粳稻地方种资源核心样品的构建方法研究 [J]. 中国水稻科学, 2000, 14(4): 237-240.

[428] 文绍山, 高必军. 利用分子标记辅助选择将抗稻瘟病基因 *Pi-9(t)* 渗入水稻恢复系泸恢 17[J]. 分子植物育种, 2012, 10: 42-47.

[429] 伍豪, 邓国富, 高利军, 等. 水稻抗白叶枯病基因 *Xa7* 荧光分子标记开发与育种应用 [J]. 分子植物育种, 2021, 19(12): 4024-4031.

[430] 伍豪, 高利军, 黄娟, 等. 水稻粒长粒重主效基因 *GS3* 的功能标记开发与利用 [J]. 西南农业学报, 2019, 32(6): 1211-1215.

[431] 武晶, 黎裕. 基于作物种质资源的优异等位基因挖掘: 进展与展望 [J]. 植物遗传资源学报, 2019, 20(6): 1380-1389.

[432] 武晶, 汤沙, 王红霞, 等. 我国杂粮种质资源创新研究: 现状与展望 [J]. 植物学报, 2023, 58(1): 6-21.

[433] 向小娇, 张建, 郑天清, 等. 应用分子标记技术改良京作 1 号的稻瘟病

抗性[J]. 植物遗传资源学报, 2016, 17（4）: 773-780.

[434] 谢华安, 张受刚, 郑家团, 等. 杂交水稻恢复系的广适强优势优异种质明恢 63[M]. 北京: 农业科技, 2016.

[435] 谢华安. 明恢 63 的选育与利用[J]. 福建农业学报, 1998, 13（4）: 6.

[436] 邢永忠, 谈移芳, 徐才国, 等. 利用水稻重组自交系群体定位谷粒外观性状的数量性状基因[J]. 植物学报, 2001, 43（8）: 840-845.

[437] 许家磊, 王宇, 后猛, 等. SNP 检测方法的研究进展[J]. 分子植物育种, 2015, 13（2）: 475-482.

[438] 薛艳霞, 梁燕理, 冯璇, 等. 广西普通野生稻遗传多样性中心的确定与核心种质构建[J]. 华南农业大学学报, 2016, 37（5）: 24-30.

[439] 杨德卫, 曾美娟, 卢礼斌, 等. 一个水稻矮秆突变体的遗传分析及基因定位[J]. 植物学报, 2011, 45（6）: 617-624.

[440] 杨德卫, 何旋清, 黄凤凰. 利用分子标记辅助选择聚合水稻抗病基因 *Pigm-1* 和 *Xa23*[J]. 西北农林科技大学学报（自然科学版）, 2023, 51（11）: 37-45.

[441] 杨德卫, 李生平, 崔海涛, 等. 寄主植物与病原菌免疫反应的分子遗传基础[J]. 遗传, 2020, 42（3）: 278-286.

[442] 杨德卫, 唐定中, 李生平. 稻瘟病抗性基因 *Pib* 的功能特异性分子标记及其检测方法与应用: CN202010032359.2[P]. 2020-06-02.

[443] 杨德卫, 王莫, 韩利波, 等. 水稻稻瘟病抗性基因的克隆、育种利用及稻瘟菌无毒基因研究进展[J]. 植物学报, 2019, 54（2）: 265-276.

[444] 杨德卫, 郑向华, 程朝平, 等. 基于 CSSLs 群体定位和图位克隆水稻长芒基因 *GAD1-2*[J]. 遗传, 2018, 40（12）: 1101-1111.

[445] 杨立明, 纪剑辉, 周颖君, 等. 水稻稻瘟病抗性基因 *Pi2-InDel* 标记的开发与评价[J]. 分子植物育种, 2017, 15（2）: 594-598.

[446] 杨立明, 罗玉明, 纪剑辉, 等. 水稻稻瘟病抗性基因 *Pi5* 功能特异性分子

标记及其应用：CN201610431981.4[P]. 2016-11-23.

［447］杨勤忠，林菲，冯淑杰，等. 水稻稻瘟病抗性基因的分子定位及克隆研究进展[J]. 中国农业科学，2009, 42: 1601-1615.

［448］杨远柱，邓钊，刘兰兰，等. 水稻抗稻瘟病基因 $Pi36$ 共显性分子标记及应用. CN201811495414.0[P]. 2022-03-2.

［449］姚姝，陈涛，张亚东，等. 利用分子标记辅助选择聚合水稻 $Pi\text{-}ta$、$Pi\text{-}b$ 和 $Wx\text{-}mq$ 基因[J]. 作物学报，2017, 43（11）：1622-1631.

［450］易怒安，李魏，戴良英. 水稻抗稻瘟病基因的克隆及其分子育种研究进展[J]. 分子植物育种，2015, 13（7）：1653-1659.

［451］余萍，李自超，张洪亮，等. 中国普通野生稻初级核心种质取样策略[J]. 中国农业大学学报，2003, 8（5）：37-41.

［452］张杰，董莎萌，王伟，等. 植物免疫研究与抗病虫绿色防控：进展、机遇与挑战[J]. 中国科学：生命科学，2019, 49（11）：1479-1507.

［453］张静，李晨，潘大建，等. 水稻粒长遗传及其功能基因研究进展[J]. 广东农业科学，2021, 48（3）：1-10.

［454］张梦龙，程新杰，岳红亮，等. 水稻抗褐飞虱基因及抗性机制研究进展[J]. 江苏农业科学，2022, 50（10）：16-22.

［455］张佩胜，赵春德，余宁，等. 稻瘟病抗性基因的克隆及应用研究进展[J]. 中国稻米，2014, 20（5）：1-7.

［456］张婷，黄俊，梁毅，等. 分子标记辅助选择 $Pi9$ 基因改良籼型三系不育系三香 A 稻瘟病抗性[J]. 植物遗传资源学报，2022, 23（2）：605-613.

［457］张晓慧，冯晓敏，林少扬. 水稻主栽品种空育 131 抗稻瘟病位点的扫描及其基因组重构建[J]. 植物学报，2017, 52（1）：30-42.

［458］赵国超，王冬翼，张珍，等. 分子标记辅助选育含有抗稻瘟病基因和软米基因两系不育系水稻新品系[J]. 上海师范大学学报（自然科学版），2019, 48（5）：591-596.

[459] 赵凌, 朱镇, 陈涛, 等. 水稻优良品种南粳46及其衍生品种特性分析[J]. 植物遗传资源学报, 2023, 24（3）: 648-660.

[460] 赵璐. 宁夏和新疆水稻种质资源遗传多样性分析及核心种质构建[D]. 银川: 宁夏大学, 2018.

[461] 郑祥正. 稻瘟病抗性位点 *Pik-InDel* 分子标记开发及其在育种上的应用[J]. 分子植物育种, 2020, 18（18）: 4.

[462] 郑跃滨, 李智, 赵海燕, 等. 水稻粒长QTL定位与主效基因的遗传分析[J]. 西北植物学报, 2020, 40（4）: 598-604.

[463] 郑跃滨, 杨琬祺, 赵海燕, 等. 水稻粒长基因的研究进展[J]. 安徽农业科学, 2020, 48（15）: 4-8.

[464] 周海平, 张帆, 陈凯, 等. 水稻种质资源稻瘟病抗性全基因组关联分析[J]. 作物学报, 2023, 49（5）: 1170-1183.

[465] 周雷, 蔡海亚, 戴凤美, 等. 水稻稻瘟病抗性基因 *Pi25* 功能性SNP分子标记开发及应用, 分子植物育种, 2016, 14（10）: 2680-2685.

[466] 周清元, 安华, 张毅, 等. 水稻子粒形态性状遗传研究[J]. 西南农业大学学报, 2000, 22（2）: 102-104.

[467] 周少川, 柯苇, 缪若维, 等. 水稻核心种质育种理论体系的创建与应用[J]. 中国水稻科学, 2021, 35（6）: 529-534.

[468] 朱金燕, 王军, 范方军, 等. 水稻稻瘟病广谱抗病新等位基因 *pi21t* 的鉴定及其抗性应用[J]. 华北农学报, 2014, 29（6）: 11-15.

[469] 朱业宝, 王金英, 江川. 水稻种质资源核心种质的研究进展[J]. 江西农业学报, 2023, 35（4）: 27-32.

[470] 邹喻苹, 葛颂. 新一代分子标记-SNPs及其应用[J]. 生物多样性, 2003, 11（5）: 370-382.

[471] 祖祎祎. 推动种质资源利用夯实种业创新基础[N]. 农民日报, 2023-03-24.